U0169566

怀化学院精品教材建设项目

# 智能变电站工程应用技术

主编 屈 刚 贺达江

西南交通大学出版社
·成 都·

## 内容提要

本书结合我国智能电网、智能变电站建设的需求，系统全面地介绍了智能变电站各个组成部分（系统）的内容结构、基本特征、主要功能、运维知识等。全书紧密结合智能变电站的设计、建设、调试、运行、维护等各阶段的生产实践，收集整理了各类典型的现场案例，对智能变电站相关技术人员有很好的理论和实践参考价值。

全书共 13 章，第 1 章概要介绍变电站自动化系统的构成及作用，第 2～13 章分别从测控装置、同步相量测量、通信网关、监控系统、时间同步系统、调度数据网络、网络报文分析、二次回路、电源系统、远动 104 协议、IEC61850 协议、电能采集终端等方面进行了阐述。

本书可作为高等学校相关专业教材，也可作为电力系统相关技术人员培训及参考用书。

---

图书在版编目（CIP）数据

智能变电站工程应用技术 / 屈刚，贺达江主编. —
成都：西南交通大学出版社，2022.5（2025.1 重印）
ISBN 978-7-5643-8462-3

Ⅰ. ①智… Ⅱ. ①屈… ②贺… Ⅲ. ①智能系统 – 变电所 – 高等学校 – 教材 Ⅳ. ①TM63

中国版本图书馆 CIP 数据核字（2021）第 258084 号

---

Zhineng Biandianzhan Gongcheng Yingyong Jishu

智能变电站工程应用技术

主　编 / 屈　刚　贺达江

责任编辑 / 穆　丰
封面设计 / 何东琳设计工作室

西南交通大学出版社出版发行
（四川省成都市金牛区二环路北一段 111 号西南交通大学创新大厦 21 楼　610031）
发行部电话：028-87600564　　028-87600533
网址：http://www.xnjdcbs.com
印刷：成都中永印务有限责任公司

成品尺寸　185 mm × 260 mm
印张　15.75　　字数　344 千
版次　2022 年 5 月第 1 版　　印次　2025 年 1 月第 2 次

书号　ISBN 978-7-5643-8462-3
定价　45.00 元

课件咨询电话：028-81435775
图书如有印装质量问题　本社负责退换
版权所有　盗版必究　举报电话：028-87600562

# 编写组成员名单

**主　编**　屈　刚　贺达江

**副主编**　窦仁晖　王治华　冯　可　舒　薇

**编写组**　叶海明　张琦兵　彭明智　张　亮
余　静　吴艳平　樊　陈　孙勇军
邹　晖　徐春雷　李端超　蒋正威
余　璟　张　帆　计荣荣　戚大为
蔡振辉　关　鹏　赵志梁　祝碧贤
徐　歆　杨　青　蔡　鹃　牛红军
刘柏罕　宋宏彪　陈雷平

# 前言

PREFACE

智能变电站是以全站信息数字化、通信平台网络化、信息共享标准化为基本要求，结合了计算机、网络通信、测量传感、自动控制等多方面先进技术的新型变电站。与传统变电站相比，从设计、生产、建设、调试到运行、维护，其都有了很大变化，传统的变电站设计生产经验已经不适应当前智能电网的要求。本书以理论联系实际为出发点，结合智能变电站相关行业规范规程和国内现场的工程实践案例，从构成、功能、运维等方面对智能站各个组成部分进行了阐述。

全书共 13 章，其中第 1 章介绍智能变电站自动化系统的基本概念，第 2～13 章分别从测控系统、同步相量测量、通信网关、监控系统、时间同步系统、调度数据网络、网络报文分析、二次回路、电源系统、远动 104 协议、IEC61850 协议、电能采集终端等几个方面进行详细阐述。

本书在编写的过程中，得到中国电力科学研究院电力自动化所专家给予的大量技术方面的指导和支持，在此表示衷心的感谢。

由于作者水平有限，书中难免存在疏漏之处，恳请读者批评指正。

编　者

2022 年 2 月

目录

CONTENTS

# 1

# 变电站自动化系统综述

自工业化以来的近三百年间，世界能源技术飞速发展，有力支撑了全球经济与社会发展。电力系统是现代国家能源使用的主要方式，而变电站是电力系统的主要环节之一，实现了电压变换、电能集中与分配、电能流向控制及电压调整，起到联系发电厂和电力用户的纽带作用。变电站的发展演变大致经历了常规变电站（继电保护及自动装置多为电磁式、晶体管式）、综合自动化变电站（微机保护时代）、数字化变电站及智能变电站几个阶段。进入微机保护时代后，变电站综合自动化的概念开始形成，它从技术管理的角度，将变电站二次部分作为一个整体来考虑，结合日益发展的计算机技术，进行综合优化设计，合理共享二次系统软硬件资源，提高变电站运行、管理水平。

## 1.1 变电站自动化系统组成

变电站自动化系统包括二次设备、二次回路以及操作电源等多个部分，涵盖范围很广。典型的变电站自动化设备一般包括监控主机与后台、通信网关机、测控装置、电能量采集装置、PMU（相量测量装置）、同步时钟、交换机设备等。

2009 年，国家电网公司发布了 Q/GDW 383—2009《智能变电站技术导则》，在导则中首次提出，“智能变电站是采用先进、可靠、集成、低碳和环保的智能设备，以全站信息数字化、通信平台网络化、信息共享标准化为基本要求，自动完成信息采集、测量、控制、保护、计量和检测等基本功能，并可根据需要支持电网实时自动控制、智能调节、在线分析决策和协同互动等高级功能的变电站”。这也可以作为智能变电站自动化系统的定义。

图 1-1 所示为变电站自动化系统的架构示意图。

整个变电站自动化系统在逻辑上由站控层、间隔层、过程层组成。

### 1. 站控层

站控层是变电站自动化系统的最顶层，由带数据库的计算机、操作员工作台、远方通信接口等组成，其功能定位是对整个变电站进行协调、管理和控制，是变电站运行、监视、控制和维护的中心。一方面收集、处理、记录、统计变电站运行数据和变电站运行过程中所发生的保护动作、断路器分合闸等重要事件，同时为运行人员提供可视化界面，实时显示站内运行情况；另一方面，也通过与远方控制中心交互来接受远方的操作与控制指令，按操作指令或预先设定的规则执行各种复杂工作。

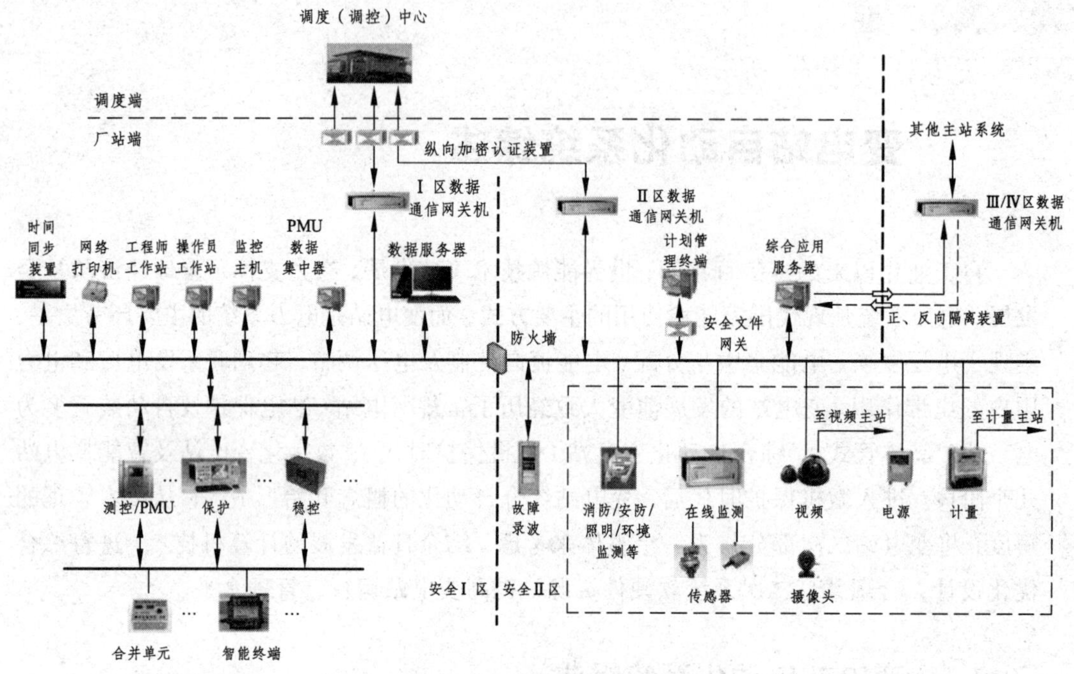


图 1-1　变电站自动化系统架构示意图

2. 间隔层

间隔层是变电站自动化系统的中间支撑层，由每个间隔的测量、控制、保护或监测等功能单元组成。一方面采集和处理来自过程层的数据，完成相关功能，并通过过程层作用于一次设备；另一方面，直接与站控层设备通信，上传处理后的测量数据并接收各类操作命令。间隔层设备通常安装在各继电保护小室，按电气设备间隔配置，不同间隔之间的装置相对独立，通过通信网互联。

3. 过程层

过程层是一次设备与二次设备的结合面，由远方 I/O、智能传感器和执行器等组成，完成电信号和光信号的采集、转换、传输任务，包括电气量、非电气量及位置状态等。

站控层设备与间隔层设备之间是站控层网络，实现站控层内部以及站控层与间隔层之间的数据传输；间隔层设备和过程层设备之间是过程层网，实现间隔层设备与过程层设备之间的数据传输。站控层网络和过程层网络物理上相互独立。在智能变电站中，站控层和过程层网络通常采用高速工业以太网组成，传输带宽大于等于 100 Mb/s，部分中心交换机之间的连接采用 1 000 Mb/s 数据端口互联。在常规变电站中，站控层网络通常采用以太网，过程层一般采用电缆连接的方式。

在智能变电站中，站控层网络一般采用星形结构的 100 Mb/s 或更高速度的工业以太网，网络设备包括站控层交换机和间隔交换机。站控层中心交换机连接数据通信网关机、监控主机、综合应用服务器、数据服务器等设备。间隔层交换机连接间隔内的保护、测控和其他智能电子设备，用于间隔内信息交换。站控层和间隔层之间的网络通信协议采用 IEC 61850，网络可通过划分虚拟局域网（VLAN）分隔成不同的逻辑网段。在常规变电站中，站控层网络结构与智能变电站相似，但站控层和间隔层之间的网络通信协议一般采用 IEC 60870-5-103，也不会划分专用的虚拟局域网（VLAN）。

过程层网络包括用于间隔层和过程层设备之间的状态与控制数据交换的GOOSE网和采样值传输的 SV 网。GOOSE 网一般按电压等级配置，采用星形结构，220 kV 以上电压等级通常采用双网，为 100 Mb/s 或更高速度的工业以太网。测控装置与本间隔的智能终端设备之间采用 GOOSE 点对点通信方式。SV 网按电压等级配置，采用星形结构，为 100 Mb/s 或更高速度的工业以太网。保护装置以点对点方式接入 SV 数据网，测控装置以网络方式接入。常规变电站不设置过程层网络。

## 1.2 变电站自动化系统的子系统和功能

变电站自动化系统的作用是为变电站运行管理提供自动化功能，包括变电站设备及其馈线的监视、控制、保护，以及系统自身的一些维护功能，主要分为六类：

（1）系统支持功能：网络管理、时间同步、物理装置自检。

（2）系统配置或维护功能：节点标识、软件管理、配置管理、逻辑节点运行模式控制、设定、测试模式、系统安全管理。

（3）运行或控制功能：访问安全管理、控制、指示瞬时变化的运行使用、同期分合、参数集切换、告警管理、事件记录、数据检索、扰动/故障记录检索。

（4）就地过程自动化功能：保护功能（通用）、间隔联锁、测量和计量及电能质量监视。

（5）分布自动化支持功能：全站范围联锁、分散同期检查。

（6）分布过程自动化功能：断路器失灵、自适应保护（通用）、反向闭锁、负荷减载、负荷恢复、电压无功控制、馈线切换和变压器转供、自动顺控。

由于管理上的要求，一般又将变电站自动化系统分为一体化监控、输变电设备状态监测、电能量采集、辅助应用、变电站生产与管理、时间同步等多个子系统，这些子系统之间通过标准的访问接口进行交互，其组成关系如图 1-2 所示。

出于安全考虑，在变电站自动化系统内部及变电站自动化系统与远方主站系统之间采取了若干安全隔离措施，典型的测控、保护、PMU（同步相量测量装置）等设备可以直接接入站控系统，输变电状态监测和电能量采集通过防火墙接入站控系统，辅助应用及生产管理等则需要通过正反向隔离设备接入站控系统。变电站自动化系统与远方主站系统之间，则是通过纵向加密设备进行安全隔离。

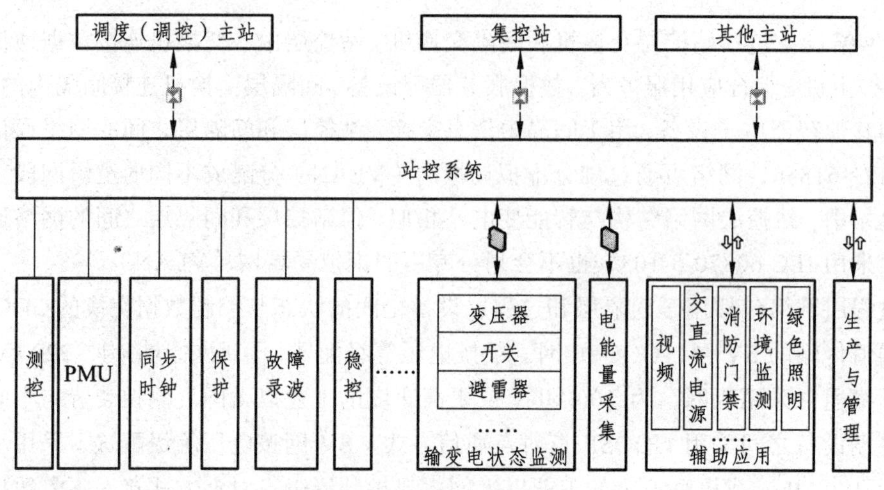


图 1-2　变电站自动化的子系统

## 1.3　变电站自动化系统的主要设备

变电站自动化系统包含的设备种类很多：有面向间隔的测控装置、PMU（同步相量测量装置）、合并单元、智能终端等；有面向站内运行和检修的监控主机、操作员工作站等；有面向远方主站的数据通信网关机。由于变电站自动化系统逐步走向无人值班，所以对设备的可靠性、可维护性和对远方主站的数据支撑等方面的要求不断提高，对于人机界面和数据报表等方面的要求不断降低。另外，随着 IT（信息技术）的进步，变电站自动化设备升级换代的速度也在不断加快。

### 1.3.1　站控层设备

站控层主要包括监控主机、操作员工作站、工程师工作站、数据通信网关机、数据库服务器、综合应用服务器、同步时钟、计划管理终端等，用来提供站内运行的人机联系界面，实现管理控制间隔层、过程层设备等功能，形成全站监控、管理中心，并实现与调度通信中心通信。站控层的设备采用集中布置，站控层设备与间隔层设备之间采用网络相连，且常用双网冗余方式。

1. 监控主机

监控主机实现变电站的 SCADA（数据采集与监视控制系统）功能，通过读取间隔层装置的实时数据以及运行实时数据库，来实现站内一、二次设备的运行状态监视、操作与控制等功能，其一般采用双台冗余配置。监控主机是用于对本站设备的数据进行采集及处理，完成监视、控制、操作、统计、分析、打印等功能的处理机，一般采用处理能力较强的国产服务器，配置 Linux 操作系统。监控主机软件可分为基础平台和应用软件两大部分，基础平台提供应用管理、进程管理、权限控制、日志管理、打印管理等支撑和服务，应用软件则实现前置通信、图形界面、告警、控制、防误闭锁、数据计算和分析、历史数据查询、报表等应用功能。

对于 220 kV 及以下电压等级的变电站，监控主机往往还兼有数据服务器和操作员工作站的功能。

2. 综合应用服务器

综合应用服务器的作用与监控主机类似，但接收和处理的是电量、波形、状态监测、辅助应用及其他一些管理类信息。监控主机对数据响应的实时性要求通常不超过 1 s，综合应用服务器的要求为 3 ~ 5 s 甚至更低。

一般情况下，综合应用服务器采用的硬件与监控主机相同。当监控主机故障时，综合应用服务器可以作为监控主机的备用机，以提升整个变电站自动化系统的可用性。综合应用服务器的软件同样分为基础平台和应用软件，基础平台与监控主机相同，应用软件则包括网络通信、图形界面、状态监测、保护信息管理、辅助控制等。综合应用服务器不一定有独立的实时数据库和历史数据库，处理后的数据可以选择存储在数据服务器中。

3. 操作员工作站

操作员工作站是运行人员对全站设备进行安全监视与执行控制操作的人机接口，主要完成报警处理、电气设备控制、各种画面报表、记录、曲线和文件的显示、日期和时钟的设定、保护定值及事件显示等。500 kV 以上电压等级的智能变电站，在有人值班时，往往会配置独立的操作员工作站作为值班员运行的主要人机界面。操作员工作站可与监控主机合并，也可根据安全性要求采用双重化配置。

4. 工程师工作站

工程师工作站主要完成应用程序的修改和开发，修改数据库的参数和参数结构，进行继电保护定值查询、在线画面和报表生成和修改、在线测点定义和标定、系统维护和试验等工作。对于特别重要的有人值班变电站，还可以配置独立的工程师工作站用作技术员和开发人员的工作终端。工程师工作站也可与监控主机合并。

5. 数据库服务器

数据库服务器主要为变电站级软件提供集中存储服务，为站控层设备和应用提供数据访问服务。其一般是一台运行数据库管理系统的计算机，支持高效的查询、更新、事务管理、索引、高速缓存、查询优化、安全及多用户存取控制等功能。

6. 数据通信网关机

数据通信网关机是变电站对外的主要接口设备，实现与调度、生产管理等主站系统的通信，为主站系统的监视、控制、查询和浏览等功能提供数据、模型和图形服务。作为主厂站之间的桥梁，数据通信网关机也在一定程度上起到业务隔离的作用，可以防止远方直接操作变电站内的设备，增强运行系统的安全性。

数据通信网关机常用的通信协议有 IEC 60870-5-101、IEC 60870-5-103、IEC 60870-5-104、DNP3.0、DL/T 860、TASE.2 等，少数的早期变电站可能还有 CDT、1801 等通信协议。

根据安全防护的要求，变电站设备按照不同业务要求分为Ⅰ区和Ⅱ区，因此数据通信网关机也分成Ⅰ区数据通信网关机、Ⅱ区数据通信网关机和Ⅲ/Ⅳ区数据通信网关机。Ⅰ区数据通信网关机用于为调度（调控）中心的 SCADA 和 EMS（能量管理系统）系统提供电网实时数据，同时接收调度（调控）中心的操作与控制命令，Ⅱ区数据通信网关机用于为调度（调控）中心的保信主站、状态监测主站、DMS（配电管理系统）、OMS（停电管理系统）等系统提供数据，一般不支持远程操作；Ⅲ/Ⅳ区数据通信网关机主要用于生产管理主站、输变电设备状态监测主站等Ⅲ/Ⅳ区主站系统的信息通信。无论处于哪个区，数据通信网关机与主站之间的通信都需要经过隔离装置进行隔离。

7. 电能量采集终端

电能量采集终端实时采集变电站电能量相关信息，并将其上送计量主站和监控系统。电能量采集终端由上行主站通信模块、下行抄表通信模块、对时模块等组成，功能包括数据采集、数据管理和存储、参数设置和查询、事件记录、数据传输、本地功能、终端维护等。电能量计量是与时间变量相关的功率累计值，电能表和采集终端的时钟准确度，直接影响电能量计量精度和电能结算时刻采集与存储数值的准确度。

8. 同步时钟

同步时钟指变电站的卫星时钟设备，接收北斗或 GPS（全球定位系统）的标准授时信号，对站控层各工作站及间隔层、过程层各单元等有关设备的时钟进行校正。常用的对时方式有硬对时、软对时、软硬对时组合三种。当时间精度要求较高时，可采用串行通信和秒脉冲输出加硬件授时。在卫星时钟故障情况下，还可接收调度主站的对时以维持系统的正常运行。

同步时钟的主要功能是提供全站统一、同步的时间基准，以帮助分析软件或运行人员对各类变电站数据和事件进行分析处理。特别是在事后分析各类事件，如电力系统相关故障的发生和发展过程时，统一同步时钟并实现对信息的同步采集和处理具有极其重要的意义。

### 1.3.2 间隔层设备

间隔是较晚出现的一种描述变电站结构的概念，出现的原因是，变电站通常由一些紧密连接、具有某些共同功能的部分组成，例如：进线或者出线与母线之间的开关设备；由断路器、隔离刀闸及接地刀闸组成的母线连接设备；变压器与两个不同电压等级母线之间相关的开关设备，可以将这些一次断路器和相关设备组成虚拟间隔。间隔概念也适用于断路器接线和环型母线等变电站配置。这些部分构成电网一个受保护的子部分，如一台变压器或一条线路的一端，对应开关设备的控制，具有某些共同的约束条件，如互锁或者定义明确的操作序列。这些部分的识别区分对于检修（哪些部分同时断开对变电站其余部分影响最小）或扩展（如果增加一条新线路，哪些部分须增加）计划非常重要。这些部分称为间隔，并且由那些统称为“间隔控制器”（即测控装置）的装置管理，配有成套保护，称之为“间隔保护”。

间隔层的功能主要是使用一个间隔的数据并且对这个间隔的一次设备进行操作，这些功能通过不同的逻辑接口实现间隔层内通信，以及与过程层通信，即与各种远方输入/输出、智能传感器和控制器通信。

间隔层设备主要包括测控装置、保护装置、PMU 装置、稳控装置、故障录波器、网络报文记录及分析设备、网络通信设备等。

1. 测控装置

测控装置是变电站自动化系统间隔层的核心设备，主要完成变电站一次系统电压、电流、功率、频率等各种电气参数测量（遥测），以及一、二次设备状态信号采集（遥信）；接受调度主站或变电站监控系统操作员工作站下发的对断路器、隔离开关、变压器分接头等设备的控制命令（遥控、遥调），并通过关联闭锁等逻辑控制手段保障操作控制的安全性；同时还要完成数据处理分析，生成事件顺序记录等。测控的对象主要是变压器、断路器等重要一次设备。测控装置具备交流电气量采集、状态量采集、GOOSE 模拟量采集、控制、同期、防误逻辑闭锁、记录存储、通信、对时、运行状态监测管理功能等，对全站运行设备的信息进行采集、转换、处理和传送。

测控装置主要功能有：

（1）开关量变位采集。

（2）电压、电流的模拟量采集和计算，其基本内容有电流、电压、频率、功率及功率因数。

（3）遥控、遥调命令输出。

（4）检同期合闸。

（5）事件记录及 SOE（事件顺序记录）。

（6）支持电力行业标准的通信规约。

（7）图形化人机接口。

2. 同步相量测量装置（PMU）

同步相量技术起源于 20 世纪 80 年代初，但由于同步相角测量需要各地精确的统一时标，以将各地的量测信息以精确的时间标记同时传送到调度中心，对于 50 Hz 工频量而言，1 ms 的同步误差将导致 18°的相位误差，这在电力系统中是不允许的。随着全球定位系统的全面建成并投入运行，GPS 精确的时间传递功能在电力系统中得到广泛的应用。GPS 每秒提供一个精度可达到 1μs 的秒脉冲信号，1μs 的相位误差不超过

0.018°，完全可以满足电力系统对相角测量的要求，在这之后同步相量测量装置才获得广泛应用。

同步相量测量装置实现的主要功能包括：

（1）相量计算。通过傅里叶算法进行相量计算，同时对频率、功率等信息进行计算。

（2）故障录波。当满足启动判据时启动录波并生成录波文件。

（3）数据存储分析。装置本地储存 14 天的历史数据，滚动刷新，同时提供原始报文截取和相量数据分析功能。

（4）数据共享。将相量数据上传给站内监控及 WAMS（广域测量系统）系统进行分析。

（5）时钟同步。与时间服务器进行通信，完成装置对时，并具有守时能力。

### 3. 继电保护装置

继电保护装置是当电力系统中的电力元件（如发电机、线路等）或电力系统本身发生了故障危及电力系统安全运行时，直接向所控制的断路器发出跳闸命令，以终止这些事件发展的一种自动化设备。

继电保护装置监视实时采集的各种模拟量和状态量，根据一定的逻辑来发出告警信息或跳闸指令来保护输变电设备的安全，需要满足可靠性、选择性、灵敏性和速动性的要求。装置类别包括：

（1）电流保护，包括过电流保护、电流速断保护、定时限过电流保护、反时限过电流保护、无时限电流速断等。

（2）电压保护，包括过电压保护、欠电压保护、零序电压保护等。

（3）瓦斯等非电气量保护。

（4）差动保护，包括横联差动保护、纵联差动保护。

（5）高频保护，包括相差高频保护、方向高频保护。

（6）距离保护，又称阻抗保护。

（7）负序及零序保护。

（8）方向保护。

保护装置状态量输入，比如断路器位置、刀闸位置、KKJ、SHJ、STJ、低气压闭锁重合闸等 GOOSE 信号直接由智能终端输出虚端子至保护装置，其中断路器、刀闸位置信号采用双位置信号。

### 4. 保护测控集成装置

保护测控集成装置是将同间隔的保护、测控等功能进行整合后形成的装置形式，其中保护、测控均采用独立的板卡和 CPU 单元，除输入输出采用同一接口、共用电源插件以外，其余保护、测控板卡完全独立。保护、测控功能实现的原理不变，一般应用于 110 kV 及以下电压等级。

5. 安全自动装置

当电力系统发生故障或异常运行时，为防止电网失去稳定和避免发生大面积停电，在电网中普遍采用安全自动保护装置，执行切机、切负荷等紧急联合控制措施，使系统恢复到正常运行状态，包括：

（1）保持供电连续性和输电能力的自动重合闸装置。

（2）保持稳态输电能力与输电需求的平衡。

（3）保持动态输电能力与输电需求的平衡。

（4）保持频率在安全范围内的自动装置。

（5）保持无功功率紧急平衡的自动控制装置。

（6）失步解列装置。

6. 故障录波器

故障录波器用于电力系统，可在系统发生故障或振荡时，自动、准确地记录故障前、后整个过程中各种电气量的变化情况，对这些电气量的分析、比较，对于分析处理事故、判断保护是否正确动作、提高电力系统安全运行水平均有着重要作用。

根据故障录波器所记录波形，相关人员可以正确地分析判断电力系统和设备故障发生的确切地点、发展过程和故障类型，以便迅速排除故障和制定防止对策；分析继电保护和高压断路器的动作情况，能及时发现设备缺陷，揭示电力系统中存在的问题。

故障录波器的基本要求是必须保证在系统发生任何类型故障时都能可靠启动。一般启动方式有：负序电压、低电压、过电流、零序电流、零序电压。

7. 网络报文记录及分析设备

网络报文记录及分析设备自动记录各种网络报文，监视网络节点的通信状态，对记录报文进行全面分析以及回放，实现功能包括：

（1）对站控层、过程层通信网络上的所有通信报文及过程进行采集、记录、解析。

（2）对分析结果和记录数据进行分类展示、统计、离线分析、输出。

（3）自动导入 SCD（变电站配置描述）文件，通过文件内容产生相关模型配置信息。

8. 网络通信设备

网络通信设备包括多种网络设备组成的信息通道，为变电站各种设备提供通信接口，包括以太网交换机、中继器、路由器等。

### 1.3.3 过程层设备

在智能变电站中，过程层为直接与一次设备接口的功能层。变电站自动化系统的保护/控制等 IED（智能电子设备）装置需要从变电站过程层采集数据，同时也会输出命令到过程层，其主要指互感器、变压器、断路器、隔离开关等一次设备及与一次设备连接的电缆等，典型过程层的装置是合并单元与智能终端。作为一、二次设备的分界面，过程层装置主要实现了以下功能：

（1）测量：间隔保护、测控（电流、电压等实时电气量）模拟量采集，支持报文、录波、PMU的模拟量信息应用。

（2）控制：测控装置的遥控功能，电气操作和隔离。

### 1. 合并单元

合并单元是按时间组合电流、电压数据的物理单元，采集多路ECT/EVT输出的数字信号并对电气量进行合并和同步处理，并将处理后的数字信号按照标准格式转发给间隔层各设备使用，简称MU，其主要功能包括：

（1）接收IEC 61588或B码同步对时信号，实现采集器间的采样同步功能。

（2）采集一个间隔内电子式或模拟互感器的电流电压值。

（3）提供点对点及组网数字接口输出标准采样值，同时满足保护、测控、录波和计量设备使用。

（4）接入两段及以上母线电压时，通过装置采集的断路器、刀闸位置实现电压并列及电压切换功能。

### 2. 智能终端

智能终端是指作为过程层设备与一次设备采用电缆连接，与保护、测控等二次设备采用光纤连接，实现对一次设备的测量、控制等功能的装置。与传统变电站相比，可以将智能终端理解为实现了操作箱功能的就地化。其基本功能包括：

（1）开关量和模拟量（4～20 mA或0～5 V）采集功能。

（2）开关量输出功能，完成对断路器及刀闸等一次设备的控制。

（3）断路器操作箱（三相或分相）功能，包含分合闸回路、合后监视、重合闸、操作电源监视和控制回路断线监视等功能。

（4）信息转换和通信功能，支持以GOOSE方式上传一次设备的状态信息，同时接收来自二次设备的GOOSE下行控制命令，实现对一次设备的实时控制。

（5）GOOSE命令记录功能，记录收到GOOSE命令时刻、GOOSE命令来源及出口动作时刻等内容，并能便捷查看。

### 3. 合并单元智能终端集成装置

在智能变电站内，合并单元和智能终端设备有时会选择安装于就地控制柜中。而部分工程就地智能控制柜会出现空间紧张、难散热等问题，对设备的安全运行带来了安全隐患。为进一步实现设备集成和功能整合，简化全站设计，减少建设成本，研制并采用了合并单元智能终端集成装置。其基本原理是把合并单元的功能和智能终端的功能集成在一个装置中，一般以间隔为单位进行装置集成，但不仅仅是简单的集成，集成后的装置中合并单元模块和智能终端模块配置单独板卡，独立运行，也共用一些模块（如电源模块、GOOSE 接口模块等），而且必须同时达到单独装置的性能要求。

合并单元智能终端集成装置有两个重要的特点：

（1）在合并单元功能或者智能终端功能出现故障时，应互不影响，如合并单元功能失效时，应不影响变电站内保护控制设备通过该装置对断路器和隔离开关的控制操作。

（2）采用了 SV/GOOSE 报文共口技术，在同一个光纤以太网接口既处理 GOOSE 报文，也处理 SV 报文，以减少整个装置的光纤接口数，降低整个装置的功耗。

在目前的智能变电站建设中，合并单元智能终端集成装置一般限定于 110（66）kV 及以下电压等级，110 kV 以上电压等级的合并单元和智能终端装置应独立设置。

合并单元智能终端集成装置按功能类型分为：间隔合并单元智能终端集成装置和母线合并单元智能终端集成装置两种。

## 练习题

1. 简述变电站自动化系统的概念和组成部分。
2. 简述智能变电站中过程层的几类主要设备及其功能。
3. 简述智能变电站和常规变电站过程层的主要区别。

# 2

# 测控装置的定义及功能

电力系统是一个庞大的动态系统，系统内的能量随时变化，各类故障也可能随时发生，系统内的设备工况、参数是海量而多变的，这就要求运行人员时刻掌握系统运行工况。测控装置负责采集数据和输出控制，并将采集数据实时上传，依靠电力系统测控装置及时准确地对各种数据采集分析和处理，所以测控装置是自动化系统的基础。本章主要对测控装置的定义及功能进行了详细说明，并列举了 7 个常见的测控装置典型故障案例供技术人员参考，章尾提出参考题供大家思考。

## 2.1　测控装置的定义

电力行业标准 DL/T 1512—2016《变电站测控装置技术规范》对变电站测控装置的准确定义为："一种变电站自动化系统间隔层智能电子设备，实现一次、二次设备信息采集处理和信息传输，接收控制命令，实现对受控对象的控制。"

测控装置，顾名思义，起到两个作用："测"（测量）和"控"（控制）。具体地说，测控装置可以完成以下功能：

（1）采集交流量。如 TA、TV 二次侧的相电压、线电压、零序电流、零序电压，并计算功率、功率因数、频率等。

采集直流量。可计算生成非电气量，如主变油温、绕组温度等。

（3）采集状态量。如断路器、隔离开关位置信号，GIS、开关操作机构、智能站内的智能终端、合并单元异常告警信号、继电保护和安全自动装置的动作及异常告警信号等。

（4）控制功能。控制断路器、隔离开关、接地刀闸的分合，变压器挡位调节，软压板投退，复归信号等。测控装置屏内有"远方/就地"切换把手（又叫"QK 转换把手"），如果把手打到"远方"，即可在监控后台上进行远方遥控分合闸；如果把手打到"就地"，将无法在监控后台上进行分合闸，只能在测控装置上操作，即测控装置控制分合闸级别高于监控后台。

（5）同期功能。测控装置应具备检同期合闸功能。我们可以在测控装置附近找到一个"强制手动/远控/同期手合"切换把手，如果把手切到"强制手动"，在操作开关合闸时，测控装置不能进行同期检查；如果把手切到"同期手合"，在操作开关合闸时，测控装置会自动进行同期检查，当断路器两侧压差、频差、角差均在设定定值范围内时才允许合闸。注意线路保护中也配有检同期功能。线路保护中的检同期是配合保护跳闸后的重合闸功能使用的，而测控中的检同期是配合正常手动合闸操作使用的，二者应用的对象不同。

（6）逻辑闭锁功能。装置内部存储防误闭锁逻辑判据，当需要进行刀闸分合操作时，对操作进行逻辑判断，若判断符合防误闭锁逻辑（如：带接地刀闸合开关），则输出闭锁信号，断开操作电源，闭锁刀闸操作，一般断路器不配置闭锁逻辑。我们可以在测控装置上找到一个“联锁/解锁”切换把手，当把手打到“联锁”位置时，闭锁功能投入。注意在实际开关场开关也有一个“联锁/解锁”把手，一般放在“联锁”位置，此把手为电气闭锁，测控为逻辑闭锁。

（7）记录存储功能。对 SOE（Sequence of Events，事件顺序记录，就是将断路器跳闸、保护动作等重要事件按毫秒级时间顺序逐个记录）、操作记录及告警信息进行存储。

## 2.2 遥测的采集方法

遥测采集的作用是将变电站内交流电流、电压、功率、频率、主变温度、挡位、站用一体化电源交直流信息等信号上送到监控系统后台，以达到运行人员对其进行工况监视的目的。

外部电流及电压输入经互感器 TV/TA 隔离变换后，将强电压、大电流量转换成相应的弱电电压或电流信号，再经低通滤波器输入至模数（A/D）变换器，将其转换为数字信号进入主 CPU。经 CPU 采样数字处理后，计算出各种遥测计算量，再按照规约格式组成各种遥测量报文，通过通信口送给上位机。

按照输入的不同来分，变电站的模拟量主要有三种类型：

（1）工频变化的交流电气量，如交流电压、交流电流等。

（2）变化缓慢的直流电气量，如直流系统电压、电流等。

（3）变化缓慢的非电气量，如温度等。

按采样方式不同来分，模拟量采样方式可分为：

### 2.2.1 直流采样

直流采样，也就是利用变送器将交流电流、电压转换成适合数据采集单元处理的直流电压信号，经多路开关和采样保持器再接入 A/D 转换成相应的数字量，最后进入 CPU 处理，如图 2-1 所示。

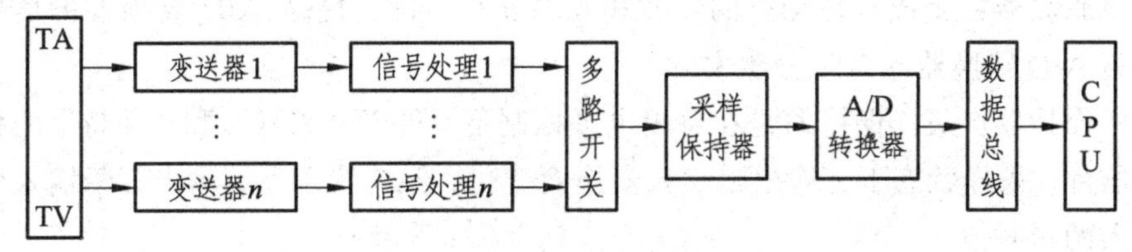


图 2-1　变送器采集原理框图

电流变送器输入电流 $i_1$，经过中间电流互感器，精密交/直流转换和输出电路，转换为标准的输出信号，如图 2-2 所示。

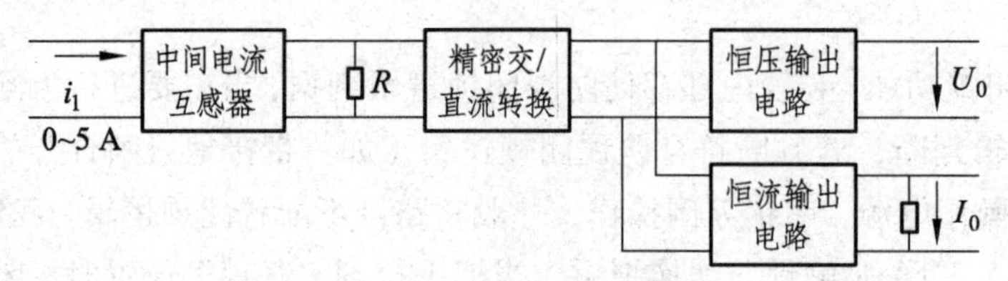


图 2-2　电流变送器原理框图

中间电流互感器将安培级的输入电流等比变换成毫安级交流电流，经 $R$ 电阻转换为电压，再经精密交/直流转换电路将输入电压变换为绝对值电压后，由低通滤波转成直流电压。恒压输出电路实际上是电压跟随器，输出的电压既符合标准输出范围同时也具有良好的电压源特性；恒流输出电路将直流电压转换为直流电流，具有良好的带负荷能力。

电压变送器的结构与电流变送器类似，区别在于输入侧采用的中间电压互感器，而且省去了电流变换为电压的电阻 $R$，如图 2-3 所示。

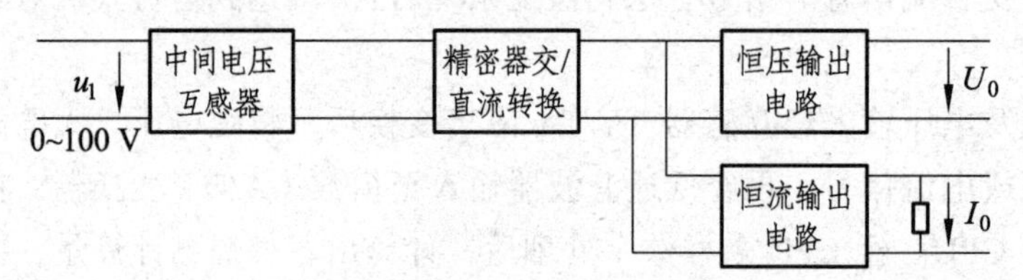


图 2-3　电压变送器原理框图

### 2.2.2　交流采样

交流采样就是直接对输入的交流电流、交流电压进行采样，采样值经 A/D 变换后变为数字量传送给 CPU，CPU 根据一定算法获得全部电气量信息。

具体过程是：交流采样将连续的周期信号离散化，用一定的算法对离散时间信号进行分析，一般离散化处理方法是将连续时间信号的一个周期分成 $N$ 个等分点，每隔 $T/N$ 时间进行一次采样，经模数转换后得到离散数据，把这些数据传送给 CPU 进行处理，计算可得到电压、电流的有效值，以及有功功率、无功功率、功率因素、频率以及谐波分量，如图 2-4 所示。

按照图 2-4 中结构，各主要部件的功能及作用如下：

低通滤波器：完成量化噪声的滤波和滤除混叠干扰，提高 A/D 转换器的信噪比，从而提高 A/D 转换器的有效分辨率。

采样保持器：采样保持器是在逻辑电平控制下，处于“采样”和“保持”两种状态的电路器件。采样状态下，输出随输入变换而变化；保持状态下，输出等于输入保持状态时输入的瞬时值。

模拟多路开关：根据输入的地址信号，选择其中一路作为输出信号。

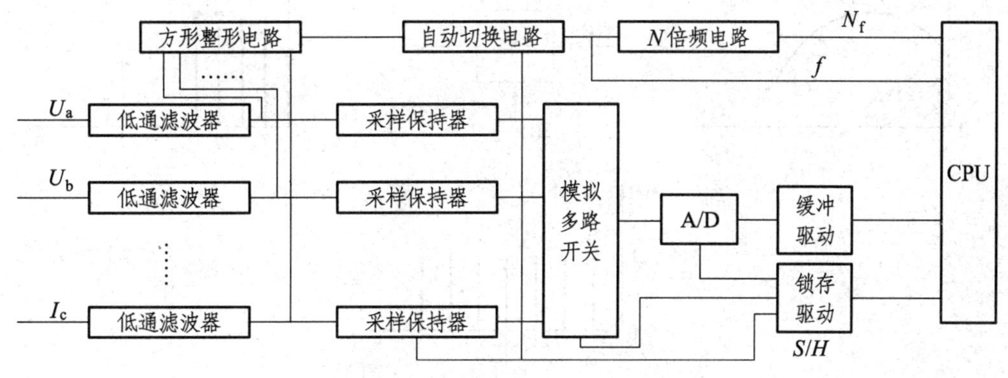


图 2-4　交流采样的工作过程框图

交流采样的过程主要包括采样频率的提取、交流采样控制、交流采样算法实现及数据的平滑处理四大部分。

为使信号被采样后能够不失真还原，采样频率必须不小于 2 倍的输入信号的最高频率，这就是奈奎斯特（Nyquist）采样定理的基本思想，采用过程如图 2-5 所示。

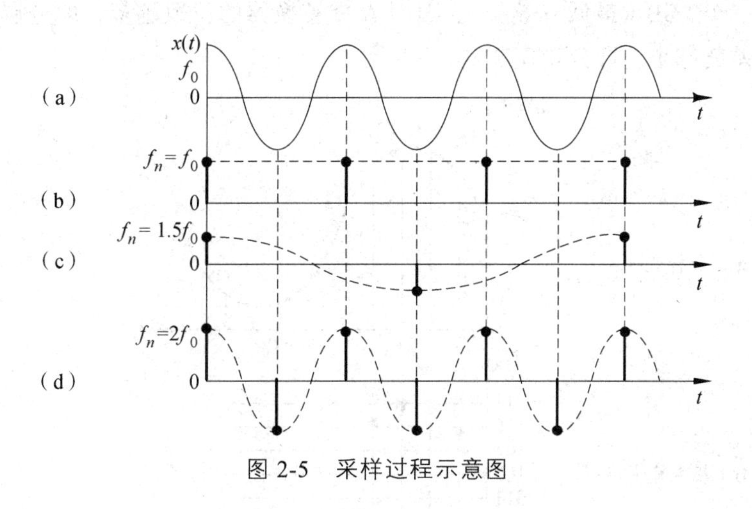


图 2-5　采样过程示意图

采样是将一个连续的时间信号 $x(t)$ 变成离散的时间信号 $x_n(t)$，抽取模拟信号的瞬时值，抽取的时间间隔由采样控制脉冲 $s(t)$ 来控制，如图 2-6 所示。采样的采样间隔是均匀分布的，我们把采样间隔 $T_s$ 称为采样周期，并定义采样频率为

$$f_s = \frac{1}{T_s} \tag{2-1}$$

A/D 转换器是模拟量输入通道中的核心环节，其任务是将连续变化的模拟量信号转换为 CPU 可以接收和处理的数字信号。根据工作原理的不同，A/D 转换器主要有以下几种类型：逐位比较（逐次逼近）型、积分型、计数型、并行比较型、电压—频率型（即 U/F 型等）。

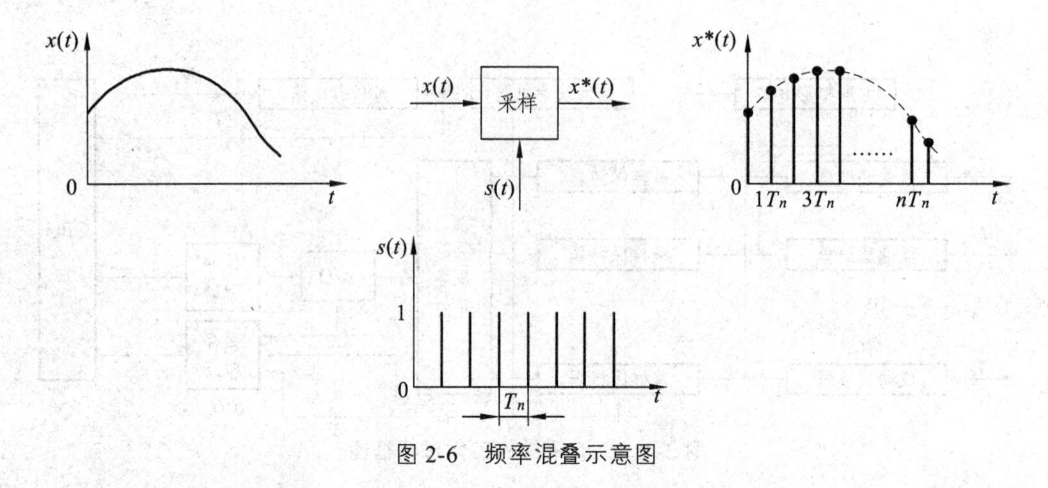


图 2-6　频率混叠示意图

为了把模拟信号变成数字信号，应将模拟信号的各采样值分别与 $U_R$ 比较，看其属于 $U_R$ 的哪一层，所属层的二进制代码即为此点采样值的数字量，这一过程称为量化，如图 2-7 所示。在对模拟量进行量化过程中只能用有限位二进制码来表示，因此必须进行舍入处理，从而产生了误差，这一误差称为量化误差。显然这种量化误差的绝对值最大不会超过一个 LSB（最低有效位）。因而 A/D 转换器的位数越多，即分层越细，所引入的量化误差就越小，即分辨率越高。

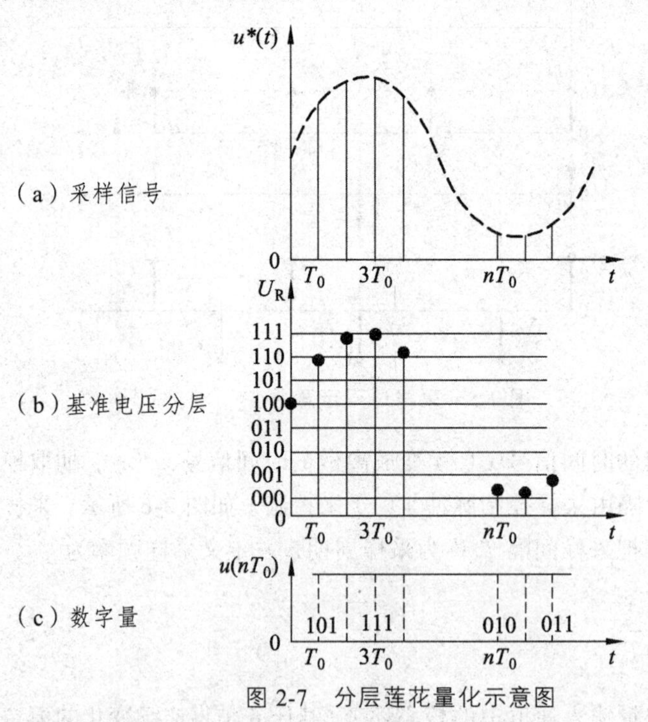


图 2-7　分层莲花量化示意图

交流采样的特点：

（1）实时性好。交流采样能解决直流采样中整流、滤波环节的时间常数大的问题，注意在微机保护中必须采用。

（2）可以反映电流、电压的实际波形，便于对测量结果进行波形分析。对于需要谐波分析或故障录波的装置，必须采用交流采样。

（3）有功、无功功率是通过采样得到的 $u$、$i$ 计算出来的，因此可以省去变送器，节约投资并减少量测设备占地。

（4）对 A/D 转换器的采样保持器和转换速率要求高。为了保证测量的精度，一个周期必须有足够的采样点数。

（5）测量准确性不仅取决于模拟量采集的硬件配置，而且还取决于数据处理软件，因此采样和算法程序相对复杂。

遥测量的计算方法常采用均方根算法，而且各系谐波均要计算在内。

标度变换也称工程系数转换，即将 A/D 转换后的数字量按一定比例还原成被实际大小测量值。以 12 位 A/D 转换为例，转换结果是 12 位，其中最高位是符号位，其余 11 位是数值。在电力系统中，符号位“0”“1”表示电网的潮流方向，分别代表“正”和“负”。一般情况下，数值部分是整数，则满量程时转换结果全 1 码值及满码为 $11111111111\text{B} = 2^{11} - 1 = 2047$。

若遥测量的实际值为 $S$，模数转换后的值为 $D$，标度变换系数为 $K$，则 $S = KD$，由此可得

$$K = \frac{S}{D} \tag{2-2}$$

功率遥测分两瓦法与三瓦法，测量方法如图 2-8、图 2-9 所示。

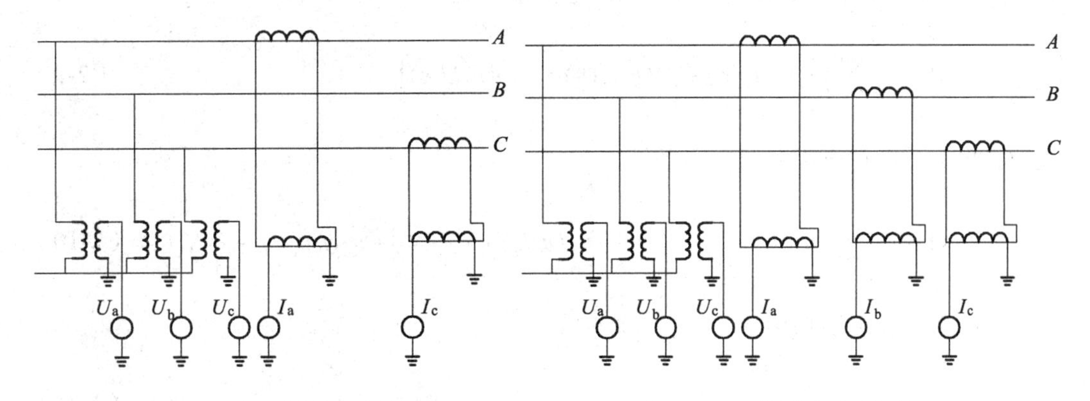


图 2-8　两瓦法测量原理图

图 2-9　三瓦法测量原理图

对于两瓦法测量，电压输入为 $U_a$、$U_b$、$U_c$，但所采用的计算量为 $U_{ab}$ 和 $U_{bc}$，电流输入为 $I_a$、$I_c$，计算公式如下：

$$U = \sqrt{\frac{1}{N}\sum_{n=1}^{N} u^2(n)} \tag{2-3}$$

式中，$U$ 为电压有效值，$u(n)$ 为 $n$ 时刻的电压采样值

$$I=\sqrt{\frac{1}{N}\sum_{n=1}^{N}i^{2}(n)} \tag{2-4}$$

式中，$I$ 为电流有效值，$i(n)$ 为 $n$ 时刻的电流采样值

$$P=\frac{1}{N}\sum_{n=1}^{N}\left[u_{\mathrm{ab}}(n)i_{\mathrm{a}}(n)+u_{\mathrm{bc}}(n)\ \ i_{\mathrm{c}}(n)\right] \tag{2-5}$$

式中，$P$ 为三相有功功率。

$$Q=\frac{1}{N}\sum_{n=1}^{N}\left[u_{\mathrm{ab}}(n)i_{\mathrm{a}}\left(n-\frac{3}{4}N\right)+u_{\mathrm{bc}}(n)\ \ i_{\mathrm{c}}\left(n-\frac{3}{4}N\right)\right] \tag{2-6}$$

式中，$Q$ 为三相无功功率。

对于三瓦法测量，电压输入为$U_{\mathrm{a}}$，$U_{\mathrm{b}}$，$U_{\mathrm{c}}$，电流输入为$I_{\mathrm{a}}$，$I_{\mathrm{b}}$，$I_{\mathrm{c}}$，计算公式如下：

$$U=\sqrt{\frac{1}{N}\sum_{n=1}^{N}u^{2}(n)} \tag{2-7}$$

式中，$U$ 为电压有效值，$u(n)$ 为 $n$ 时刻的电压采样值。

$$I=\sqrt{\frac{1}{N}\sum_{n=1}^{N}i^{2}(n)} \tag{2-8}$$

式中，$I$ 为电流有效值，$i(n)$ 为 $n$ 时刻的电流采样值。

$$P=\frac{1}{N}\sum_{n=1}^{N}\left[u_{\mathrm{a}}(n)i_{\mathrm{a}}(n)+u_{\mathrm{b}}(n)i_{\mathrm{b}}(n)+u_{\mathrm{c}}(n)\ \ i_{\mathrm{c}}(n)\right] \tag{2-9}$$

式中，$P$ 为三相有功功率。

$$Q=\frac{1}{N}\sum_{n=1}^{N}\left[u_{\mathrm{a}}(n)i_{\mathrm{a}}\left(n-\frac{3}{4}N\right)+u_{\mathrm{b}}(n)i_{\mathrm{b}}\left(n-\frac{3}{4}N\right)+u_{\mathrm{c}}(n)i_{\mathrm{c}}\left(n-\frac{3}{4}N\right)\right] \tag{2-10}$$

式中，$Q$ 为三相无功功率。

$$\cos\varphi=\frac{P}{\sqrt{P^{2}+Q^{2}}} \tag{2-11}$$

式中，$\cos\varphi$ 为功率因数。

在工程实际应用中，必须根据现场实际情况来正确设置测控装置的电能表接线。有的测控装置提供了在液晶面板上显示遥测一次值的功能，如需要显示一次值，则在测控装置内部参数中还应正确设置 TA 变比和 TV 变比。

为确保装置带负荷投入运行后显示遥测值正确，在现场应用中应保证测控装置输入

电流、电压回路的极性和相序正确。对大量的 10 kV 线路采用两相式 TA 时，为保证功率计算正确，一定要选择正确的功率计算方法。

## 2.3 遥信的采集方法

### 2.3.1 遥信的采集

遥信又称为状态量。遥信的作用是为了将变电站内断路器、隔离开关位置信号、各类一二次装置状态信号等上送到监控后台，从而以达到运行人员对其进行工况监视的目的。变电站自动化系统应采集的状态量包括：断路器状态，隔离开关状态，变压器分接头信号及变电站一次设备告警信号、各种二次设备预告信号等。目前这些信号大部分采用光电隔离硬接点方式输入测控，也可通过通信报文方式获得。通过光电隔离开入方式采集的遥信量称为“实遥信”，通过通信虚拟采集的遥信量称为“虚遥信”。开关状态量信号通过光电隔离转换成数字信息，取得状态信息，变位信息（COS）、事件顺序记录（SOE）等。为了取得良好的抗干扰性能，信号量通常采用 DC 220 V 或 DC 110 V 直流强电压输入。

为防止信号干扰抖动而导致误报，通常信号量的采集带有滤波回路，或可以在测控装置上进行遥信防抖时限的整定设置。遥信输入是有时限的，即某一状态变位后，在整定的时限内该状态不应变位，如果变位，则该变化将被忽略不计，这是防止遥信抖动的有效措施，防抖时限的原理如图 2-10 所示。在工程应用中应正确配置防抖时限，如防抖时限设置过小，则遥信可能会误报；如果防抖时限设得太长，则可能导致遥信响应时间过长甚至丢失。该时限通常设为 20 ~ 40 ms，防抖时间可以在测控装置中进行整定。

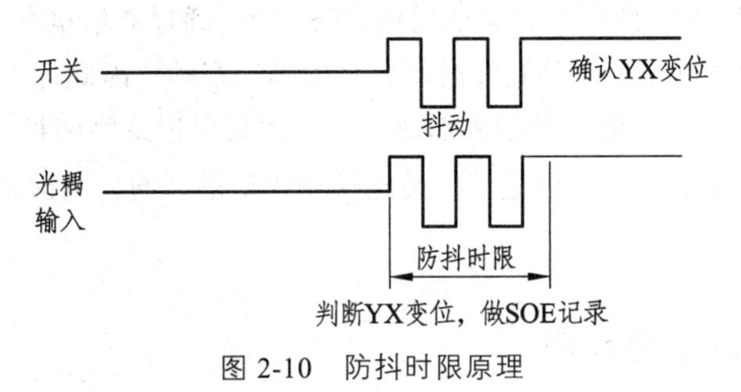


图 2-10 防抖时限原理

通常要求遥信（或 SOE）的分辨率<2 ms，这仅与遥信的采集频率有关。通常遥信的采集频率每周波大于 12 点（采样间隔不大于 1.667 ms）时，就可以满足遥信分辨率的要求。

当遥信状态变位后，测控装置以最快的速度向监控后台插入发送变化遥信报文，后台收到变化遥信报文后，经解码对比遥信历史库状态与当前状态，如不一致，并提示该遥信状态已改变，这就是遥信变位的过程。即使遥信状态没有发生改变，测控装置也会每隔一定周期，定时向监控后台发送本装置所有遥信状态信息，这就是全遥信报文发送过程。

全遥信和变化遥信报文均不带时标。因此遥信变位时标是由监控后台机产生，当发生事故跳闸时，该信息不能作为事故追忆的依据，仅能提供作为参考。遥信输入过程如图 2-11 所示。

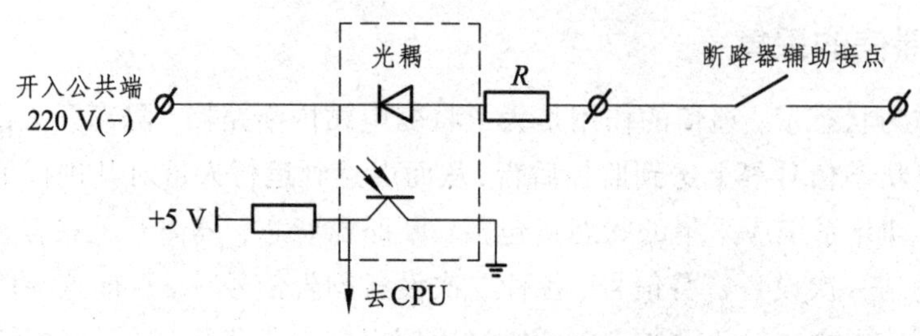


图 2-11　遥信输入过程原理图

工作原理：假设断路器处于分闸状态，其辅助触点闭合，+ 5 V 经过回路后输入到光耦，光耦中发光二极管发光，光敏三极管导通，遥信输出端得低电平“0”，若断路器为合闸状态，其辅助接点断开，发光二极管无电不发光。光敏三极管截止，遥信输出端输出高电平“1”，从而实现遥信信息的采集。

### 2.3.2　SOE 的概念

电力系统发生事故后运行人员应能从遥信中及时了解到断路器和继电保护的信息变化情况。为了分析系统事故，不仅要知道断路器和保护的动作情况，还应掌握其动作的先后顺序及确切时间节点。

SOE（Sequence Of Events）即事件顺序记录，该记录由测控装置生成，并包含时标。当发生实际遥信变位时，测控装置确认遥信状态改变，通过通信报文将该信息上送监控后台，报文中包含了遥信变位的具体时刻，且精确到毫秒，因此可以利用 SOE 分辨电力系统事故发生时各种遥信变位的先后顺序。事件顺序记录是监控系统中非常重要的概念。在通信传送信息时，变位遥信的传送优先级是最高的，其次是 SOE，优先级最低是全遥信。

## 2.4　遥控功能的实现

遥控由监控后台或监控中心发布命令，控制测控装置合上或断开某个断路器或隔离刀闸。

### 2.4.1　遥控操作的执行过程

遥控操作是一种十分重要的功能，为了确保可靠，通常采用返校法，将遥控操作分为两步来完成，简称“遥控返校”，如图 2-12 所示。

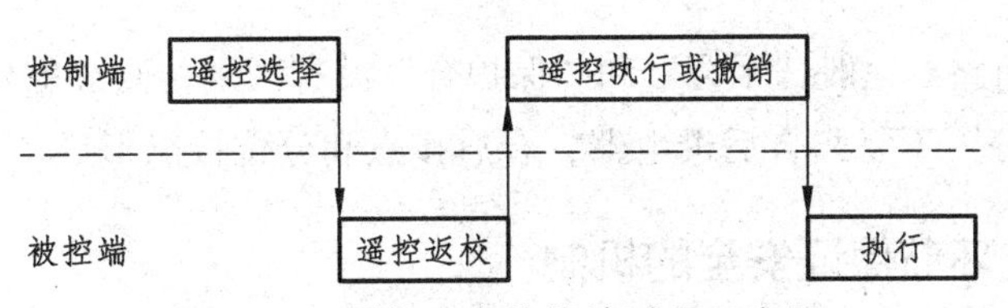

图 2-12　遥控命令的传输过程示意图

遥控命令中包含了遥控性质（合闸或分闸）和遥控对象号。对于三层式综自系统首先由监控中心向远动机发送遥控命令，远动机收到遥控命令后将之转发给相应的测控装置，测控装置收到遥控命令后并不立即执行出口，而只是将遥控性质分（YF）或合闸（YH）继电器驱动，根据性质继电器动作的返回接点判断遥控性质和遥控对象号是否正确，然后再将动作情况反馈给总控，总控再回复给监控中心校核，监控中心在规定时限内（如 15 s）判断收到的遥控返校报文与原来所发的遥控命令一致才允许发遥控执行命令，遥控命令发出后，相应测控单元在规定时限内收到遥控执行命令后，驱动遥控执行继电器（ZXJ）动作，如图 2-13 所示。

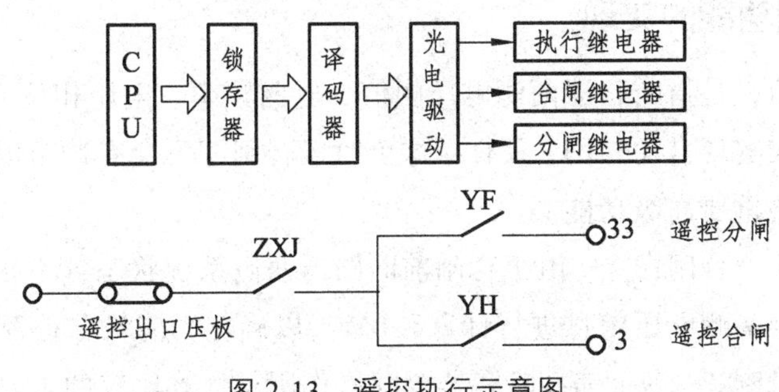

图 2-13　遥控执行示意图

如果二次回路与断路器操作箱连接正确，则相应断路器可完成分合闸操作。如果监控中心未收到遥控返校报文或断路器分合闸不成功，则经延时提示“遥控超时”。如果收到遥控返校报文不正确，则提示“遥控返校出错”。如果测控装置在规定时限内未收到遥控执行命令，则返回已动作的遥控性质继电器接点，取消本次遥控操作，并清除原遥控命令。而对于当地监控后台可直接与测控装置进行通信，遥控过程同监控中心。

遥控执行出口时间通常在测控装置中是可以进行整定的。为可靠完成断路分合闸操作，遥控出口执行时间一般整定为 100 ~ 200 ms。

此外，需要强调的是，监控后台或远动机数据库中相关断路器的遥控对象务必与工程实际对应配置，遥控出口回路与断路器操作回路必须正确连接，否则可能出现遥控误分合开关的事故。

一般断路器操作箱都配有“保护合”“保护分”“手合”“手分”四个重要的操作接口输入端，遥控出口回路必须接到其“手合”“手分”回路。此外，在工程中也要特别注意其他自动装置与断路器操作箱接线应正确。例如备自投装置出口应接于断路器操作箱的“保护跳”和“手合”回路，而 VQC 装置投切电容则应接于断路器操作箱的“手分”和“手合”回路。一般“手合”和“保护合”没有区别，而“手分”会复归合后继电器，而“保护分”不复归合后继电器，合后接点和分位接点形成“事故总”信号。

### 2.4.2 遥控环节保证安全的机制

应采用信息重复、遥控返校等措施保证遥控过程的正确。鉴于遥控的时效性要求高，在命令的发送端和接收端均设有时间限制，一旦超时，则立即取消本次遥控。鉴于遥控命令的排他性，同一厂站内只能同时存在一个遥控命令，命令源开始到完成执行的过程中，对其他命令源的选择或执行报文做出忽略处理或发送否定的返校报文。

当运行中发生遥控超时，应重点检查测控装置与各级元件通信是否正常；当遥控返校正确而无法出口时，应重点检查外部回路（如遥控压板、切换开关、电气闭锁回路等）是否正确；当遥控返校出错时，应重点检查相应测控装置逻辑解锁条件是否达到，遥控出口板或电源板是否故障。

### 2.4.3 同期功能的实现

所谓同期合闸，是指断路器两侧电压幅值、电网频率、电压相位应达到规定条件，以辅助手动并网或实现自动并网，只有在这个时候合闸才不会有冲击电流。断路器同期合闸是测控装置的重要高级功能。

对于断路器手动合闸命令，由于合闸前断路器两侧系统状态各不相同，需要测控装置实时采集断路器两侧电压信息进行计算和比较，以确定当前状态是否达到合闸条件以及选取最佳合闸时刻。一般而言，断路器合闸操作所需计算比较的主要是电压幅值、频率和相角。

1. 检无压合闸

断路器无压状态可分为线路侧和母线侧均无压、线路侧无压而母线侧有压、线路侧有压而母线侧无压三种。

检无压合闸允许判别条件是：

断路器两侧电压值满足上述三种无压状态中的任何一种即可。

2. 检同期合闸

检同期合闸也称合环，通常用于同一系统内的断路器合闸。特点是断路器两端的电网频率相同。

检同期合闸主要允许判别条件是：

（1）断路器两侧的电压均在有压定值范围之内。

（2）断路器两侧的角差和压差均小于定值。

只要满足以上两个条件，测控装置的断路器合闸就会立刻出口。

### 3. 准同期合闸

准同期合闸也称捕捉同期或并列，主要用于不同系统之间的断路器同期合闸。准同期合闸主要允许判别条件为：

（1）断路器两侧的电压均在有压定值范围之内。

（2）两侧电压差小于压差定值。

（3）频率差小于定值。

（4）滑差（即频率变化率 $d\Delta f / dt$）小于定值。

在满足以上条件的情况下，测控装置会根据合闸导前时间定值自动修正合闸角度以保证断路器在 0°角时刻合闸，对系统产生的冲击最小。

### 4. 强制合闸

强制合闸也称为无条件合闸。此时测控装置同期合闸功能退出运行，对断路器合闸操作没有任何条件限制，只要下令，测控装置断路器合闸出口触点就会立刻出口。通常仅用于断路器检修时合闸或断路器紧急解锁操作时用。

如果检无压和检同期控制字都投入，测控程序判断的流程是先检无压，再检同期，主要是为了满足对线路充电或者对母线充电时，能够正常合闸；如果仅投检同期，对线路或母线充电时，断路器就无法满足同期条件了。

在做滑差闭锁的时候，请注意不要单纯地以滑差变化的大小来判断是否闭锁合闸。大家应该知道，频率的变化还影响角度的变化、周波大小变化，必然引起两个本是同频率的波形产生一快一慢的结果，所以滑差变化小于定值的时候，有时也无法成功合闸，这是因为此时产生了角度差超过定值，那么在做此项定值校验的时候，可以通过装置面板看角度差的变化，找到最小的时候合闸，就可以成功了。

监控后台遥控中可以选择不检、检无压或检同期，其中检同期优先级最高，即当装置中控制字投的是不检，此时如果后台遥控选择检同期，那么装置收到遥控检同期合闸指令后，就会去判断是否满足同期条件从而合闸，所以测控装置同期定值一定要整定，而且整定要合理。

## 2.5 遥调功能的实现

遥调是指监控中心向测控装置发布变压器分接头调节命令。与遥控命令相似，遥调命令中也应指定调节性质（升或降）和遥调对象号。测控单元收到命令后就驱动相关出口继电器动作，如果外回路已正确接于变压器有载调压回路中，则变压器调压机构将进行分接头调挡操作。

一般遥调可靠性的要求没有遥控那么高，因此遥调大多不进行返送校核。这一特点在变电站改造工程中需要特别注意，需采取安全措施确保监控中心和监控后台上的主变挡位遥控对象号配置正确后才可进行遥调出口试验，否则如果遥调点号配置错误，加之遥调不进行返校，将可能直接导致误分合断路器。遥调执行示意如图 2-14 所示。

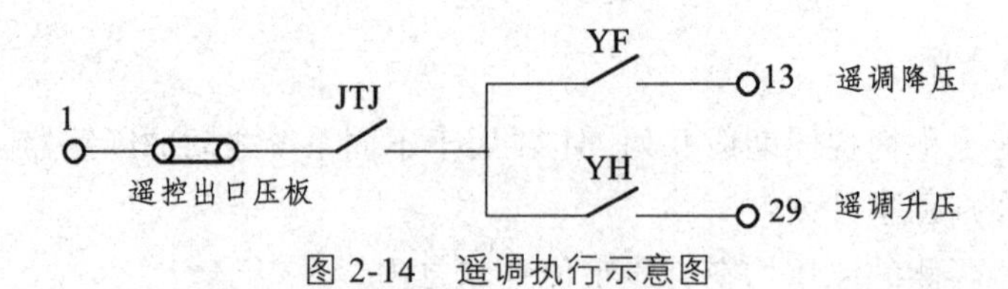

图 2-14　遥调执行示意图

为防止遥调主变时调压机构发生滑挡，有的变电站采用了遥调急停出口控制。其本质是通过一个遥控出口回路断掉变压器调压电源，从而使运行人员在主变滑挡时能够及时停止主变分接头调节。急停出口接点通常为常开接点。

## 2.6　主变挡位的采集

在智能变电站中，将有载调压变压器挡位在监控中心和 VQC 装置上显示出来，其实现的方法多种多样。

### 2.6.1　遥信一一对应方式

这种方式为将变压器有载调压挡位二次触点简单地接入监控系统或 VQC 装置遥信开入点。如主变最高挡位为 19 挡，则 YX1 接通主变 1 挡，YX2 接通主变 2 挡，19 挡时，接通 YX19。如果有载调压机构每挡二次触点只有一对，为了与两个装置接口，则必须通过加装开关量辅助接点装置扩充。遥信一一对应方式的挡位接口如图 2-15 所示。

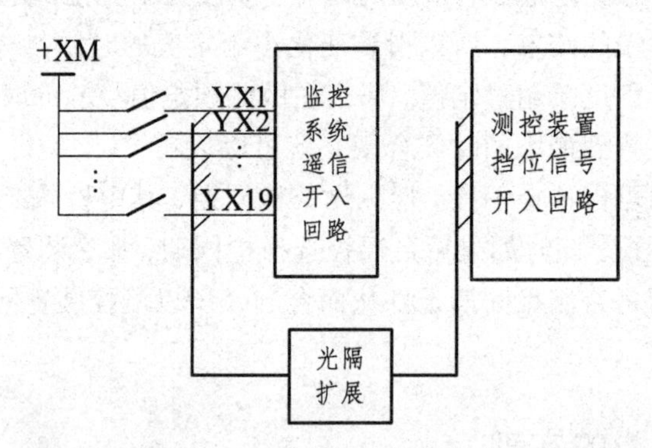

图 2-15　遥信一一对应方式的挡位接口示意图

这种接线方式的优点是直观，但缺点也非常明显，即所需电缆芯数多，占用遥信接点多，接线复杂等。

### 2.6.2　十位加个位方式

为进一步改善，变压器调压机构提供了一个十位挡接点，当主变挡位在 1 ~ 9 挡时，十位挡触点断开，在 10 ~ 19 挡时，十位挡接点接通。监控系统或 VQC 装置将个位档与十位档接点接入遥信开入回路，通过简单运算即可得出变压器实际挡位。个位加十位方式的挡位接口如图 2-16 所示。

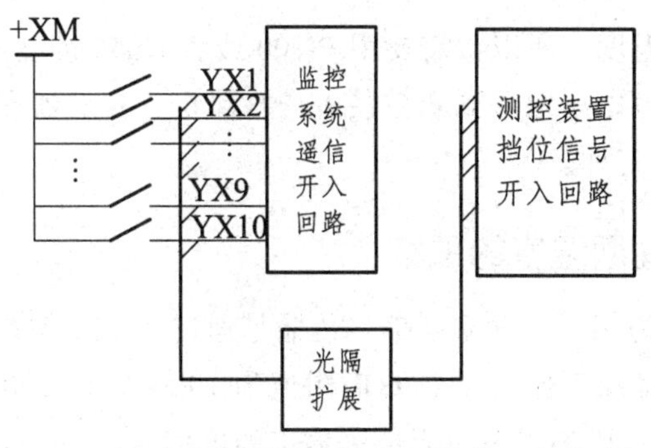


图 2-16　个位加十位方式的挡位接口示意图

与一一对应方式相比，该方式可减少近一半的电缆芯数及遥信接点的使用。缺点是当调压机构挡位接点不足时，仍需加装开关量扩展接点。

### 2.6.3　BCD 编码方式

为了进一步完善增加装置效率，有的变压器调压机构提供了 BCD 编码接点，即变压器挡位按照 BCD 编码规则，由五个输出接点代表的数值合力计算出来。主变挡位的 BCD 接点接入测控装置遥信开入回路，按照 BCD 编码规则进行还原计算，例如 YX1 代表 1 挡，YX2 代表 2 挡，YX3 代表 4 挡，YX4 代表 8 挡，YX5 代表 10 挡，挡位 19 即 YX1 + YX4 + YX5 数值之和，注意高位优先。BCD 挡位接口如图 2-17 所示。

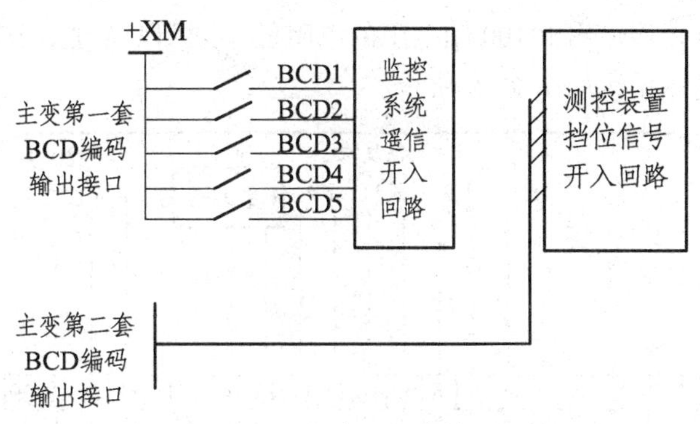


图 2-17　BCD 方式的挡位接口示意图

这种方式最为简单且经济可靠，但前提条件是变压器有载调压机构能提供 BCD 编码接点。

## 2.7　变压器温度的采集

温度作为变压器重要的运行参数需加以监视，变压器温度主要分为油面温度和绕组温度，必须将这些温度进行测量并传送到后台和监控中心。

变压器的油面温度、绕组温度通过一个温度探头来检测，用其电阻的阻值来反映温度的大小，变压器测量温度均采用热电阻材料，利用热阻材料的电阻值随温度变化而显著变化的原理来测量温度。所以常需要用 Pt100 或者 Cu50 的变送器，将电阻的阻值转换为直流电流或者直流电压输入到测控装置的直流板。变送器类型常用的为 0 ~ 5 V、4 ~ 20 mA、0 ~ 220 V 三种。

### 2.7.1 变压器油面温度的采集

以 Pt100 变送器为例，油面温度信号传输是通过 Pt100 铂热电阻来实现的，Pt100 铂热电阻的阻值和温度成正比，在 0 °C 时阻值为 100 Ω，在 100 °C 时阻值为 138.5 Ω，如图 2-18 所示，所以可以通过测量阻值来输出温度信号。

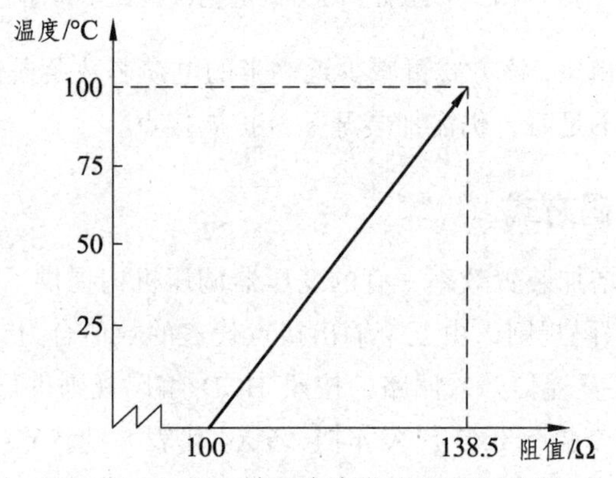


图 2-18 Pt100 随温度变化电阻值示意图

输出方式可以直接输出 Pt100 铂电阻的电阻值，也可以通过变送器将电阻值转为电流或电压信号，具体接线如图 2-19 所示。

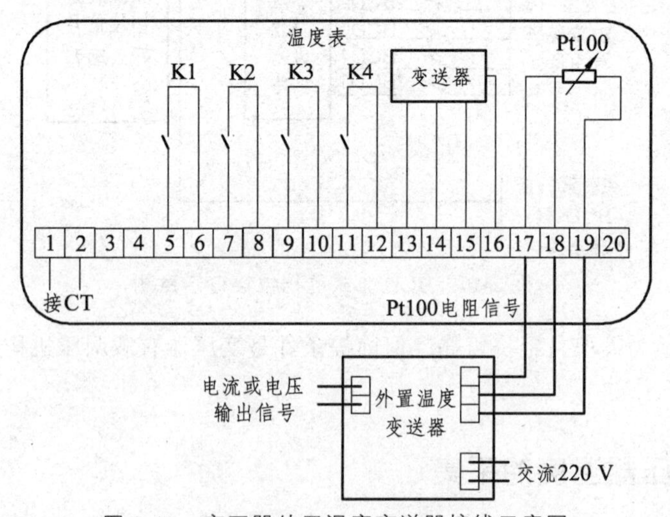


图 2-19 变压器外置温度变送器接线示意图

（1）1 ~ 2 号端子接变压器 CT。

（2）5 ~ 12 号端子分为四组辅助接点，可以设定温度值，到达温度值后辅助接点闭合，用于高温报警、跳闸或温控回路。

（3）13 和 14 号端子为电流信号输出端，通过绕温计内部的变送器，将电阻值转换为电流信号。

（4）15 和 16 号端子为变送器的交流电源，一般为 220 V；

（5）17 ~ 19 端子为 Pt100 铂电阻输出，此种输出方式需要外接变送器，若使用 Pt100 铂电阻的输出方式时，绕温温度计内不需要接入 220 V 的交流电源。

（6）外置变送器接收到温度表的信号（电流信号或 Pt100 电阻信号），可以显示温度，另外还可以将信号（以电流信号或电压信号的形式）输出到测控装置。

### 2.7.2　变压器绕组温度的采集

变压器绕组温度表是一种使用热模拟测量技术的仪表。简单地说，绕温表并不能直接测量绕组的温度，它是通过测量变压器顶层的油温 $T_0$，再施加一个变压器负荷电流变化的附加温升 $\Delta T$，由此二者之和 $T=T_0+\Delta T$ 即可模拟绕组的最热点的温度，具体阐述如下：

（1）当变压器空载时，顶部油温和绕温相同，绕温表的温包内有感温介质，当油温变化时，感温介质的体积也随之变化，通过毛细管的传递，使表内的测量元件发生相应的偏移，实现了绕温测量。

（2）当变压器带负荷时，此时绕温高于油温，绕温表除了通过温包测量油温外，还需要接入变压器套管 CT，通过取得与负荷成正比的电流，然后经过电流匹配器调整后，在电热元件上产生热量，使指示指针偏移，近似得到绕组对油的温升，再加上顶层油温，所得温度即为绕组的最热温度。

### 2.7.3　4 ~ 20 mA 温度变送器的实际值换算

传输信号时候，要考虑到现场环境和传输距离，长距离导线上也有电阻，如果用电压传输则会在导线上产生一定的压降，那接收端的信号就会产生一定的误差了，所以更多使用电流信号作为温度变送器的标准传输。电流型温度变送器为 4 ~ 20 mA，即最小电流为 4 mA，最大电流为 20 mA。那么为什么选择 4 ~ 20 mA 而不是 0 ~ 20 mA 呢？由于用来检测线路开路的是 4 mA 而不是 0 mA，如果选用 0 mA，那么开路故障就检测不到了。依据公式（2-2），若温度的实际值为 $T$，模数转换后的值为 $D$，标度变换系数为 $K$，则 $T=KD$，但是由于 4 ~ 20 mA 的直流量对应的是主变的油面温度，4 mA 对应的油温为零摄氏度以下，20 mA 对应的油温为最高值，引入 $T_p$ 为校正值（偏移量）概念，$T$ 即为

$$T=KD+T_P \tag{2-12}$$

思考题：某 4 ~ 20 mA 变送器工作范围为 − 10 ~ 110 °C，求标度系数及偏移量。

提示：可取最低值和最高值代入公式运算，可得 $K=150$；$T_P=-30$。

## 2.8　五防闭锁功能的实现

“五防”的概念是指防止电力系统倒闸操作中经常发生的五种恶性误操作事故：误分合断路器、带负荷拉隔离开关、带地刀（接地线）合隔离开关送电、带电合地刀或挂接地线、误入带电间隔。

由于微机五防系统具有智能化程度高、功能齐全、操作简单、便于维护扩充等特点，特别适用于主接线复杂的变电站，其得到了广泛的应用和发展。

现在的微机五防系统一般都应具备如下功能：

（1）五防机应能显示一次主接线及刷新设备实时位置情况，进行倒闸操作模拟预演并开出操作票或进行运行人员倒闸操作培训。

（2）计算机钥匙应具有“双无技术”。即“无线”采码，“无限”编码。计算机钥匙探头和编码之间采用无线方式交互信息。计算机钥匙应具有按操作票对电编码锁、机械编码锁逐一解锁操作、重复操作、中止操作、检修操作和非正常跳步操作等功能。还应具有掉电记忆、自学锁编码、锁编码检测等功能，以及操作票浏览，操作追忆、音响提示等功能。

（3）锁具，含编码锁、机械编码锁、状态检测器及附件、地线桩、地线头等。所有远方操作功能的断路器和隔离开关均采用电编码锁闭锁，对于手动操作设备的刀闸、地刀，采用机械编码锁闭锁，采用状态检测器实现防走空功能。线路侧接地刀闸应具备防止对侧反充电的闭锁功能。上述两种锁能适应变电站内各种运行方式，在紧急状态下，可通过电解锁钥匙和机械解锁钥匙对其进行解锁操作。

## 2.9　测控装置故障案例

**案例 1：500 kV 丙变后台操作中性点地刀 520，在点完遥控预置后直接出口**

故障现象：

××年××月××日，500 kV 丙变 2、3 号主变加装中性点小电抗，并实现对中性点地刀的遥控功能。运行人员在验收过程中发现 2 号主变 520 中性点地刀在进行合操作时点完遥控预置后未点执行 520 地刀，其已经在合闸位置，经现场确认 520 中性点地刀确在合闸位置。

原因分析：

500 kV 丙变进行中性点地刀遥控的测控装置投运时作为公用测控使用，本次为实现遥控功能重新进行了参数配置，原以为配置问题，经反复确认参数正确。检修人员与厂家使用排除法确认装置硬件问题，检查发现底座机箱上有问题，如图 2-20 所示。

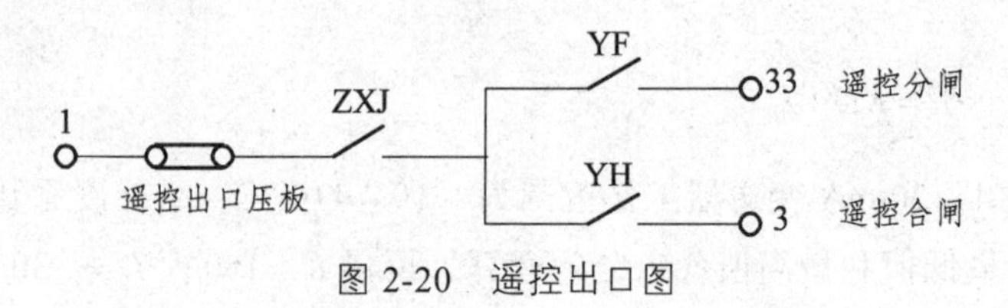


图 2-20　遥控出口图

处理过程：

遥控由操作人员从后台发出命令给测控装置，经返校成功后由测控装置出口执行。首先检查后台软件问题，做好安措后对其他部分间隔进行遥控预置，并没有发生此类情况，说明问题并不在后台软件。检修人员把检查的重点放在了测控装置本身，先针对配置进行了检查，排除配置问题后对测控装置的软件进行了检查，更换其他版本后问题并未解决。于是怀疑是硬件问题，厂家人员更换了一副遥控接点，遥控预置结束后中性点地刀直接合闸。厂家人员用排除法对测控装置后的板件进行了逐一更换检查，发现问题出现在底座机箱上，怀疑焊点有粘连，最终确认 ZXJ 接点黏死。更换备件后遥控正常。

建议与总结：

正常运行人员操作时，在遥控预置完成后会立即点遥控执行，建议验收时在两步骤之间做短暂停留，以便更好地达到验收效果，消除安全隐患。

**案例 2：某 500 kV 变电站监控信号异常的处理**

故障现象：

××年××月××日，某 500 kV 变电站 4 号主变复役过程中，监控告知：20 点 58 分，现场合 5063 开关时，监控除正常的 5063 开关合闸信号外，还有“4 号主变 5063 开关 分闸”信号瞬时上监控主站告警窗；21 点 13 分，现场合 5062 开关时，监控除正常的 5062 开关合闸信号外，还有“500 kV**线 4 号主变 5062 开关 分闸”信号瞬时上监控主站告警窗。经与现场核实，5063、5062 开关均正常合上，现场无跳闸信号。

原因分析及处理过程：

首先检查现场的后台监控系统告警，如图 2-21 所示。

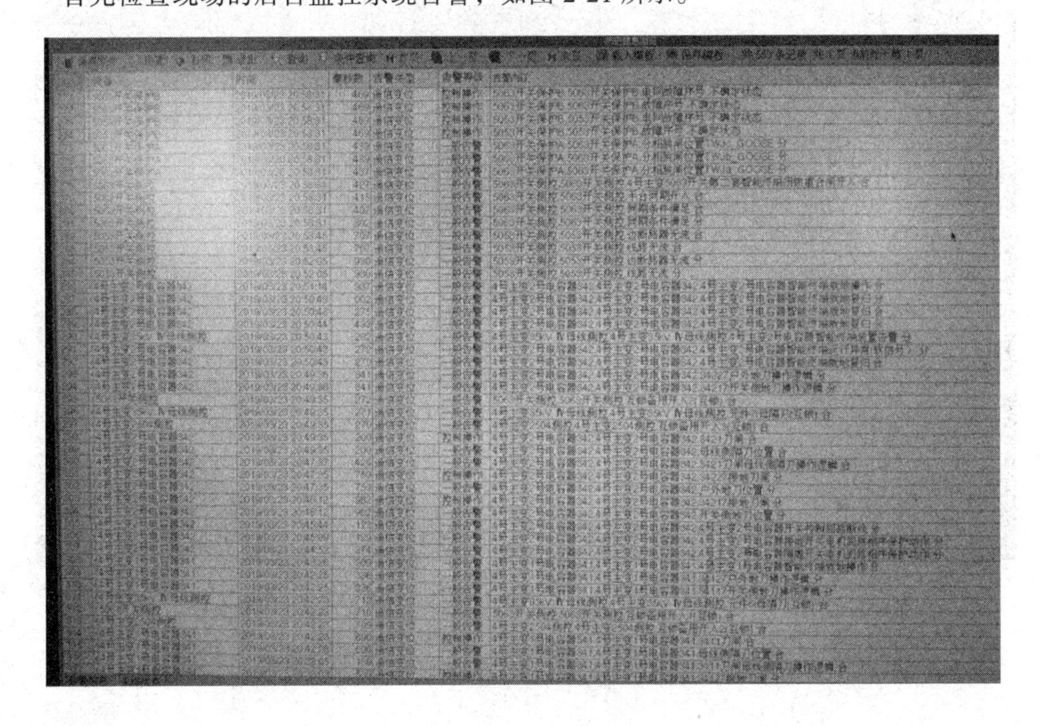

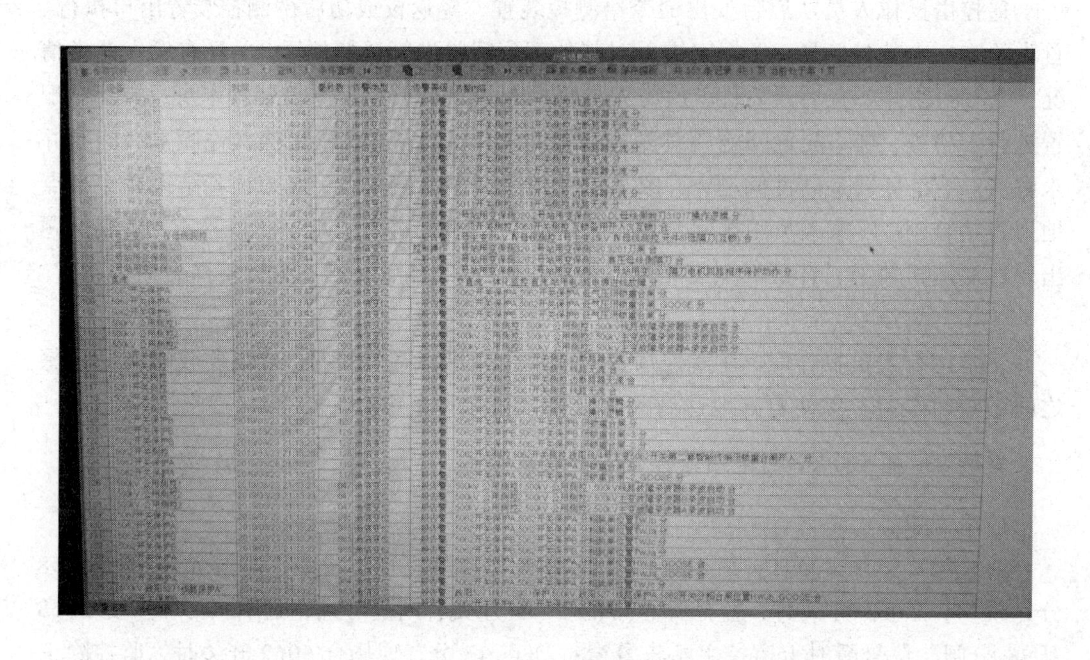

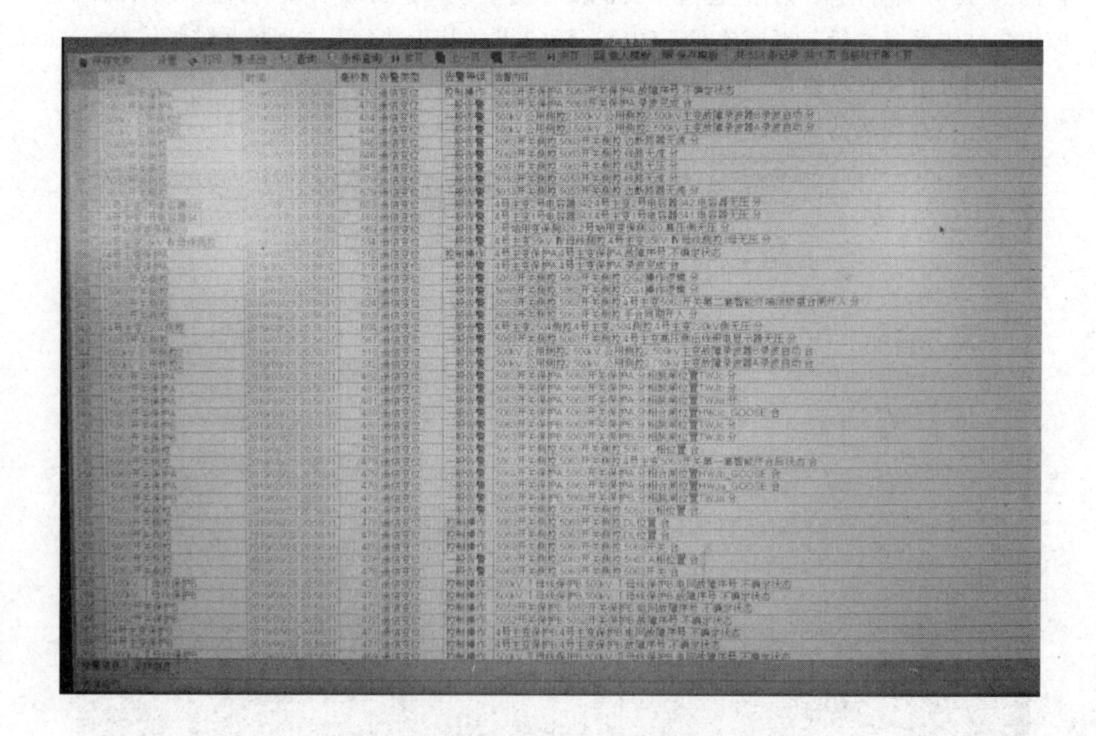

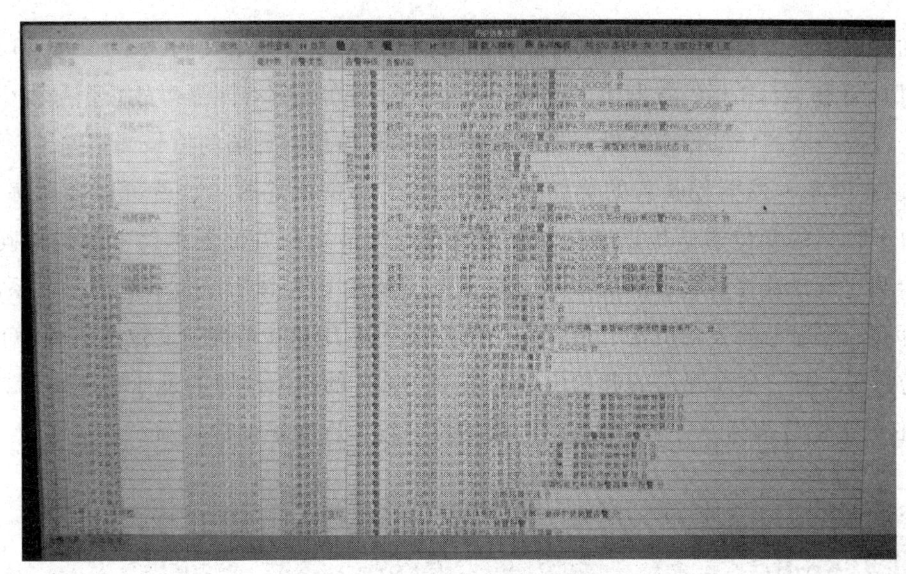

图 2-21　后台监控系统告警

发现当地后台在 5063 和 5062 开关合闸时信号反映正常，过程中后台无分闸信号。经询问厂家，得知后台有 50 ~ 100 ms 的消抖时间，而远动装置内不设消抖时间。因此初步怀疑是开关合闸过程中开关辅助接点有抖动现象，故监控端在合闸过程中有分闸信号产生。

为了进一步确认，联系调度自动化导出了当时监控收到的告警记录，如图 2-22 所示。

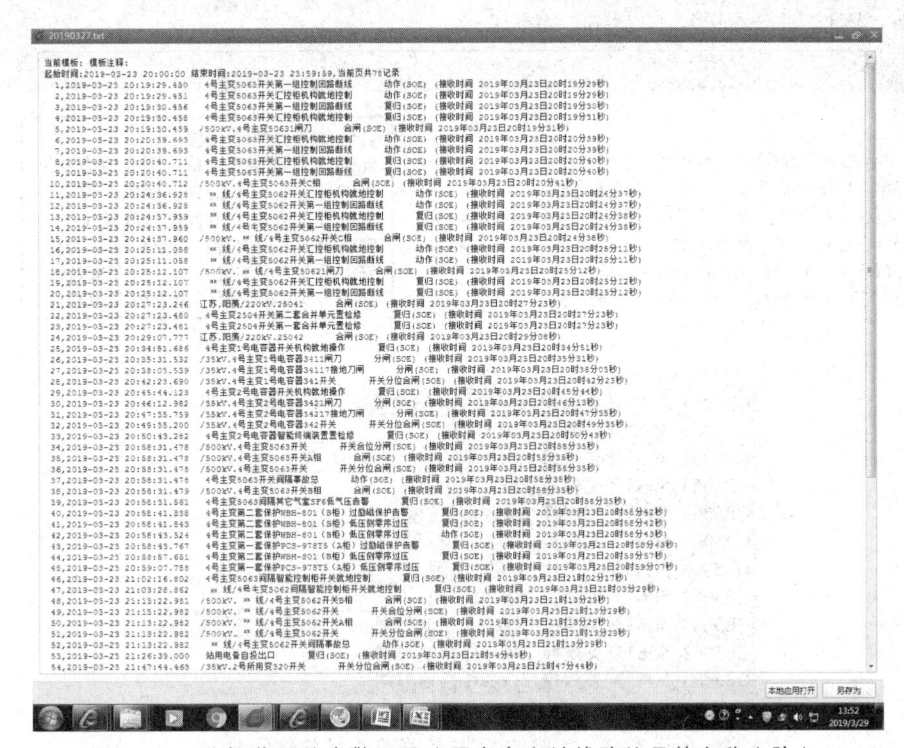

```
20190327.txt
当前模板： 模板注释：
起始时间:2019-03-23 20:00:00 结束时间:2019-03-23 23:59:59,当前页共78记录
 1,2019-03-23 20:19:29.450  4号主变5063开关第一组控制回路断线  动作(SOE) (接收时间 2019年03月23日20时19分29秒)
 2,2019-03-23 20:19:29.451  4号主变5063开关汇控柜机构就地控制  动作(SOE) (接收时间 2019年03月23日20时19分29秒)
 3,2019-03-23 20:19:30.456  4号主变5063开关第一组控制回路断线  复归(SOE) (接收时间 2019年03月23日20时19分30秒)
 4,2019-03-23 20:19:30.458  4号主变5063开关汇控柜机构就地控制  复归(SOE) (接收时间 2019年03月23日20时19分31秒)
 5,2019-03-23 20:19:30.459 /500kV.4号主变50631闸刀  合闸(SOE) (接收时间 2019年03月23日20时19分31秒)
 6,2019-03-23 20:20:39.693  4号主变5063开关汇控柜机构就地控制  动作(SOE) (接收时间 2019年03月23日20时20分39秒)
 7,2019-03-23 20:20:39.693  4号主变5063开关第一组控制回路断线  动作(SOE) (接收时间 2019年03月23日20时20分39秒)
 8,2019-03-23 20:20:40.711  4号主变5063开关汇控柜机构就地控制  复归(SOE) (接收时间 2019年03月23日20时20分40秒)
 9,2019-03-23 20:20:40.711  4号主变5063开关第一组控制回路断线  复归(SOE) (接收时间 2019年03月23日20时20分40秒)
10,2019-03-23 20:20:40.712 /500kV.4号主变5063开关C相  合闸(SOE) (接收时间 2019年03月23日20时20分41秒)
11,2019-03-23 20:24:36.928  ** 线/4号主变5062开关汇控柜机构就地控制  动作(SOE) (接收时间 2019年03月23日20时24分37秒)
12,2019-03-23 20:24:36.928  ** 线/4号主变5062开关第一组控制回路断线  动作(SOE) (接收时间 2019年03月23日20时24分37秒)
13,2019-03-23 20:24:37.959  ** 线/4号主变5062开关汇控柜机构就地控制  复归(SOE) (接收时间 2019年03月23日20时24分38秒)
14,2019-03-23 20:24:37.959  ** 线/4号主变5062开关第一组控制回路断线  复归(SOE) (接收时间 2019年03月23日20时24分38秒)
15,2019-03-23 20:24:37.960 /500kV. ** 线/4号主变5062开关C相  合闸(SOE) (接收时间 2019年03月23日20时24分38秒)
16,2019-03-23 20:25:11.058  ** 线/4号主变5062开关汇控柜机构就地控制  动作(SOE) (接收时间 2019年03月23日20时25分11秒)
17,2019-03-23 20:25:11.058  ** 线/4号主变5062开关第一组控制回路断线  动作(SOE) (接收时间 2019年03月23日20时25分11秒)
18,2019-03-23 20:25:12.107 /500kV. ** 线/4号主变50621闸刀  合闸(SOE) (接收时间 2019年03月23日20时25分12秒)
19,2019-03-23 20:25:12.107  ** 线/4号主变5062开关汇控柜机构就地控制  复归(SOE) (接收时间 2019年03月23日20时25分12秒)
20,2019-03-23 20:25:12.107  ** 线/4号主变5062开关第一组控制回路断线  复归(SOE) (接收时间 2019年03月23日20时25分12秒)
21,2019-03-23 20:27:23.246 江苏.阳羡/220kV.25041  合闸(SOE) (接收时间 2019年03月23日20时27分23秒)
22,2019-03-23 20:27:23.480  4号主变2504开关第二套合并单元置检修  复归(SOE) (接收时间 2019年03月23日20时27分23秒)
23,2019-03-23 20:27:23.481  4号主变2504开关第一套合并单元置检修  复归(SOE) (接收时间 2019年03月23日20时27分23秒)
24,2019-03-23 20:29:07.777 江苏.阳羡/220kV.25042  合闸(SOE) (接收时间 2019年03月23日20时29分08秒)
25,2019-03-23 20:34:51.686  4号主变1号电容器开关机构就地操作  复归(SOE) (接收时间 2019年03月23日20时34分51秒)
26,2019-03-23 20:35:31.532 /35kV.4号主变1号电容器3411闸刀  分闸(SOE) (接收时间 2019年03月23日20时35分31秒)
27,2019-03-23 20:38:03.539 /35kV.4号主变1号电容器34117接地刀闸  分闸(SOE) (接收时间 2019年03月23日20时38分03秒)
28,2019-03-23 20:42:23.690 /35kV.4号主变1号电容器341开关  开关分位合闸(SOE) (接收时间 2019年03月23日20时42分23秒)
29,2019-03-23 20:45:44.123  4号主变2号电容器开关机构就地操作  复归(SOE) (接收时间 2019年03月23日20时45分44秒)
30,2019-03-23 20:46:12.982 /35kV.4号主变2号电容器3421闸刀  分闸(SOE) (接收时间 2019年03月23日20时46分13秒)
31,2019-03-23 20:47:35.759 /35kV.4号主变2号电容器34217接地刀闸  分闸(SOE) (接收时间 2019年03月23日20时47分35秒)
32,2019-03-23 20:49:35.200 /35kV.4号主变2号电容器342开关  开关分位合闸(SOE) (接收时间 2019年03月23日20时49分35秒)
33,2019-03-23 20:50:43.282  4号主变2号电容器智能终端装置置检修  复归(SOE) (接收时间 2019年03月23日20时50分43秒)
34,2019-03-23 20:58:31.478 /500kV.4号主变5063开关  开关合位分闸(SOE) (接收时间 2019年03月23日20时58分35秒)
35,2019-03-23 20:58:31.478 /500kV.4号主变5063开关A相  合闸(SOE) (接收时间 2019年03月23日20时58分35秒)
36,2019-03-23 20:58:31.478 /500kV.4号主变5063开关  开关分位合闸(SOE) (接收时间 2019年03月23日20时58分35秒)
37,2019-03-23 20:58:31.478  4号主变5063开关间隔事故总  动作(SOE) (接收时间 2019年03月23日20时58分35秒)
38,2019-03-23 20:58:31.479 /500kV.4号主变5063开关B相  合闸(SOE) (接收时间 2019年03月23日20时58分35秒)
39,2019-03-23 20:58:31.561  4号主变5063间隔其它气室SF6低气压告警  复归(SOE) (接收时间 2019年03月23日20时58分35秒)
40,2019-03-23 20:58:41.838  4号主变第二套保护WBH-801（B柜）过励磁保护告警  复归(SOE) (接收时间 2019年03月23日20时58分42秒)
41,2019-03-23 20:58:41.843  4号主变第二套保护WBH-801（B柜）低压侧零序过压  复归(SOE) (接收时间 2019年03月23日20时58分42秒)
42,2019-03-23 20:58:43.524  4号主变第二套保护WBH-801（B柜）低压侧零序过压  动作(SOE) (接收时间 2019年03月23日20时58分43秒)
43,2019-03-23 20:58:43.767  4号主变第一套保护PCS-978T5（A柜）过励磁保护告警  复归(SOE) (接收时间 2019年03月23日20时58分43秒)
44,2019-03-23 20:58:57.651  4号主变第二套保护WBH-801（B柜）低压侧零序过压  复归(SOE) (接收时间 2019年03月23日20时58分57秒)
45,2019-03-23 20:59:07.788  4号主变第一套保护PCS-978T5（A柜）低压侧零序过压  复归(SOE) (接收时间 2019年03月23日20时59分07秒)
46,2019-03-23 21:02:16.802  4号主变5063间隔智能控制柜开关就地控制  复归(SOE) (接收时间 2019年03月23日21时02分17秒)
47,2019-03-23 21:03:28.862  ** 线/4号主变5062间隔智能控制柜开关就地控制  复归(SOE) (接收时间 2019年03月23日21时03分29秒)
48,2019-03-23 21:13:22.981 /500kV. ** 线/4号主变5062开关B相  合闸(SOE) (接收时间 2019年03月23日21时13分29秒)
49,2019-03-23 21:13:22.982 /500kV. ** 线/4号主变5062开关  开关合位分闸(SOE) (接收时间 2019年03月23日21时13分29秒)
50,2019-03-23 21:13:22.982 /500kV. ** 线/4号主变5062开关A相  合闸(SOE) (接收时间 2019年03月23日21时13分29秒)
51,2019-03-23 21:13:22.982 /500kV. ** 线/4号主变5062开关  开关分位合闸(SOE) (接收时间 2019年03月23日21时13分29秒)
52,2019-03-23 21:13:22.982  ** 线/4号主变5062开关间隔事故总  动作(SOE) (接收时间 2019年03月23日21时13分29秒)
53,2019-03-23 21:26:39.000  站用电备自投出口  复归(SOE) (接收时间 2019年03月23日21时54分48秒)
54,2019-03-23 21:47:44.463 /35kV.2号所用变320开关  开关分位合闸(SOE) (接收时间 2019年03月23日21时47分44秒)
本地应用打开  另存为
13:52 2019/3/29
```

图 2-22　监控收到的告警记录（图中变电站线路的具体名称去除）

通过该历史告警信息，发现除监控告知的情况外，还有如下疑问：（1）5063 和 5062 的 C 相位置和 A、B 相位置发生的时间不一致；（2）期间都有间隔事故总信号发生。

经过进一步的仔细排查分析，发现监控的 SOE 信号与现场的信号都相差了一位，如图 2-23 所示，但监控收到的变位遥信（COS）都是正常的。这就可以合理解释：（1）由于收到的变位遥信是正确的，故监控收到的最终开关位置等信号都是正确的；（2）合闸过程中监控告警窗内的误遥信都是由于 SOE 信号错了一位引起的。联系厂家检查远动的程序与配置均正常，再联系主站发现主站 D5000 系统中变位遥信和 SOE 的起始位置不一样，变位遥信的起始位填的是 0，SOE 的起始位填的是 1（见图 2-24）。将 SOE 的起始位改为 0（与变位遥信的起始位一致）后恢复正常。

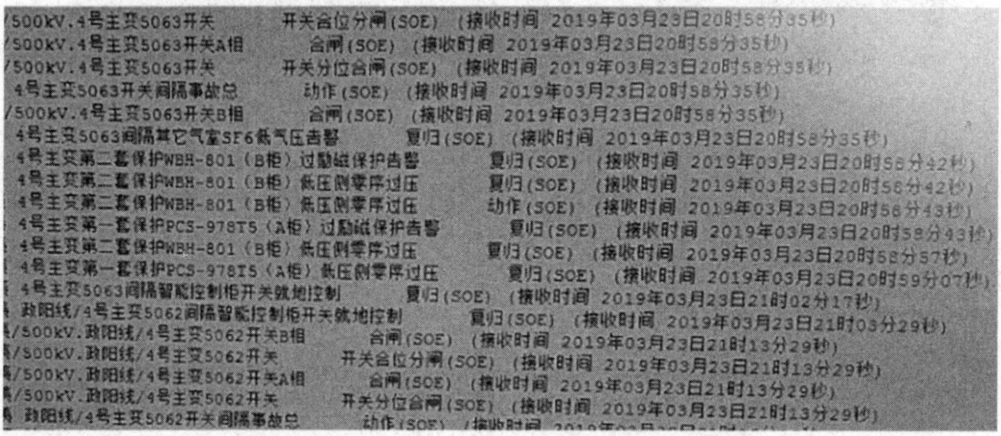

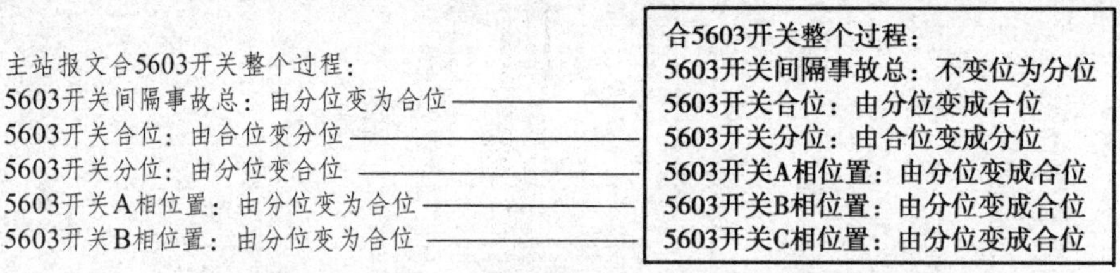

/500kV.4号主变5063开关 开关合位分闸(SOE) (接收时间 2019年03月23日20时58分35秒)
/500kV.4号主变5063开关A相 合闸(SOE) (接收时间 2019年03月23日20时58分35秒)
/500kV.4号主变5063开关 开关分位合闸(SOE) (接收时间 2019年03月23日20时58分35秒)
4号主变5063开关间隔事故总 动作(SOE) (接收时间 2019年03月23日20时58分35秒)
/500kV.4号主变5063开关B相 合闸(SOE) (接收时间 2019年03月23日20时58分35秒)
4号主变5063间隔其它气室SF6低气压告警 复归(SOE) (接收时间 2019年03月23日20时58分35秒)
4号主变第二套保护WBH-801（B柜）过励磁保护告警 复归(SOE) (接收时间 2019年03月23日20时58分42秒)
4号主变第二套保护WBH-801（B柜）低压侧零序过压 复归(SOE) (接收时间 2019年03月23日20时58分42秒)
4号主变第二套保护WBH-801（B柜）低压侧零序过压 动作(SOE) (接收时间 2019年03月23日20时58分43秒)
4号主变第一套保护PCS-978T5（A柜）过励磁保护告警 复归(SOE) (接收时间 2019年03月23日20时58分43秒)
4号主变第二套保护WBH-801（B柜）低压侧零序过压 复归(SOE) (接收时间 2019年03月23日20时58分57秒)
4号主变第一套保护PCS-978T5（A柜）低压侧零序过压 复归(SOE) (接收时间 2019年03月23日20时59分07秒)
4号主变5063间隔智能控制柜开关就地控制 复归(SOE) (接收时间 2019年03月23日21时02分17秒)
政阳线/4号主变5062间隔智能控制柜开关就地控制 复归(SOE) (接收时间 2019年03月23日21时03分29秒)
/500kV.政阳线/4号主变5062开关B相 合闸(SOE) (接收时间 2019年03月23日21时13分29秒)
/500kV.政阳线/4号主变5062开关 开关合位分闸(SOE) (接收时间 2019年03月23日21时13分29秒)
/500kV.政阳线/4号主变5062开关A相 合闸(SOE) (接收时间 2019年03月23日21时13分29秒)
/500kV.政阳线/4号主变5062开关 开关分位合闸(SOE) (接收时间 2019年03月23日21时13分29秒)
政阳线/4号主变5062开关间隔事故总 动作(SOE)

主站报文合5603开关整个过程：
5603开关间隔事故总：由分位变为合位
5603开关合位：由合位变分位
5603开关分位：由分位变合位
5603开关A相位置：由分位变为合位
5603开关B相位置：由分位变为合位

合5603开关整个过程：
5603开关间隔事故总：不变位为分位
5603开关合位：由分位变成合位
5603开关分位：由合位变成分位
5603开关A相位置：由分位变成合位
5603开关B相位置：由分位变成合位
5603开关C相位置：由分位变成合位

动作过程分析

| CB5063_5063开关测控_4号主变5063开关间隔事故信号 |
|---|
| CB5063_5063开关测控_5063开关 |
| CB5063_5063开关测控_5063开关 |
| CB5063_5063开关测控_5063 A相位置 |
| CB5063_5063开关测控_5063 B相位置 |
| CB5063_5063开关测控_5063 C相位置 |
| CB5063_5063开关测控_50631 刀闸 |
| CB5063_5063开关测控_50632 刀闸 |
| CB5063_5063开关测控_506317 接地刀闸 |
| CB5063_5063开关测控_506 327 接地刀闸 |
| CB5063_5063开关测控_506367 接地刀闸 |

转发表信息顺序

图 2-23 监控的 SOE 信号与现场的信号

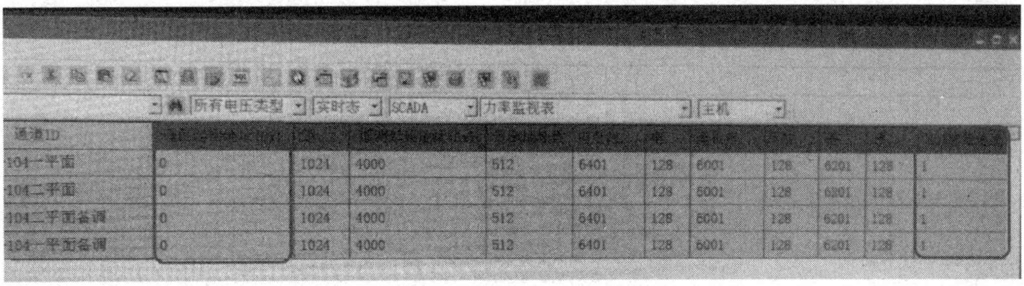

| 通道ID | [illegible] | [illegible] | [illegible] | [illegible] | [illegible] | [illegible] | [illegible] | [illegible] | [illegible] | [illegible] | [illegible] |
|---|---|---|---|---|---|---|---|---|---|---|---|
| 104一平面 | 0 | 1024 | 4000 | 512 | 6401 | 128 | 6001 | 128 | 6201 | 128 | 1 |
| 104二平面 | 0 | 1024 | 4000 | 512 | 6401 | 128 | 6001 | 128 | 6201 | 128 | 1 |
| 104二平面备调 | 0 | 1024 | 4000 | 512 | 6401 | 128 | 6001 | 128 | 6201 | 128 | 1 |
| 104一平面备调 | 0 | 1024 | 4000 | 512 | 6401 | 128 | 6001 | 128 | 6201 | 128 | 1 |

图 2-24　SOE 的起始位信息

建议与总结：

（1）在处理异常过程中，不可简单地根据表面现象就盲目得出结论，需要现场仔细排查，不放过任何细节。

（2）在设备验收投运前，进行信号核对的过程中，除了变位遥信要核对正确以外，SOE 信号也要进行同步验收，确保变位遥信和 SOE 都正确。

（3）建议主站端保留 7 天内的远动规约报文，在发生类似问题时，可提取相关报文，便于进行分析。

**案例 3：500 kV 甲变一期测控装置与后台的通信中断**

现象描述：

××年××月××日甲变新增 STATCOM 工程中，在接入了 6 号、8 号 2 台站用变测控装置后，远动主机出现故障，一期测控装置与后台的通信全部中断。

原因分析：

经检查现场总控主机资源分配不均衡，共享内存剩余不足，Global Memory 只剩 6 kB，并且现场 CPU1 的负荷也较高。

处理过程：

（1）送各级调度的部分 IEC104 通道由共享内存改为采用 CPU 板内存，释放资源；

（2）优化与后台通信的网络 DNP 通信参数，删除备用通道，设备重启后数据均恢复正常。

建议与总结：

为保证新设备接入后甲变安全稳定运行，对总控装置进行更新升级改造，新总控仍采用 9 插槽的 6U 机箱，每台配置 6 块 CPU、3 块 EME 板，并配置 16 MB Global Memory。16 MB Global Memory 扩大了可用的 Memory 容量，确保总控能正常工作。在 CPU6 上运行通信软件，通过新增第 3 块 EME 板的 2 个网口接入监控系统内网交换机与还未接入的 6 台测控和 2 台通信管理装置通信，同时将原接入 CPU1 上的部分测控装置改为接入 CPU6 上，以降低 CPU1 负荷，最终将 CPU1 负荷降低到 40%左右。

**案例 4：500 kV 乙变主机加固后的监控系统无法同步更新画面**

现象描述：

××年××月××日，乙变运行人员反映最新更改的光字牌画面显示不正确，与验收时通过验收的画面不一致。

原因分析：

经现场分析，现场有 2 台监控服务器，2 台监控操作员站。验收时是在 1 号监控服务器上核对的信号，但是在第二天操作时发现两台操作员站与另一台监控服务器光字牌画面并未同步更新，导致运行人员无法正常操作。检查后发现，在实施主机加固后，系统中的画面同步功能受限，画面同步进程被主机加固策略拦截，导致画面无法同步。

处理过程：

（1）对已修改正确的监控服务器上的画面进行备份。

（2）将备份的文件逐一复制到另一台监控服务器并覆盖原有文件。

（3）重新打开监控服务器对应画面并确认画面显示正确。

（4）确认监控服务器显示正确后，对剩余两台监控操作员站使用相同步骤进行画面更新。

建议与总结：

对于实施过加固的变电站，在修改后必须对所有监控服务器和工作站的业务进行逐一确认。如发现有未能更新的，必须使用以上步骤手动更新。同时建议编制变电站监控系统加固作业指导书，对加固工作开展指导，避免策略拦截同步进程影响业务。

**案例 5：500 kV 丁变 3 号主变停役操作过程中误发间隔事故告警信号**

现象描述：

××年××月××日，监控远方遥控拉开 5051 开关时，开关分位信号伴随 5051 开关事故总信号同时发出。

原因分析：

500 kV 丁变智能化变电站和常规站不同，它采用的是双套保测一体装置（以下简称保测），现场智能控制箱内布置两套“智能终端合并单元一体化”装置（以下简称智能单元）。第一套保测和第一套智能单元配合，第二套保测和第二套智能单元配合。两套保测都具备遥控功能，在监控后台机上能进行保测装置“主/备”关系的切换。图 2-25 所示是智能单元事故总信号的逻辑。

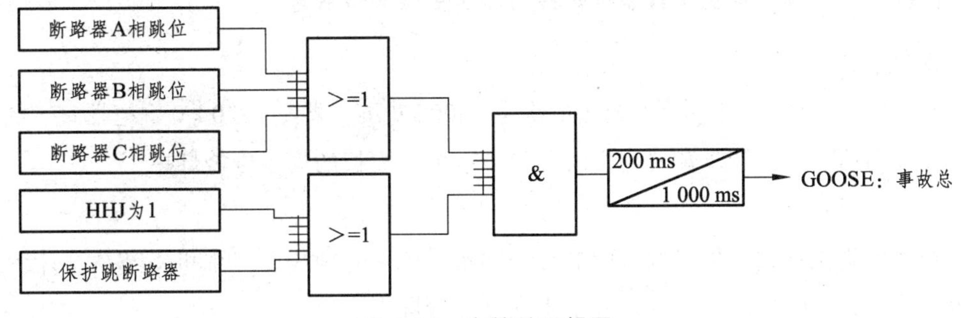


图 2-25　事故总逻辑图

在 3 月 12 日监控操作 5051 开关前，厂家人员误把 5051 开关“主/备”关系切换成第二套保测为主用。当值班员分这个开关时，其实是从第二套保测出口的。对于第一套智能单元来说因为分闸命令未从其出口，所以它的 HHJ 始终为 1，开关已经从合位变成分位，第一套智能单元就发间隔事故总。又由于“间隔事故总”光字牌是第一套、第二套智能单元事故总合并信号，所以间隔“事故总”光字牌点亮。

处理过程：

智能站采用双套智能单元后，相对于传统站每个间隔布置了两套操作箱，必然每个间隔都对应两个事故总。为使它不误发“事故总”，须保证每次分开关和合开关从同一套智能单元出口。

假设从第一套智能单元发合闸命令，第一套智能单元 HHJ 变为 1，开关合上；由于合闸命令没有经过第二套智能单元，第二套智能单元的 HHJ 仍然是 0。如分闸命令还是从第一套智能单元出口，第一套智能单元的 HHJ 变为 0，开关分开；由于分闸命令也没有经过第二套智能单元，第二套智能单元的 HHJ 仍然是 0。因此，无论是第一套智能单元，还是第二套智能单元，都不会误发“事故总”。

当遥控通过第一套智能单元合上开关后，线路发生故障，两套线路保护动作跳开开关。这时第一套智能单元 HHJ 为 1，第二套智能单元 HHJ 为 0，开关为跳位。第一套智能单元“事故总”动作，第二套智能单元“事故总”不动作，由于间隔“事故总”是两套的合并信号，这时正确动作。

假设遥控从第二套智能单元发合闸命令，推导过程同上面所述，依然能保证“事故总”正确发信。

建议与总结：

丁变现场运行规程中规定：正常运行时，后台监控系统应将所有间隔第一套保测装置设置为主用，第二套保测装置设为备用，防止因遥控开关“分”“合”未从同一套保测装置出口造成误发“事故总”信号。

建议检查与 500 kV 丁变相同配置的变电站，以保证合分断路器采用同一套保测装置出口，防止类似问题的发生。

**案例 6：500 kV 甲变所有小室时钟同步装置报失步告警**

现象描述：

××年××月××日，甲变公用二次室、500 kV 继电器室、220 kV 继电器室、35 kV 继电器室内所有时钟同步装置均报时钟失步，装置面板的失步告警灯亮。

原因分析：

经过检查发现在公用二次室内的时钟同步系统主时钟装上北斗和 GPS 后均接受不到卫星信号，守时灯闪烁，导致各个小室分时钟屏失步。

处理过程：

由于更换时钟同步系统的主时钟装置的插件需要重启主时钟装置，目前主时钟处于守时状态，一旦重启后无法守时会导致所有保护、测控及其他自动装置报对时告警，在汇报省监控中心后，厂家更换 IIM 板 1 块、北斗接受 1 个、GPS 接收器 1 个后故障消除。

最后确定故障点为显示连接线，是一根 DVI 转 HDMI 的转接线损坏，更换该转接线后故障消除。

建议与总结：

应加强对时钟同步装置的巡视，定期进行硬件检查，发现故障及时处理。

**案例 7：测控装置正常运行、通信没有中断的情况下，发生遥测数据不刷新的情况**

现场描述：

500 kV 某智能变电站内，某个间隔测控装置会不定期出现长时间遥测值不刷新现象，并在数小时后自动恢复刷新。

原因分析：

经现场检查发现，由于测控装置配置了快速遥测功能，当测控装置死区设置不当时，会引起测控装置 DSP 模块快速产生变化遥测数据，而测控装置 CPU 模块无法及时取走缓存数据，从而使大量变化遥测数据堆积，导致 CPU 负荷过高以及站控层网络上 TCP（传输控制协议）报文堆积等问题，从而引起了变化遥测无法及时上送。

处理过程：

（1）在调试阶段设置合适的死区可以避免这类问题出现。

（2）当出现该问题时，将出问题的后台重启（Engine 重启），或者拔掉网线，重启交换机，将出问题的后台与测控装置的 TCP 连接中断，消除掉“死连接”情况，也可以暂时消除故障。

建议与总结：

智能变电站测控死区的设置比较重要，建议在调试阶段由专业管理部门结合厂家设备特点，给予专业指导意见，避免现场设置不当。

## 2.10 测控故障处理流程图

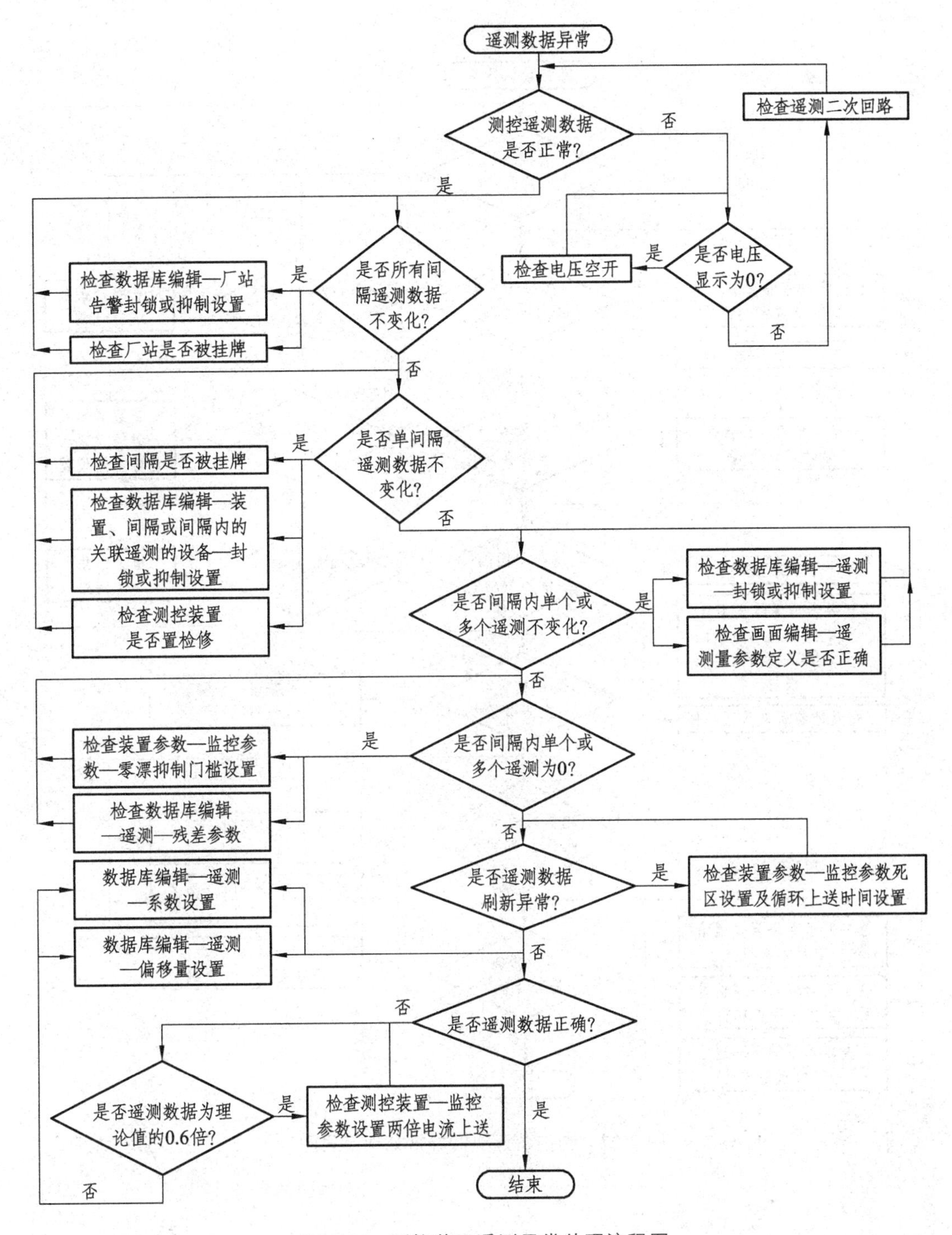


图 2-26 测控装置遥测异常处理流程图

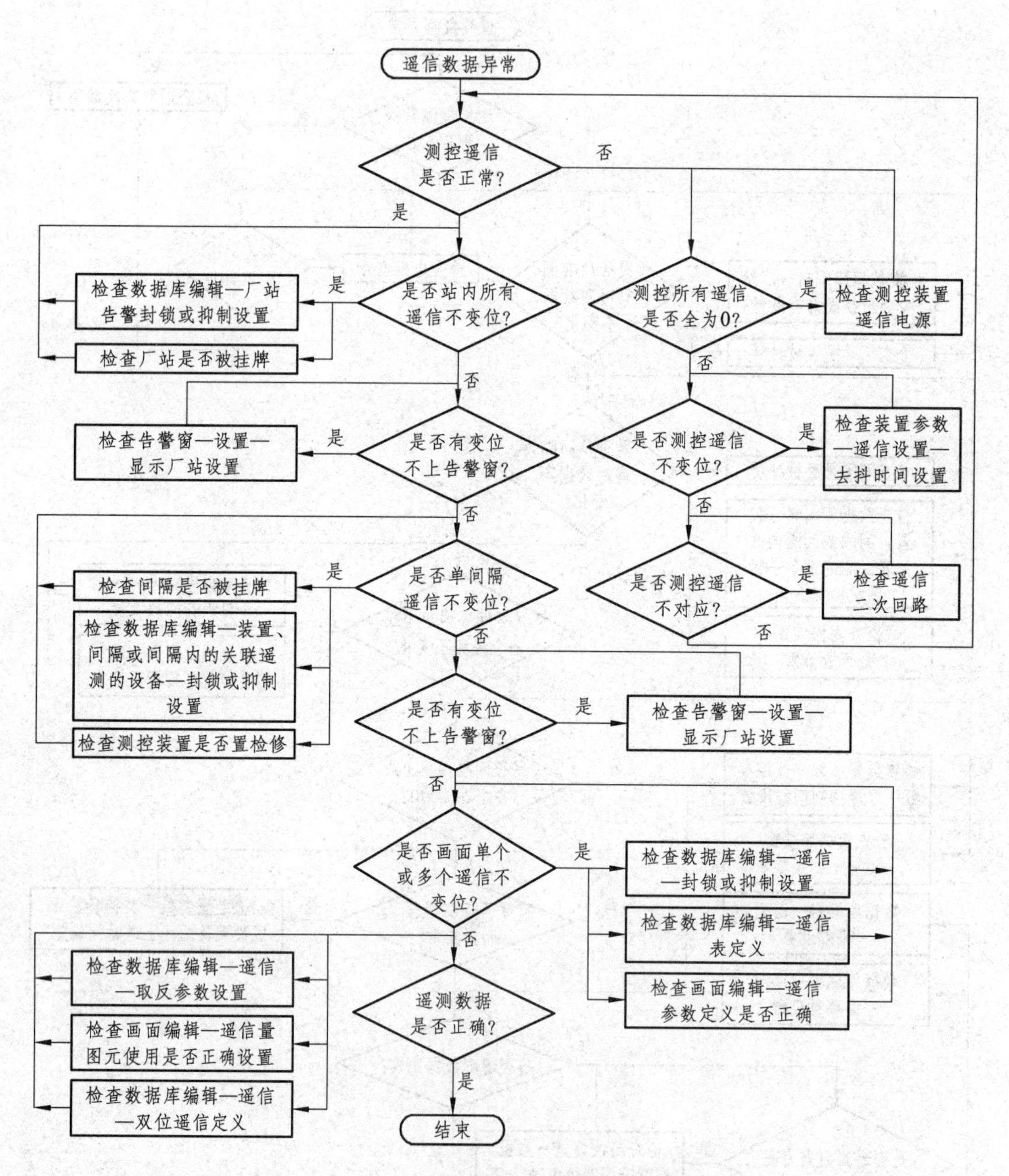


图 2-27 测控装置遥信异常处理流程图

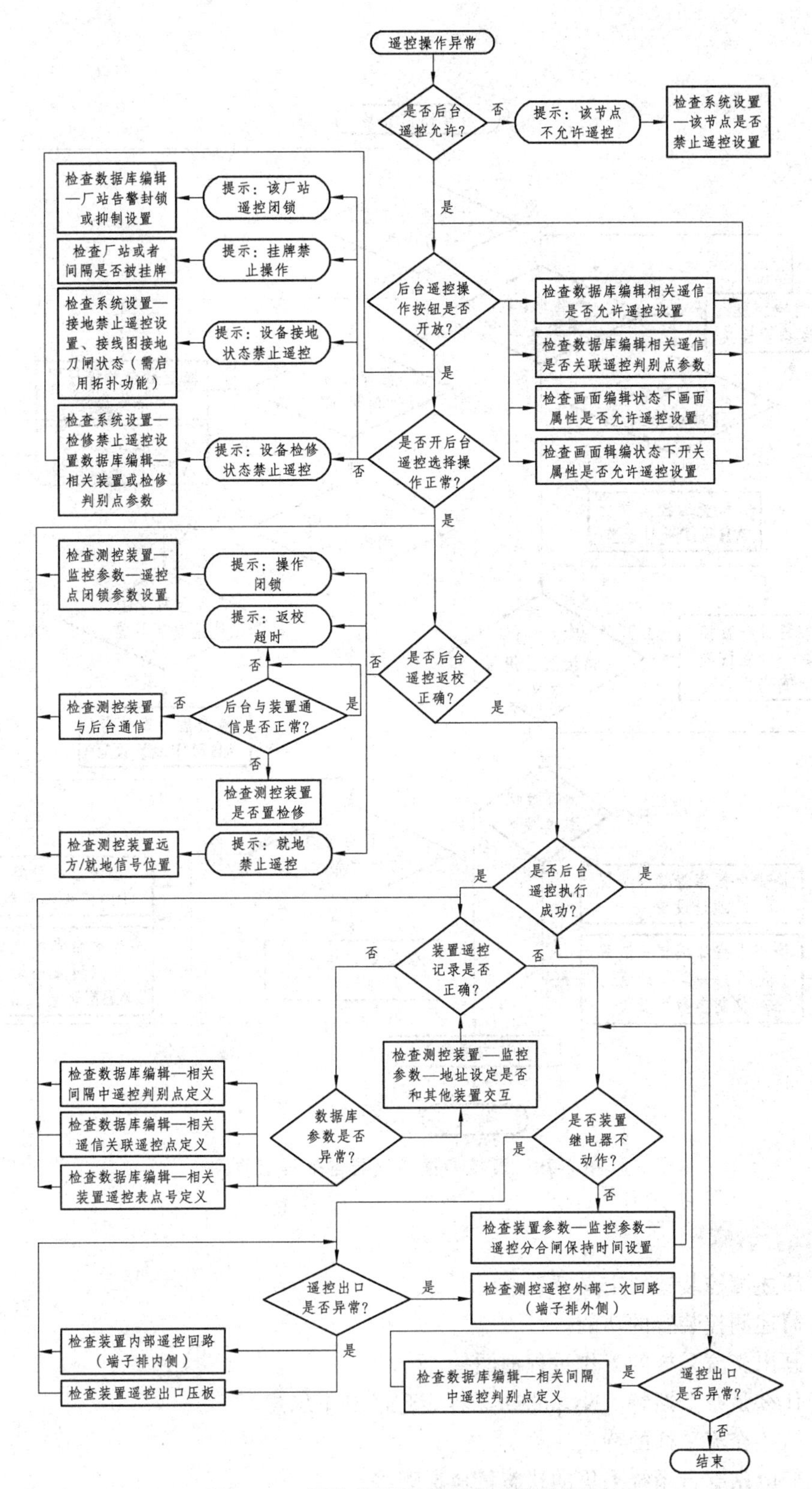


图 2-28 测控装置遥控异常处理流程图

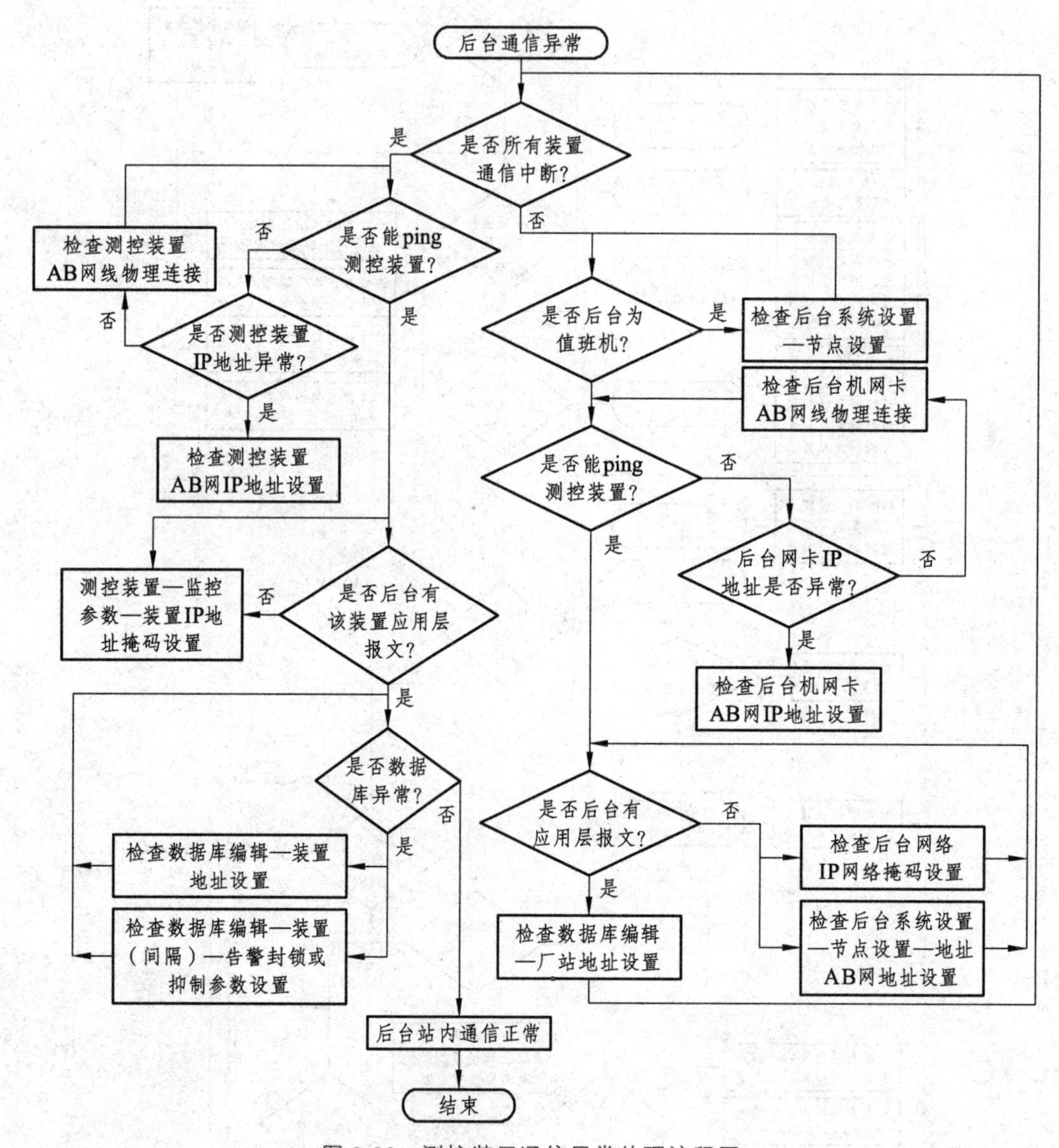


图 2-29 测控装置通信异常处理流程图

## 练习题

1. 简述测控装置的定义。
2. 简述测控装置的功能。
3. 画出交流采样的工作过程框图。
4. 什么是奈奎斯特（Nyquist）采样定理的基本思想？
5. 简述交流采样的特点。
6. 变电站综自系统采集的状态量包括哪些？

7. 遥信防抖措施有哪些？

8. 什么是 SOE？

9. 简述遥控命令的传输过程。

10. 遥控环节保证安全的机制有哪些？

11. 写出检同期功能的判别条件。

12. 变压器挡位 BCD 编码方式 16 挡如何实现？

13. 热电阻测温的原理是什么？

14. 某 4 ~ 20 mA 变送器工作范围为 – 20 ~ 120 °C，求标度系数及偏移量。

# 3

# 同步相量测量装置

同步相量测量装置（PMU）是利用时钟同步系统秒脉冲作为同步时钟构成的相量测量单元，是电力系统实时动态监测系统的基础和核心，通过该装置可以进行同步相量的测量和输出以及进行动态记录。其主要由数据采集单元（PMU）、数据集中处理单元（PDC）、GPS 授时单元及相应的通信设备构成。本章主要介绍电力系统实时动态监测系统，同步相量测量技术原理，同步相量测量装置特点、结构、分类和数据传输等基本知识，并结合现行的规章制度介绍同步相量测量装置的日常巡视、维护注意事项和故障处理，最后介绍了同步相量测量装置典型故障分析及处理案例。

## 3.1 电力系统实时动态监测系统

电力系统实时动态监测系统是建立在广域测量基础上的，对电力系统动态过程进行监测和分析的系统。

电力系统实时动态监测系统面向电力系统动态安全监测，实现对电力系统的动态过程进行监测和分析。在现代复杂电网中，由于动态过程的复杂性，要分析系统动态过程，往往必须分析系统多个点的动态过程。而电力系统实时动态监测系统可以使我们分析整个系统的动态行为，并将逐步实现与安全自动控制系统的连接，提高大区域电网的安全控制的适应性，最终将实现对电力系统的动态过程的控制。

电力系统实时动态监测系统由子站、主站及调度通信网络组成。

（1）子站是安装在同一变电站或发电厂的相量测量装置和数据集中器的集合。子站可以是单台相量测量装置，也可以由多台相量测量装置和数据集中器构成。一个子站可以同时向多个主站传送测量数据。

子站能测量、发送和存储实时测量数据。子站能与变电站自动化系统或发电厂监控系统交换信息。

（2）主站一般由主站及在主站基础平台之上的高级应用工作站等组成。

主站是安装在电力系统调度中心或集控中心，用于接收、管理、存储和转发源自子站数据的计算机系统。主站能接收、管理、存储和转发源自子站的实时测量数据，主站之间能交换实时测量数据。

## 3.2 同步相量测量技术

同步相量测量是利用高精度的 GPS 卫星同步时钟实现对电网母线电压和线路电流

相量的同步测量，通过通信系统传送到电网的控制中心，用于实现全网运行监测控制或实现区域保护和控制。

交流电力系统的电压、电流信号可以使用相量表示，相量由两部分组成，即幅值 $X$（有效值）和相角 $\phi$，用直角坐标则表示为实部和虚部。所以相量测量就必须同时测量幅值和相角。幅值可以用交流电压电流表测量，而相角的大小取决于时间参考点，同一个信号在不同的时间参考点下，其相角值是不同的。所以，在进行系统相量测量时，必须有一个统一的时间参考点，高精度的 GPS 同步时钟就提供了一个这样的参考点。任意两个相量在统一时间参考点下测得的两个相角的“差”即为两地功角，这就是相量测量的基本原理。

设正弦信号：

$$x(t)=\sqrt{2}X\cos(2\pi ft+\phi) \tag{3-1}$$

可以采用相量表示为：

$$\dot{X}=X\mathrm{e}^{j\phi}=X\cos\phi+\mathrm{j}X\sin\phi=X_{\mathrm{R}}+\mathrm{j}X_{\mathrm{I}} \tag{3-2}$$

由式（3-2）可见，相量有两种表示方法：直角坐标法（实部和虚部）和极坐标法（幅度值和相位）。交流信号通过傅里叶变换，将输入的采样值转换到频域信号，从而得到相量值。式（3-1）可以用相量的形式表示出来：

$$\dot{X}=\frac{\sqrt{2}}{N}\sum_{k=0}^{N-1}x_k\mathrm{e}^{-\mathrm{j}\frac{2\pi}{N}k}=X_{\mathrm{R}}+\mathrm{j}X_{\mathrm{I}} \tag{3-3}$$

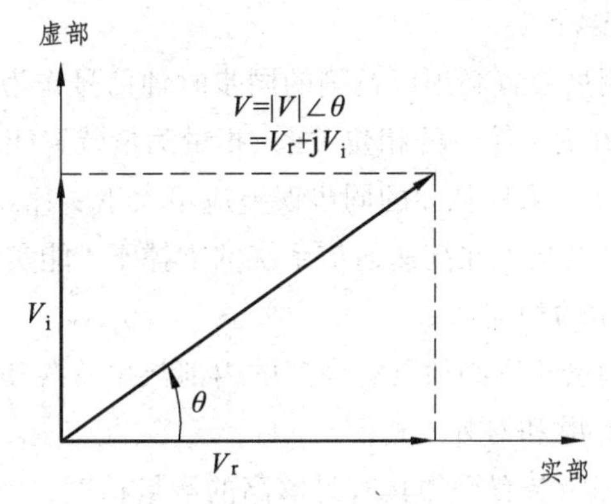


图 3-1　电压交流信号相量图

如图 3-1 所示，$V(t)$ 代表变换器要处理的瞬时电压信号，通过傅里叶变换，电压或电流可以用相量的形式表示出来。

假设电力系统中的两个节点对应的电压信号分别为 $f_1=\sqrt{2}V_1\cos(2\pi ft)$、$f_2=\sqrt{2}V_2\cos(2\pi ft-\pi/2)$，其对应的相量分别为 $\overrightarrow{V_1}$、$\overrightarrow{V_2}$。当 t = 0 时刻接收到 GPS 系统发送的秒脉冲信号（1PPS），两节点同步电压相量如图 3-2 所示，在统一的坐标系中，$\overrightarrow{V_1}$ 超前 $\overrightarrow{V_2}$ 90°。

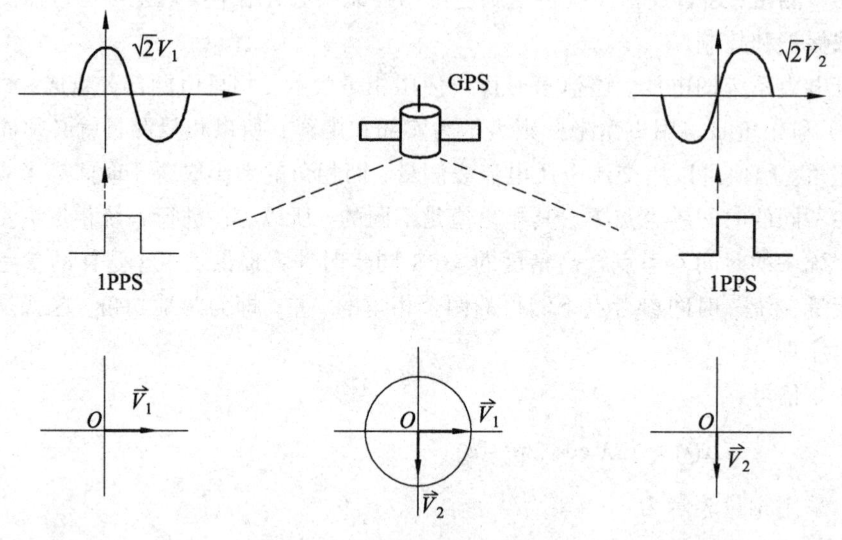


图 3-2　同步相量测量原理图

## 3.3　同步相量测量装置概念及特点

同步相量测量装置用于进行同步相量的测量和输出以及进行动态记录，是电力系统实时动态监测系统的基础和核心，可用于电力系统的动态监测、系统保护和系统分析、预测等领域。

相量测量装置的主要特点：

（1）同步性：相量测量装置必须以精确的同步时钟信号作为采样过程的基准，使各个节点的相量之间存在着确定统一的相位关系。相量测量装置能利用同步时钟的秒脉冲信号同步装置的采样脉冲，采样脉冲的同步误差应不大于 ± 1μs。

（2）实时性：相量测量装置在高速通信系统的支撑下，能实时地将各种数据传送至多个主站，并接收各主站的相应命令。

（3）高速度：相量测量装置必须具有高速的内部数据总线和对外通信接口，以满足大量实时数据的测量、存贮和对外发送。

（4）高精度：相量测量装置必须具有足够高的测量精度，一般 A/D 需在 16 位及以上，装置测量环节产生的信号相移必须要进行补偿，装置的测量精度包括幅值和相角的精度。

（5）高可靠性：相量测量装置必须具备很高的可靠性，以满足未来的动态监控系统的可靠性要求。可靠性体现在两方面：一是装置运行的稳定性；二是记录数据的安全可靠性。

（6）大容量：相量测量装置必须具备足够大的存贮容量，以保证能长期记录和保存相量数据、暂态数据。

## 3.4 同步相量测量装置结构

同步相量测量装置由数据采集单元（PMU）、数据集中处理单元（PDC）、GPS 授时单元及相应的通信设备构成。数据采集单元主要完成相电压、相电流、开关量和直流励磁电压、励磁电流的实时同步测量。该单元可根据情况安装于变电站小室、发电机控制室、变电站主控室等地点。数据集中处理单元完成实时数据处理、本地存储、远方通信、显示等功能。GPS 授时单元接收 GPS 卫星信号并向数据采集单元提供秒脉冲信号和时间信息。系统结构如图 3-3 所示。

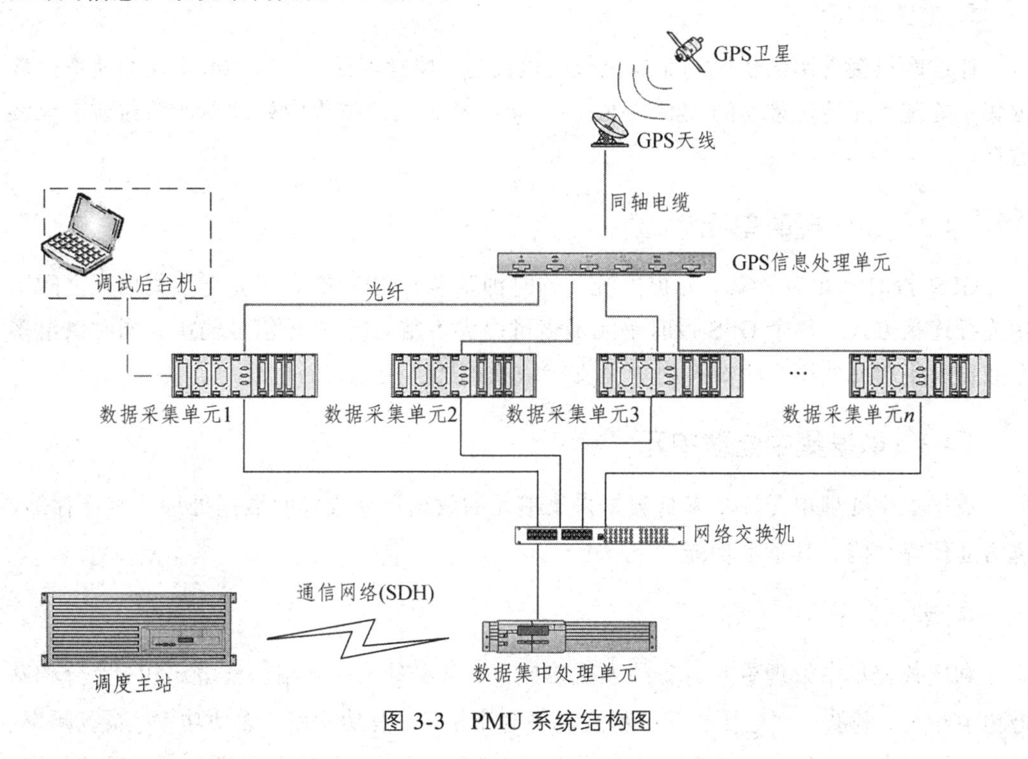


图 3-3　PMU 系统结构图

### 3.4.1 数据采集单元

数据采集单元直接通过 GPS 天线接收 GPS 信息或接收 GPS 授时单元提供的信息同步内部采样脉冲，实现对被测量的同步采集，实时处理并将结果传送给数据集中处理单元。数据采集单元基本功能如下：

1. 相量测量

测量三相基波电压、三相基波电流、正序量值、开关状态，在发电厂还应能测量发电机内电势、发电机功角。

2. 暂态录波

可以手动启动暂态录波，也可以根据设定条件自动启动暂态录波。

3. 装置自检

装置实时检查运行状态，如出现 PT/CT 断线、装置异常、GPS 信号异常、通信异常等情况则在本地通过状态指示灯告警同时向数据集中处理单元发出告警信息。

4. 参数整定

可在当地通过调试软件修改装置参数，也可根据数据集中处理单元的命令来修改装置参数。

5. 对外通信

通过网口接受调试软件的命令执行通道设定、校验等任务；以 100 次/s 的速率向数据集中处理单元传送采集的实时数据；按一定的格式向数据集中处理单元传送暂态录波数据。

### 3.4.2 GPS 授时单元

GPS 授时单元为采集单元提供统一的时钟基准。GPS 授时单元与采集单元之间采用光纤连接方式。每个 GPS 授时单元最多可提供多路 GPS 光纤信号输出，同时供给多套数据采集单元使用。GPS 授时单元支持级联扩展连接方式。

### 3.4.3 数据集中处理单元

数据集中处理单元接收来自数据采集单元的数据，完成实时数据处理、本地存储、远方通信等功能。其基本功能如下：

1. 运行监视

利用数据集中处理单元自备的人机接口，可以实时显示分相基波电压相量、分相基波电流相量、基波正序电压相量、基波正序电流相量、有功功率、无功功率、系统频率、开关状态以及发电机内电势和发电机功角；实时显示与主站、数据采集单元的通信状态。

2. 数据通信

（1）数据集中处理单元通过 TCP/IP 网络接口与数据采集单元进行通信。

（2）数据集中处理单元通过 TCP/IP 网络接口与主站进行通信。

（3）数据集中处理单元可同时向多个主站传送实时测量数据，各主站可以配置不同的 CFG2 来独立选择要传送的测量数据和数据输出速率。

（4）数据集中处理单元与主站数据传送通信协议满足《电力系统实时动态监测系统技术规范（试行）》。

（5）数据集中处理单元可以实时接收数据采集单元传送的稳态记录数据。

（6）数据集中处理单元可以启动数据采集单元进行暂态录波并接收暂态录波数据。

3. 数据记录

数据集中处理单元应实时记录数据采集单元传送上来的稳态数据和暂态数据。

4. 数据分析

数据分析包括：实时记录数据分析、暂态录波数据分析、谐波分析、通道运算。

5. 参数整定

参数整定包括：数据采集单元启动判据、通道配置等。

## 3.5 同步相量测量装置分类

根据同步相量测量装置采样模式的不同分为模拟量采样同步相量测量装置及数字量采样同步相量测量装置两大类。

### 3.5.1 模拟量采样同步相量测量装置

常规采样装置通过电缆从电流互感器、电压互感器获取电流电压模拟量信号。其模型结构如图 3-4 所示。

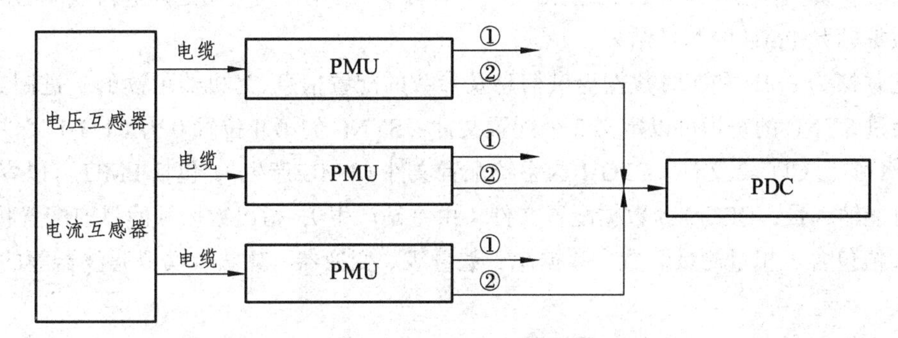


图 3-4 常规采样装置结构图

① MMS 服务：传输装置自检信息、运行状态并实现时间同步管理功能。

② 相量数据传输服务：传输同步采集的相量信息，采样 GB/T26865.2，相量传输频率为 100 Hz。

### 3.5.2 数字量采样同步相量测量装置

数字量采样装置通过光缆从智能终端、合并单元获取电流电压数字量信号。其模型结构如图 3-5 所示。

① 以太网组播 GOOSE 服务：传输开关量。

② 以太网组播 SV 服务：传输间隔电流电压采样数据。

③ MMS 服务：传输装置自检信息、运行状态并实现时间同步管理功能。

④ 相量数据传输服务：传输同步采集的相量信息，采样 GB/T26865.2，相量传输频率为 100 Hz。

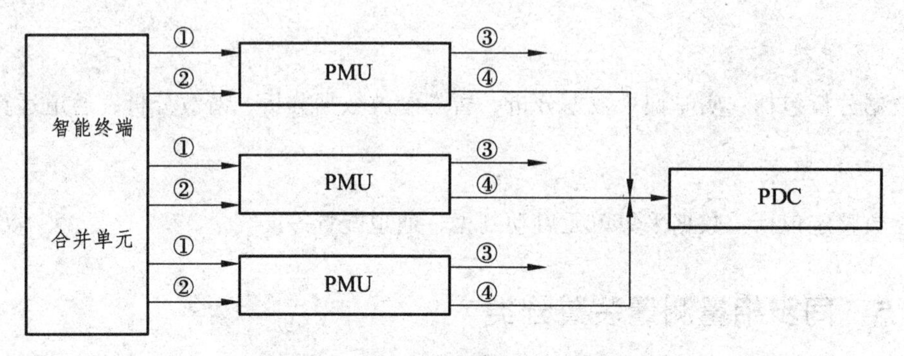


图 3-5 数字采样 PMU 装置结构图

## 3.6 同步相量测量装置数据传输

### 3.6.1 实时数据传输信息格式

PMU 能够和其他系统进行数据交换。主要包括 4 种类型的信息：数据帧、配置帧、头帧和命令帧。前三种帧由 PMU 发出，后一种帧支持 PMU 与主站之间进行双向的通信。

数据帧是 PMU 的测量结果。

配置帧为 PMU 和实时数据提供信息及参数的配置信息，为机器可读的二进制文件。该帧通过 SYNC 的辨识可以定义 2 个配置文件：SYNC 的第 4 位置 0 为 CFG-1 文件，第 4 位置 1 则为 CFG-2 文件。CFG-1 为系统配置文件（PMU 产生），包括 PMU 可以容纳的所有可能输入量；CFG-2 为数据配置文件（由主站产生），指出数据帧的目前配置状况。

头帧包含了相量测量装置、数据源、数量级、变换器、算法、模拟滤波器等的相关信息。

命令帧包括 PMU 的控制、配置信息。

所有的帧都以 2 个字节的 SYNC 字开始，其后紧随 2 字节的 FRAMESIZE 字和 4 字节的 SOC 时标。这个次序提供了帧类型的辨识和同步的信息。SYNC 字的 4 ~ 6 位定义了帧的类型。所有帧以 CRC16 的校验字结束。CRC16 用 $X^{16}+X^{12}+X^{5}+1$ 多项式计算，其初始值建议为 0。

所有帧的传输都没有分界符。图 3-6 所示描述帧传输的次序，SYNC 字首先传送，校验字最后传送。多字节字最高位首先传送，所有的帧都使用同样的次序和格式。

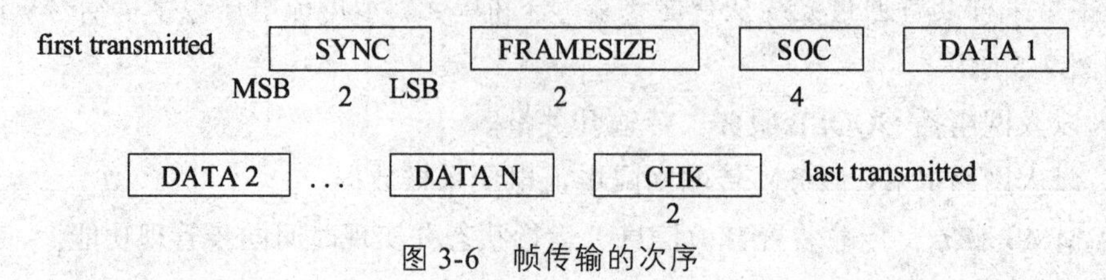


图 3-6 帧传输的次序

### 3.6.2 同步相量测量数据传输流程

数据传输通过管理管道及数据管道实现，两者均采用 TCP 协议。

数据管道：子站和主站之间，或者相量测量装置和数据集中器之间实时同步数据的传输通道。其数据传输方向是单向的，为子站到主站，或者相量测量装置到数据集中器。

管理管道：子站和主站之间，或者相量测量装置和数据集中器之间管理命令、记录数据和配置信息等的传输通道。其数据传输方向是双向的。

同步相量测量数据传输流程如图 3-7 所示。

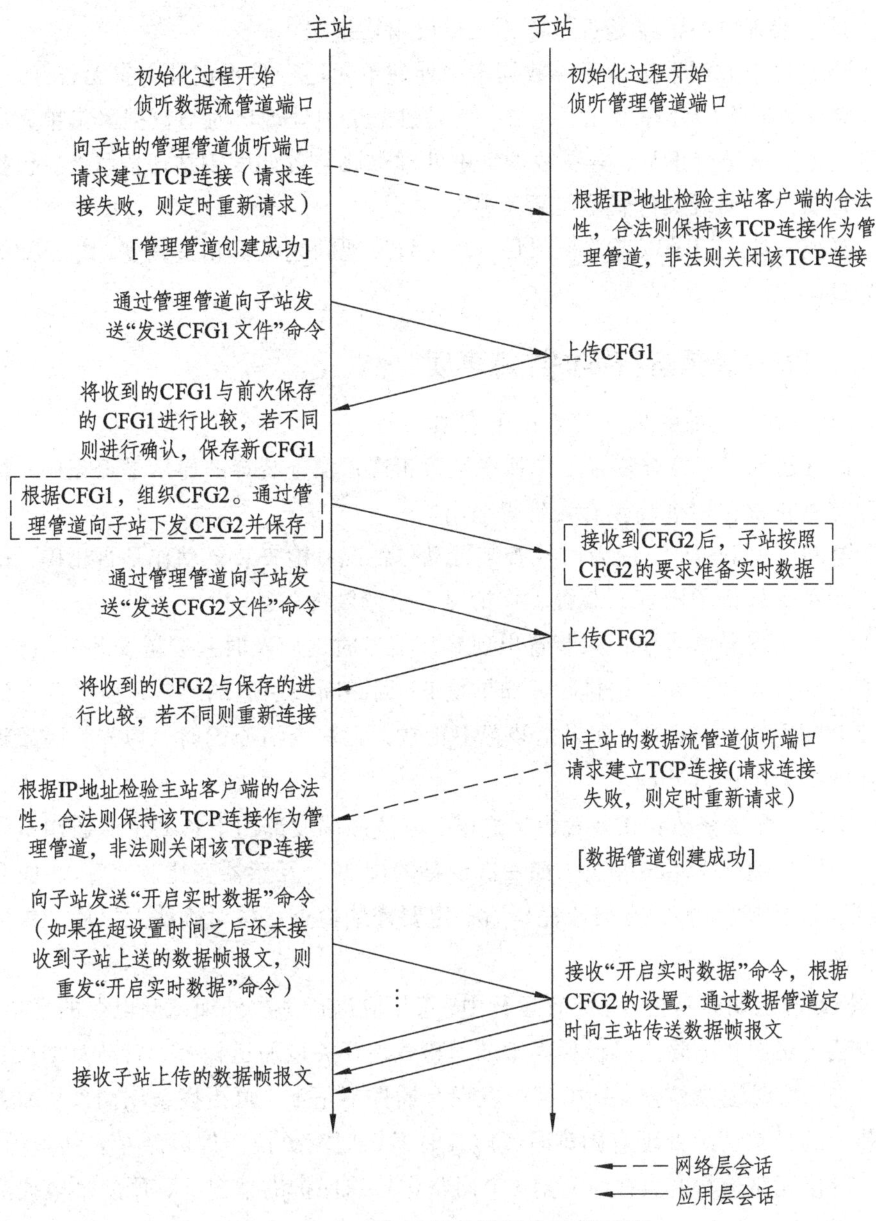


图 3-7 同步相量测量数据传输流程图

## 3.7 同步相量测量装置日常巡视与维护注意事项

### 3.7.1 日常巡视

日常巡视的主要工作有：

（1）检查同步相量测量装置所处的环境温度、湿度是否符合要求。

（2）检查数据采集单元、数据集中处理单元的电源是否完好（直流电源电压：DC 220 V，交流电压：AC 220 V）。

（3）检查装置自检信息是否正常（无自检出错报文）。

（4）检查检查数据采集单元、数据集中处理单元运行是否正常，有无告警。

（5）检查数据集中处理单元显示屏，查看数据集中处理单元与数据采集单元通信状态，各路相量数据是否正常；查看数据集中处理单元与各调度主站通信状态，包括数据管道、管理管道、离线文件管道是否正常。

（6）巡视人员应记录以上巡视项目，及时将发现问题汇报相关调度，并通知维护人员及时处理。

### 3.7.2 PMU 装置运行维护注意事项

PMU 装置在运行维护时应注意以下事项：

（1）正常运行时：检查装置工作状态是否正确；检查装置的显示是否正确；检查装置的电源是否正常；检查装置有无告警输出。

（2）电网发生事故时，应及时检查装置动作情况：检查装置动作是否正确；记录动作后的指示和事件记录内容；装置动作情况上报调度部门。

（3）装置出现异常告警：当装置出现异常信号时，应及时到装置安装处检查装置，查明是哪一部分异常，并尽快排除。如果是 PT 回路断线引起的异常，应尽快查清断线原因，使 PT 回路恢复正常。如果是装置不正常，无法查清原因时，应先将装置退出，通知专业维护人员进行处理。

（4）定值、配置修改：在装置投运之前，应按照调度部门下达的定值通知单设置各项定值；当厂站端一次系统变更（如一次设备的增/减、互感器变比改变等），应及时做好 PMU 装置的配置调整，在修改完毕后一定要仔细检查，核对确认无误后，再恢复正常运行状态。

（5）装置的定期试验检查：装置运行中，每年应进行一次外加试验电源的定检试验，全面检查装置情况；试验项目包括模拟通道检查、开关量通道检查、启动判据检查、记录波形检查、实时记录检查；在检查中发现有插件不正常，可更换备用插件，如果现场人员对装置的异常情况处理有困难时，应及时通知厂家更换插件或派专人到现场处理。

（6）所接线路运行时，在没有对 CT 回路作特殊保护的情况下，严禁带电拔出或插入插件。

（7）应建立PMU设备技术档案，技术档案应包括：PMU设备施工图纸、竣工图纸、技术说明书、设备运行维护记录及配置信息参数表等；定期做好PMU软件、配置信息和运行记录的备份工作。

## 3.8 PMU故障处理

在遇到PMU出现异常运行情况时，应首先通过系统查看故障信息，根据指示灯以及显示屏故障信息提示，并参照表3-1进行相关处理。

表3-1 PMU装置常见故障表

| 序号 | 报警显示 | 处理方法 |
| --- | --- | --- |
| 1 | 装置开机无电源 | 如果装置开机无电源，可以分别检查：交流、直流电源是否接入；屏内电源空开关是否正常；电源连接线是否连接可靠 |
| 2 | 屏幕不显示 | 检查输入交流电压状态，如果无异常，应观察输入电源开关是否故障；如果出现屏幕不显示，可以检查：屏幕是否打开；显示器是否正常；屏幕电源连接线是否接触良好；屏幕信号连接线是否接触良好；显示卡运行是否正常 |
| 3 | 模拟量信号测量异常 | 如果出现模拟量输入信号测量异常，可以检查：原始信号是否异常；该模拟量通道连接是否完好；该模拟量通道信号连接线是否有开路；该模拟量通道信号连接线是否有短路；短接该模拟量各个输入端子，测量结果是否为零；信号变换器输出是否正常；信号变换器内部电源工作是否正常；开启的信号通道号码是否正确；开启的信号通道属性是否正确 |
| 4 | 开关量信号测量异常 | 如果出现开关量输入信号测量异常，可以检查：开关量输入信号端子排电缆连接是否正常；开关量输入信号端子排与装置连接是否正常；装置开关量端子排与主机连接是否正常；开关量通道与装置内部信号连接线是否正确；开关量通道参数设定是否正确；装置进入信号测试状态，测试开关量信号的高低电位，短接屏柜端子排上开关量输入信号的高低电位，结果为0；开路端子排上开关量输入信号的高低电位，结果为1 |
| 5 | 数据集中器与采集单元通信中断 | 根据PMU结构拓扑图，依次查找各环节设备，可以利用ping等网络命令进行判断，对故障设备进行消缺或更换 |
| 6 | 数据集中器与调度主站通信中断 | 梳理数据集中器至调度数据网络网络拓扑，依次查找数据集中器、网线、调度数据网交换、加密装置、路由器，利用ping、telnet等网络命令进行判断，对故障设备进行消缺或更换 |
| 7 | 时钟异常 | 检查对时装置，根据装置告警情况有针对性进行处理 |

## 3.9 同步相量测量装置（PMU）典型故障分析及处理

**案例1：某变电站PMU与调度主站通信中断**

故障现象：

××年××月××日 6:10，主站系统报警某 500 kV 变电站 PMU 与调度主站通信，管理通道中断、数据通道中断。

原因分析：

该 500 kV 变电站数据集中器安装于 500 kV 2 号保护小室，站内 4 台数据采集单元与数据集中器之间通过光缆连接，实时数据经数据集中器汇总后，经光电转换装置接入自动化机房网调调度数据网设备，其网络结构拓扑如图 3-8 所示。

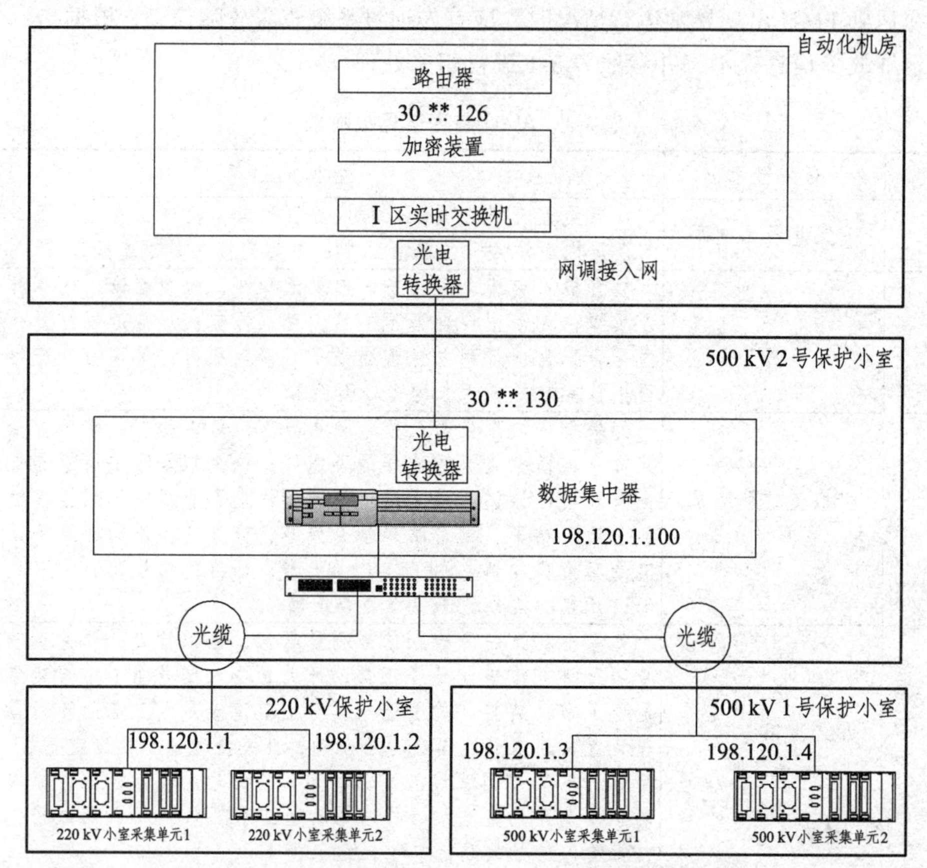


图 3-8　PMU 网络结构拓扑图

ping 命令用于确定本地主机是否能与另一台主机成功交换（发送与接收）数据包，再根据返回的信息，就可以推断 IP 参数是否设置正确，以及运行是否正常，网络是否通畅。

（1）在数据集中器 ping 主站 IP 不通，判断为网络故障导致 PMU 通信中断。

（2）在数据集中器 ping 站内网关 IP，即 30.*.*.126，仍不通，确定网络故障在站内。

（3）检查数据集中器网口及网线，均正常。

（4）检查光电转换器，发现光口数据灯异常，判定光电转换器光口故障导致 PMU 至调度通信中断。

处理过程：

检修人员更换光电转换器后，光口数据灯闪烁状态，正常运行，查看数据集中器显示屏，通道状态为连接成功，数据质量为数据有效。经调度主站确认，主站 PMU 通信恢复，数据接收正常，完成消缺。

建议与总结：

近几年来随着电力调度数据网建设不断加快，在电力调度数据网上承载的业务越来越多，以及调度数据网安全设备不断完善，PMU 通信中断时查找的难度加大，平时需对调度数据网中 PMU 数据流向梳理清楚，完善 PMU 站内设备网络拓扑，以便出现异常情况快速进行故障定位及排查。

**案例 2：某 500 kV 变电站 PMU 与调度主站通信的数据异常**

故障现象：

××年××月××日 10:55，某 500 kV 变电站 PMU 与调度主站通信的数据异常，现场检查数据集中处理单元内部工作状态，对下数据采集单元通信正常、数据正常，数据集中处理单元对外通信状态，数据管道、命令管道也均正常，但数据采集单元时间为 11:20。

原因分析：

该 500 kV 变电站同步相量测量装置包含 2 台数据集中处理单元、4 台数据采集单元、1 台时间同步装置。

PMU 装置对下采集装置通信正常，对调度主站链路正常，但 PMU 主机时间为 11:20，PMU 装置对时间同步装置高度依赖，时间同步装置设备工作异常，将对 PMU 装置通信数据造成直接的影响，调度主站判断该 PMU 数据与厂站数据不在同一时间断面内，得出数据不可用，该站 PMU 数据异常。

时钟同步装置因授时模块的原因，在 GPS 周计数翻转时，装置失锁告警，时间同步装置不能正常工作，并且该现象将一直保持，断电重启也不能恢复，因此造成 PMU 时间和数据异常。

处理过程：

需要更换 PMU 的时钟同步装置，因时数据采集单元接入光 B 码对时，同时需要配套更换采集单元的管理板，使用支持 B 码对时管理插件，升级改造方案如下：

1. 所需材料

时钟同步装置 1 台、数据采集单元管理插件 4 块、备用的光缆跳纤数根。

2. 环境要求及注意事项

本次升级改造工作不影响站内一次设备正常运行，不影响综自系统运行。

（1）时钟同步装置改造过程中，PMU 装置对时告警，进入自守时状态，PMU 子站数据装置告警，主站接收该数据后按照无效数据处理。

（2）PMU 升级改造时，需要对数据采集单元进行断电重启，数据采样暂时中断。

（3）升级改造时需要提前核实屏柜预留安装位置是否合适。

（4）因原数据采集单元不支持接收光 B 码对时方式，现场改造需要对数据采集单元的管理插件进行更换，更换为支持光 B 码的插件。

3. 执行流程及步骤

表 3-2 执行流程及步骤

| 序号 | 更换步骤 | 危险点分析及防范措施 |
|---|---|---|
| 1 | 提前确定更换工期，做好相应安全防范措施 | PMU 装置失锁守时，PMU 装置数据质量位“同步异常告警”置位 |
| 2 | 更换同步相量采集单元的管理插件 | 更换管理插件注意设置插件地址等参数 |
| 3 | 对现场时间同步装置转出信号线按照板件类型及间隔做好标记 | 防止装置完毕后，接线错误 |
| 4 | 更换时钟同步装置 | 时钟同步装置安装位置合适，接入电源线正确 |
| 5 | 按照原来标记，将对时输出信号线接入相应插件 | 保证对时输出信号线接线正确 |
| 6 | 接入 GPS 天线，等待装置对时同步，需要等待 30 min | 保证接收卫星正常 |

4. 现场验收

升级改造完毕后，为确保装置正常稳定运行，建议按照变电站同步相量测量装置验收规范进行逐条验收。

建议与总结：

PMU 装置出现硬件故障且无法修复，考虑对 PMU 装置进行升级改造或整体更换，在升级改造实施前，要对现场进行详尽勘查，并制定改造升级方案、安全措施以及验收方案，保障升级改造顺利实施。

**案例 3：某变电站 PMU 离线文件数据无法上传调度主站**

故障现象：

某变电站 PMU 离线数据通道数据无法上传调度主站，命令通道及数据通道均运行正常。

原因分析：

（1）变电站 PMU 采用分散分布式布局，在 1 000 kV 保护小室和主变保护小室内分别设置同步相量采集屏，配置同步相量测量装置采集 1 000 kV 线路、主变 1 000 kV/500 kV 侧的三相电流和三相电压相量信息。在计算机室设置同步相量处理屏，装设数据集中处理单元、交换机等采集各保护小室同步相量采集屏的信息，并向调度端主站传送。1 000 kV 保护小室、主变保护小室同步相量采集屏与主控楼计算机室同步相量处理屏之间采用光缆进行连接，变电站的同步相量信息通过电力调度数据网向调度端实时动态监测系统 WAMS 主站传送。

（2）因 PMU 命令通道及数据通道均运行正常，因此物理链路正常，离线文件通道与命令通道、数据通道使用同一物理链路，仅端口号不一致，数据通道端口号为 8000，命令通道端口号为 8001，离线文件通道端口号为 8002，初步定位为离线文件通道端口号 8002 问题。

（3）影响离线文件通道端口号 8002 原因有如下可能：① 调度数据网加密装置策略配置；② PMU 装置端口号配置。

（4）使用 telnet 命令，测试端口号 8002 是否打开。

```
$ telnet 80.10.97.1 8002
Trying 80.10.97.1...
Connected to 80.10.97.1
Escape character is '^]'.
Connection closed by foreign host
```

从以上判断，系统成功连通端口 8002 后并自动退出。

（5）检查 PMU 装置端口号配置情况，发现 PMU 离线文件端口号 8002 误配为 8003，因此 telnet 测试时，可以打开主站侧 8002，因本侧端口号配置错误，导致自动退出。

处理过程：

修改 PMU 离线文件端口号，将其正确修改为 8002 并保持，联系调度主站侧进行测试，可以成功获取站内 PMU 离线文件。

建议与总结：

PMU 装置在出现通信中断、端口无法正常开启，可以借助 ping、telnet 等网络命令工具，准确定位故障设备及故障点，以便进行相应的故障排除处理。

**案例 4：某变电站 PMU 频繁发 PT 断线异常告警信号**

故障现象：

××年××月××日，运行人员汇报 PMU 主机频繁发 PT 断线异常告警信号，PMU 主机屏显示 1 号主变中压侧电压异常。

原因分析：

1. 检查 1 号主变中压侧电压输入回路

在主变及 220 kV 线路 PMU 装置端子排处检查 1 号主变中压侧电压正常，从而排除了该 PMU 装置电压输入回路的问题。

2. 检查 PMU 装置采样显示值

在主变及 220 kV 线路 PMU 装置显示屏处检查 1 号主变中压侧电压采样值，与在端子排处测量电压一致，从而排除了该 PMU 装置内部电压采样回路及显示的问题。

3. 检查1号主变中压侧 PMU 采集单元

1 号主变中压侧 PMU 采集单元出现了 CT、PT 断线报警信号，且无法复归。检查配置后发现本屏在设计之初，设置为可采一母，二母电压，母线电压可切换。后设计改变，改为 1 号主变中压侧的 PT。001B2（即 1 号主变中压侧电压）通道在修改为自身的 PT 后，厂家技术人员未将备用切换的二母电压通道取消（修改后的设计是 001B2 自身的 PT，无须备用通道电压），故在采样时会出现同时采 1 号主变中压侧电压及二母电压的现象，出现内部计算错误，导致频发 PT 断线告警信号。

处理过程：

在 PMU 数据库配置文件中，取消 001B2 的备用电压通道，1 号主变中压侧的电压采样及计算均恢复正常，不再发 PT 断线报警。

建议与总结：

（1）通过装置验收时，应认真检查 PMU 采集单元及主机参数配置及运行状况。由于试验时，只加单路模拟量检验，某些问题不能被及时发现，还需要在系统投运后跟踪检查。

（2）主变或线路投运后，均要认真检查 PMU 分机及主机运行状况，发现问题及时处理。

（3）加强对厂家服务人员的监督检查工作，严防工作失误，造成系统运行异常。

**案例 5：某 500 kV 变电站 PMU 采集单元异常闭锁**

故障现象：

××年××月，某变电站 PMU 采集单元出现异常闭锁，运行人员对异常采集单元进行重新启动，操作后异常闭锁消除，装置恢复正常运行。现场共配置 5 台 PMU 采集装置，采集装置与集中器组网后与调度进行通信。

原因分析：

（1）装置的日志会记录运行过程中的异常信息，通过调取装置运行日志并查看，发现在 2019-04-23 09:51:22 有 1 条装置启动的记录信息及 1 条行异常记录：

recv msg from fd = 3 error module 1 at line 0427 of function readDbgMsg
at S = 1550182336，US = 179329 Tue Apr 23 00:11:22 2019

Device started to run! module l at line 0608 of function main
at S = 1550881917，US = 512271 Tue Apr 23 09:51:22 2019

（2）根据现场异常现象，反馈 PMU 厂家，搭建了测试环境并进行验证。首先对装置进行了静电、浪涌、快瞬等各项电磁兼容试验，均未出现异常。再对装置进行了 24 h 高低温拷机试验，也未见异常。之后对软件进行了代码走读，未发现可能触发现场异常的软件问题，最后对可能引起现场异常现象的怀疑点逐一修改测试程序进行加速老化试验，还原了现场相同的异常现象。该问题是由于装置 CPU 板主处理器芯片的定时器异常引起，属于芯片厂家的设计问题。

（3）装置 CPU 板件使用的主处理芯片是某公司的 AM 5726 处理器，运行的操作系统为 Linux 操作系统。Linux 操作系统在运行时根据芯片的系统计数器来计时，并以此为基础进行程序进程的调度。该 AM5726 处理器设计的系统计数器为 48 bit，而 Linux

操作系统要求支持的系统计数器为 56 bit，由于芯片设计的系统计数器位宽小于 linux 操作系统所要求的系统计数器位宽，因此当系统执行的计数时间值大于48 bit时，芯片的系统计数器就停住不走，不再翻转发生变化，从而导致程序无法得到执行，产生装置死机的现象。装置使用的晶振为 20 MHz，芯片是以此为时钟进行计时统计，48 bit 的系统计数器所能统计的理论最长时间为 388 天，因此装置上电 388 天后就会出现死机现象。现场记录的异常时间间隔正好为 388 天，与理论时间一致。

处理过程：

对 PMU 装置软件升级，不再使用有问题系统计数器，而是使用芯片的 3 个 32 位通用定时器组合完成操作系统的定时功能，如表 3-3 所示。

表 3-3　定时器参数

| 功能 | 定时器 | 频率 |
| --- | --- | --- |
| 时钟源 | Timer1 | 20 MHz |
| CUP0 中断定时器 | Timer5 | 20 MHz |
| CUP1 中断定时器 | Timer6 | 20 MHz |

升级后对装置软件进行了全面的测试。首先重点测试了系统时钟是否能够有效翻转，同时对装置进行功能、性能、电磁兼容、环境试验等全面的测试，最后进行了连续拷机试验。经测试升级补丁后的装置各项功能性能指标正常，电磁兼容和环境试验结果也正常，在各种试验条件及拷机运行过程中，新的定时器均正常更新翻转，未再出现系统时钟停止的情况。

措施及建议：

（1）对站内设计同一型号 PMU 采集单元的 CPU 插件的 ARM 处理器的内核程序进行软件升级。

（2）全面排查其他厂站同型号芯片使用情况，发现问题及时整改。

## 练习题

1. 什么是同步相量？同步相量和普通相量的差别在哪里？

2. 简述 PMU 子站系统由哪些部分组成，并说明一下各个部分的主要功能。

3. 简述 PMU 通信规约中配置帧、头帧、命令帧、数据帧的作用。

4. 已知 PMU 数据报文固有字节数为 24 字节，当传递 10 个间隔的三相电压相量、三相电流相量、有功功率、无功功率、频率、频率变化率时，1 帧 PMU 数据报文的长度为多少字节？

5. 在系统发生哪些扰动事件时，同步相量测量装置会启动暂态录波？请至少列出 5 条。

6. 为什么 PMU 装置的直流电源回路掉电后不能立即触碰？简述其原因。

7. 某台 PMU 装置在进行验收时，在额定频率额定幅值下，测试仪施加的相量角度和装置测量的相角不一致，每次重新施加模拟量，PMU 装置测量的相角随机分布，请分析其原因。

# 4

# 变电站数据通信网关机

变电站数据通信网关机是一种通信装置，实现变电站与调度、生产等主站系统之间的通信，为主站系统实现变电站监视控制、信息查询和远程浏览等功能提供数据、模型和图形的传输服务。数据通信网关机对上纵向贯通调控主站系统，向下连接变电站间隔层设备，与各级调控中心进行远动信息交互，负责采集站内数据，通过调度数据网与调控中心进行信息实时交互，主要包括基于 IEC60870-5-104 规约基本“四遥”功能、基于 DL476 的“告警直传、远程浏览”功能、基于 IEC60870-5-103 规约的继电保护故障信息处理功能。

本章主要介绍数据通信网关机应用功能、性能要求等基本知识，并结合主流监控厂商的数据通信网关机进行工程配置介绍，最后给出了数据通信网关机典型缺陷分析及处理案例。

## 4.1 应用功能

数据通信网关机的功能是实现变电站与调度、生产等主站系统之间的通信，为主站系统实现变电站监视控制、信息查询和远程浏览等功能提供数据、模型和图形的传输服务。主要实现功能如下：数据采集、数据处理、数据远传、控制功能、时间同步、告警直传、远程浏览、源端维护、冗余管理、运行维护及参数配置。

### 4.1.1 数据采集

数据采集实现如下功能：

（1）实现电网运行的稳态及保护录波等数据的采集。

（2）实现一次设备、二次设备和辅助设备等运行状态数据的采集。

（3）直采数据的时标应取自数据源，数据源未带时标时，采用数据通信网关机接收到数据的时间作为时标。

（4）遵循 DL/T 860 标准，根据业务数据重要性与实时性要求，支持设置间隔层设备运行数据的周期性上送、数据变化上送、品质变化上送及总召等方式。

（5）支持站控层双网冗余连接方式，冗余连接应使用同一个报告实例号。

### 4.1.2 数据处理

数据处理应支持逻辑运算与算术运算功能，支持时标和品质的运算处理、通信中断品质处理功能，应满足如下要求：

（1）支持遥信信号的与、或、非等运算。

（2）支持遥测信号的加、减、乘、除等运算。

（3）计算模式支持周期和触发两种方式。

（4）运算的数据源可重复使用，运算结果可作为其他运算的数据源。

（5）合成信号的时标为触发变化的信息点所带的时标。

（6）断路器、隔离开关位置类双点遥信参与合成计算时，参与量有不定态则合成结果为不定态。

（7）具备将 DL/T 860 品质转换成 DL/T 634.5104 规约品质。

（8）合成信号的品质按照输入信号品质进行处理。

（9）初始化阶段间隔层装置通信中断，应将该装置直采的数据点品质置为 invalid（无效）。

（10）当与间隔层装置通信由正常到中断后，该间隔层装置直采数据的品质应在中断前品质基础上置上 questionable（可疑）位；通信恢复后，应对该装置进行全总召。

（11）事故总触发采用“或”逻辑，支持自动延时复归与触发复归两种方式，自动延时复归时间可配置。

（12）支持远动配置描述信息导入/导出功能。

（13）装置开机/重启时，应在完成站内数据初始化后，方可响应主站链接请求，应能正确判断并处理间隔层设备的通信中断或异常。

### 4.1.3 数据远传

数据远传要求如下：

（1）应支持向主站传输站内调控实时数据、保护信息、一二次设备状态监测信息、图模信息、转发点表等各类数据。

（2）应支持周期、突变或者响应总召的方式上送主站。

（3）应支持同一网口同时建立不少于 32 个主站通信链接，支持多通道分别状态监视。

（4）应支持与不同主站通信时实时转发库的独立性。

（5）对于 DL/T 634.5104 服务端同一端口号，当同一 IP 地址的客户端发起新的链接请求时，应能正确关闭原有链路，释放相关 Socket（套接字）链接资源，重新响应新的链接请求。

（6）对未配置的主站 IP 地址发来的链路请求应拒绝响应。

（7）应支持开关、刀闸等位置信息的单点遥信和双点遥信上送，双点遥信上送时应能正确反映位置不定状态。

（8）数据通信网关机重启后，不上送间隔层设备缓存的历史信息。

### 4.1.4 控制功能

1. 远方控制

远方控制功能要求如下：

（1）应支持主站遥控、遥调和设点、定值操作等远方控制，实现断路器和隔离开关分合闸、保护信号复归、软压板投退、变压器挡位调节、保护定值区切换、保护定值修改等功能。

（2）应支持单点遥控、双点遥控等遥控类型，支持直接遥控、选择遥控等遥控方式。

（3）同一时间应只支持一个遥控操作任务，对另外的操作指令应作失败应答。

（4）装置重启、复归和切换时，不应重发、误发控制命令。

（5）对于来自调控主站遥控操作，应将其下发的遥控选择命令转发至相应间隔层设备，返回确认信息源应来自该间隔层 IED 装置。

（6）应具备远方控制操作全过程的日志记录功能。

（7）应具备远方控制报文全过程记录功能。

（8）应支持远方顺序控制操作。

2. 顺序控制

远方顺序控制应满足以下要求：

（1）具备远方顺序控制命令转发、操作票调阅传输及异常信息传输功能。

（2）遵循电力系统顺序控制接口技术规范的要求。

### 4.1.5 时间同步

时间同步功能包括对时功能与时间同步状态在线监测功能，要求如下：

（1）应能够接收主站端和变电站内的授时信号。

（2）应支持 IRIG-B 码或 SNTP 对时方式。

（3）对时方式应能设置优先级，优先采用站内时钟源。

（4）应具备守时功能。

（5）应能正确处理闰秒时间。

（6）应支持时间同步在线监测功能，支持基于 NTP 协议实现时间同步管理功能。

（7）应支持时间同步管理状态自检信息输出功能，自检信息应包括对时信号状态、对时服务状态和时间跳变侦测状态。

### 4.1.6 告警直传

告警直传是指厂站监控系统向调度端进行告警信息传输，数据通信网关机将本地告警信息转换为带站名和设备名的标准告警信息，传输给调度端，数据通信网关机告警直传应用功能要求如下：

（1）应能将监控系统的告警信息采用告警直传的方式上送主站。

（2）应满足电力系统告警直传技术要求。

### 4.1.7　远程浏览

远程浏览实现安全认证、画面获取和数据刷新功能，调控机构及相关运维单位可以实现厂站全景信息监视，直接浏览厂站内完整的图形实时数据。数据通信网关机远程浏览应用功能要求如下：

（1）应能将监控系统的画面通过通信转发方式上送主站。

（2）宜支持历史曲线调阅。

（3）应满足电力系统远程浏览技术要求。

### 4.1.8　源端维护

源端维护功能要求如下：

（1）应支持主站召唤变电站 CIM/G 图形、CIM/E 电网模型、远动配置描述文件等源端维护文件。

（2）应支持主站下装远动配置描述文件。

（3）应能实现变电站图形、模型、远动配置描述文件等源端维护文件之间的信息映射。

### 4.1.9　冗余管理

两台数据通信网关机与主站通信连接时，冗余管理要求如下：

（1）应支持双主机工作模式和主备机热备工作模式。

（2）主备机热备工作模式运行时应具备双机数据同步措施，保证上送主站数据不漏发，主站已确认的数据不重发。

### 4.1.10　运行维护

1. 自诊断功能

自诊断功能要求如下：

（1）应具备自诊断功能，至少包括进程异常、通信异常、硬件异常、CPU 占用率过高、存储空间剩余容量过低、内存占用率过高等。

（2）检测到异常时应提示告警。

（3）诊断结果应按标准格式记录日志。

2. 用户管理

用户管理要求如下：

（1）应具备用户管理功能，可对不同的角色分配不同的权限。

（2）应具备分配以下角色的功能：管理员、维护人员、操作员和浏览人员等。

（3）分配权限应至少包含：用户角色管理、权限分配、配置更改、进程管理、控制操作、数据封锁、数据查询和解除封锁功能等。

### 4.1.11 日志功能

日志功能要求如下：

（1）应具备日志功能，日志类型至少包括运行日志、操作日志、维护日志等。

（2）应实现对日志的统一格式。

### 4.1.12 参数配置

数据通信网关机参数配置项至少包括系统参数、DL/T 860 接入参数、DL/T 634.5104 参数及 DL/T 476 参数，支持参数配置导出功能及同产品的参数配置备份导入功能，即达到同产品的参数配置的互换性。

## 4.2 性能要求

数据通信网关机性能应满足如下要求：

（1）接入不少于 255 台装置时能正常工作。

（2）接入间隔层装置小于 255 台时初始化过程小于 5 min。

（3）站控层网络通信状态变化能在 1 min 内正确反映。

（4）应具备不少于 6 个网口，单网口支持至少同时建立 32 个对上通信链接。

（5）内存≥1 GB。

（6）存储空间≥128 GB。

（7）对遥测处理时间≤500 ms。

（8）对遥信处理时间≤200 ms。

（9）对遥控命令处理时间≤200 ms。

（10）控制操作正确率 100%。

（11）每个通道 SOE 缓存条数≥8 000 条。

（12）远方遥控的报文记录条数≥1 000 条。

（13）运行日志、操作日志与维护日志各记录条数≥10 000 条。

（14）在 200 点遥信每秒变化 1 次并连续变化 40 次的情况下，变位信息记录完整，时间顺序记录时间正确。

（15）对告警直传处理时间≤500 ms。

（16）对远程浏览处理时间≤500 ms。

（17）支持远程浏览连接数≥16 个。

（18）每个连接支持远程浏览画面数≥16 个。

（19）支持远程浏览同一主站 IP 连接数≥4 个。

（20）通过 IRIG-B 同步，对时精度≤1 ms；通过 SNTP 同步，对时精度≤100 ms。

（21）在没有外部时钟源校正时，24 h 守时误差应不超过 1 s。

（22）整机功耗≤50W。

（23）平均故障间隔时间（MTBF）≥30 000 h。

## 4.3 工程配置

本小节对三种常用的数据通信网关机工程配置进行简单介绍。

### 4.3.1 PCS-9799C 数据通信网关机简介

PCS-9799C 数据通信网关机是新一代智能远动机，为 RCS 系列远动机的升级换代产品。装置采用自主研发 UAPC 硬件平台，集成了嵌入式 Linux 操作系统和 mysql 数据库，能够完成实现常规远动、保信等功能。

#### 4.3.1.1 硬件说明

1. 整机视图

正面视图如图 4-1 所示。

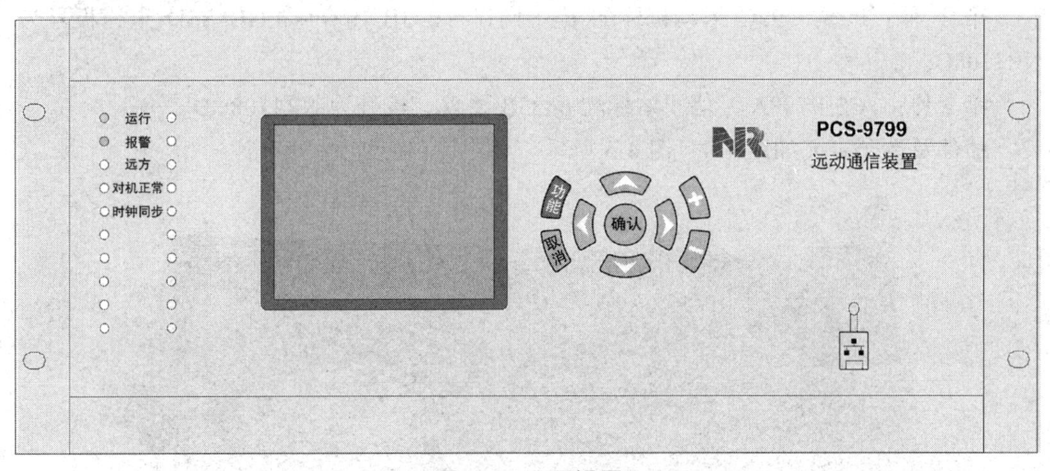


图 4-1 正面视图

背面视图如图 4-2 所示。

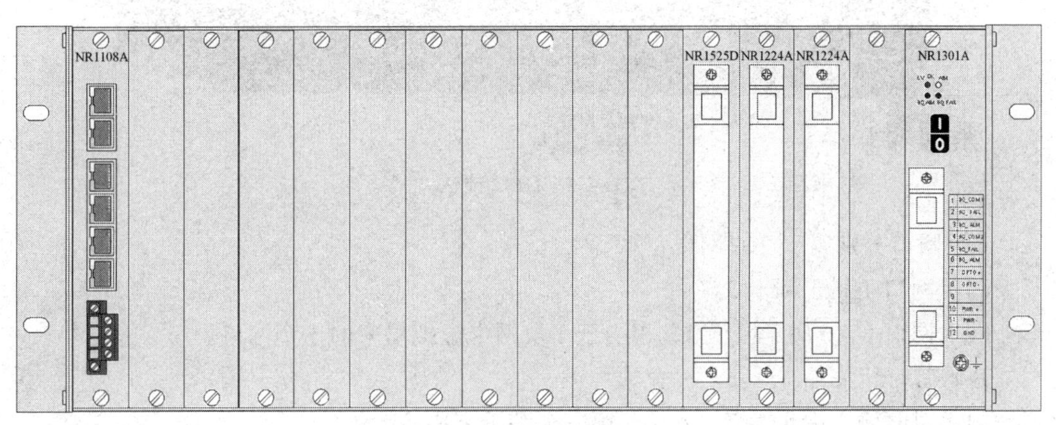


图 4-2 背面视图

各板卡对应的插槽如图 4-3 所示。

| 插槽号 | 01 | 02 | 03 | 04 | 05 | 06 | 07 | 08 | 09 | 10 | 11 | 12 | 13 | 14 | 15 | Pl |
|---|---|---|---|---|---|---|---|---|---|---|---|---|---|---|---|---|
| | NR1108A | | | | | | | | | | | NR1525D | NR1224A | NR1224A | | NR1301A |
| | MON | | | | | | | | | | | IO | COM1 | COM2 | | PWR |

图 4-3　板卡槽号

2. MON 板（CPU 板）

装置最多可配置 4 块 MON 板，分别位于插槽 01、03、05、07。MON 板根据内存大小、存储空间、网口个数有 11 种可选插件，常用的有两种：

第 1 种：PCS-9799C 远动机标配 6 个网口 + 2 GB 内存 + 4 GB SSD 卡，板号为 NR1108C；

第 2 种：PCS-9798A 保信子站标配 64 GB 硬盘，板号为 NR1108CD。

插件及端子定义如图 4-4、图 4-5 所示。

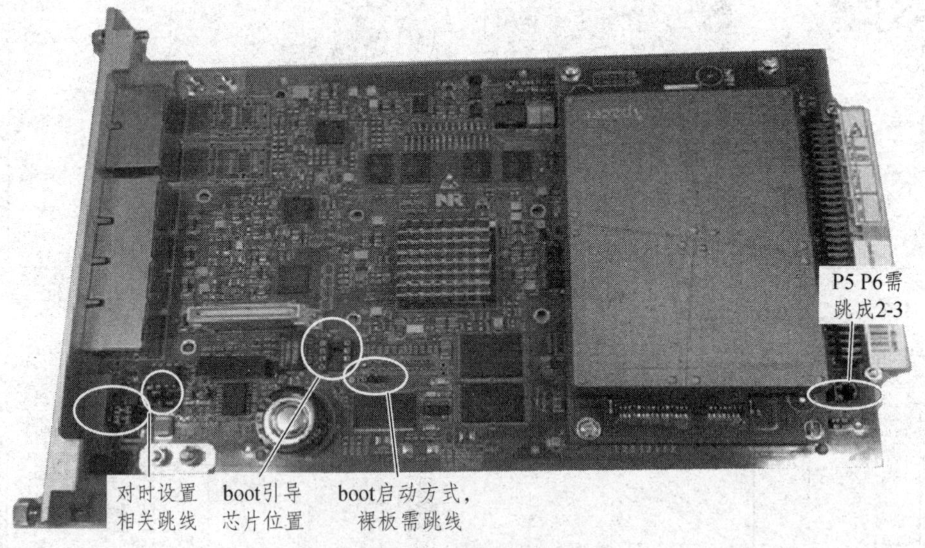


图 4-4　CPU 插件

6 个网口分别属于 2 块网卡：

（1）网口 1 属于网卡 2。

（2）网口 2 ~ 6 属于网卡 1，相当于 1 块网卡虚拟出来的 5 个网口。

B 码对时相关：

（1）对时输入端子为 2、3、4，第一个端子未用。

（2）当装置配有多块 CPU 板时，仅位于槽号 1 的 CPU 板可以接 B 码对时源。

（3）跳线 P3、P14 置为 2-3，表示凤凰端子串口为对时口（出厂默认）。

（4）跳线 P22、P23 置为 1-2 表示 B 码（出厂默认）。

（5）跳线 P5、P6 置为 2-3，表示前调试口 RS232 接口输出，多块 CPU 时不能都置为 2-3，否则超级终端会显示乱码。

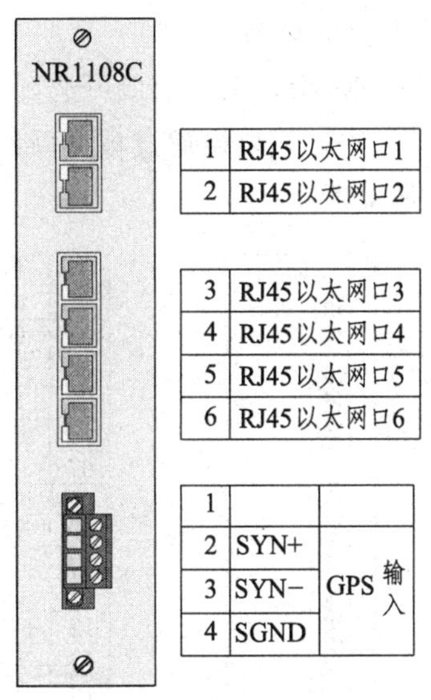


图 4-5　CPU 端子定义图

3. I/O 板（开入开出板）

I/O 板位于槽号 12，提供 4 路开出和 13 路开入。标配板号为 NR1525D，开入电源为 DC 24 V，来自 PWR 电源板的端子 10、11。开入电源为 DC 220 V 的板号为 NR1525A。插件端子（图）定义如图 4-6 所示。

| 端子号 | 名称及用途 |
|---|---|
| 01<br>02 | 全站事故总（配置方法见《专题手册》） |
| 03<br>04 | 全站预告总 |
| 05~06 | 开出3（预留） |
| 07~08 | 开出4（预留） |
| 09 | 维护开入（屏柜维护把手），为 1时表示当前该装置处于维护状态，对外通信功能被中止，调度通道处于备用状态。仅当对上通道设为主备时生效，对上双主时此开入无效，不会切换通道 |
| 10 | 远方就地开入，用于接入屏柜远方就地把手，为1时表示允许调度远方遥控操作，为 0时反之 |
| 11 | 对机闭锁开入，用于双机冗余逻辑的对机闭锁接点输入，为1时表示对机闭锁 |
| 12~21 | 普通开入4~13 |
| 22 | 开入公共负端 |

图 4-6　开入板端子定义

4. COM 和 MDM（串口板）

插槽号 13、14、15 用来配置 COM 板（串口通信板，板号为 NR1224A）或 MDM 板（调度通道板，板号为 NR1225A、NR1225B）。每块插件有 5 个通信口，组态中串口号从插槽 13 开始排序，也即插件 13 是串口 1 ~ 5，插件 14 是串口 6 ~ 10，插件 15 是串口 11 ~ 15。

1）COM 板

COM 板每个通信口可选配 RS-485/232 方式，第 5 个通信口还可以配置为 RS-422 方式。各方式切换通过板卡跳线实现，跳线方式见板卡上的说明。插件端子定义如图 4-7 所示。

NR1224A

| 01 | TX/A | RS-232/485 |
|---|---|---|
| 02 | RX/B | |
| 03 | GND | |
| 04 | FGND | |
| 05 | TX/A | RS-232/485 |
| 06 | RX/B | |
| 07 | GND | |
| 08 | FGND | |
| 09 | TX/A | RS-232/485 |
| 10 | RX/B | |
| 11 | GND | |
| 12 | FGND | |
| 13 | TX/A | RS-232/485 |
| 14 | RX/B | |
| 15 | GND | |
| 16 | FGND | |
| 17 | TX/A | RS-232/485/422 |
| 18 | RX/B | |
| 19 | GND | |
| 20 | FGND | |
| 21 | Y | |
| 22 | Z | |

| 端子号 | 端子定义 | 说明 |
|---|---|---|
| 01 | TX/A | 串口1（RS-232/485） |
| 02 | RX/B | |
| 03 | GND信号地 | |
| 04 | FGND屏蔽地 | |
| 05~08 | 同串口1 | 串口2 |
| 09~12 | 同串口1 | 串口3 |
| 13~16 | 同串口1 | 串口4 |
| 17 | TX/A | 串口5<br>采用RS-422方式时，17、18、21、22分别为RS-422的A、B、Y、Z |
| 18 | RX/B | |
| 19 | GND | |
| 20 | FGND | |
| 21 | Y | |
| 22 | Z | |

图 4-7　数字通道板端子定义

2）MDM 板

模拟通道板端子定义如图 4-8 所示。

NR1225A

| 01 | TX/A | RS-232/485 |
|---|---|---|
| 02 | RX/B | |
| 03 | GND | |
| 04 | FGND | |
| 05 | TX/A | RS-232/485 |
| 06 | RX/B | |
| 07 | GND | |
| 08 | TX+ | MDM1 |
| 09 | TX− | |
| 10 | RX+ | |
| 11 | RX− | |
| 12 | GND | |
| 13 | TX+ | MDM2 |
| 14 | TX− | |
| 15 | RX+ | |
| 16 | RX− | |
| 17 | GND | |
| 18 | TX+ | MDM3 |
| 19 | TX− | |
| 20 | RX+ | |
| 21 | RX− | |
| 22 | GND | |

| 端子号 | 端子定义 | 说明 |
|---|---|---|
| 01 | TX/A | 数字通道1（RS-232/485） |
| 02 | RX/B | |
| 03 | GND信号地 | |
| 04 | FGND屏蔽地 | |
| 05 | TX/A | 数字通道2（RS-232/485） |
| 06 | RX/B | |
| 07 | GND | |
| 08 | TX+ | 模拟通道1 |
| 09 | TX− | |
| 10 | RX+ | |
| 11 | RX− | |
| 12 | GND | |
| 13~17 | 同模拟通道1 | 模拟通道2 |
| 18~22 | 同模拟通道1 | 模拟通道3 |

图 4-8　模拟通道板端子定义

3）PWR（电源板）

PWR 电源插件的槽号为 P1，标配 DC 110 V/220 V 自适应，板号为 NR1301A。输入电源额定电压为 AC 220 V 时可使用 NR1301F 插件（与 NR1301A 端子定义相同）。PWR 插件面板如图 4-9 所示。

需要使用双电源时，槽号 P1 位置选用插件 NR1301E，槽号 10 选用 NR1301K。

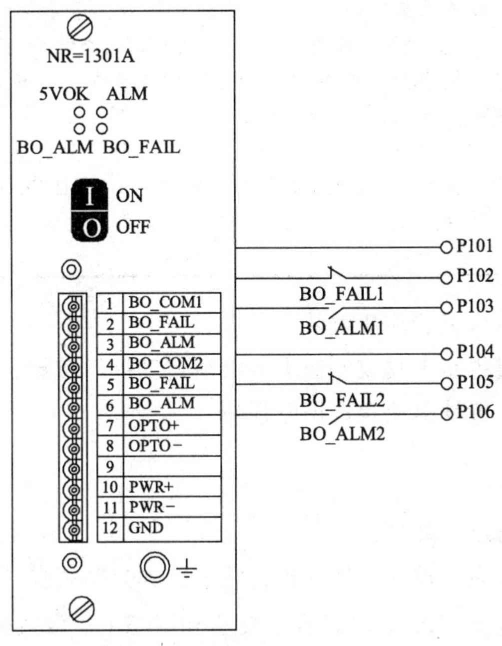


| 指示灯 | 颜色 | 点亮时含义 |
|---|---|---|
| 5 V OK | 绿色 | 电源插件5 V输出正常 |
| ALM | 黄色 | 电源插件5 V输出异常（如：过压、欠压） |
| BO_ALM | 红色 | 装置报警 |
| BO_FAIL | 红色 | 装置闭锁 |

图 4-9　电源板端子定义

01～03 端子：分别是公共端、装置闭锁空接点、装置报警空接点。

04～06 端子：为报警、闭锁第二组接点。

07～08 端子：24 V 电源输出端子，供 I/O 板使用，输出额定电流为 200 mA。

#### 4.3.1.2　操作说明

1. 液晶菜单设置

组态配置完毕下装到装置，如果组态没有问题，装置重启后，一般还需要结合工程项目现场信息，通过液晶菜单“装置参数”或配置文件进行，装置参数如表 4-1 所示。

表 4-1　装置参数

| 序号 | 子菜单名称 | 描述 |
| --- | --- | --- |
| 1 | 网络设置 | 显示或修改本装置的 IP 地址、MAC 地址和路由表。配置结果保存于装置 config 目录下 ip.cfg 文件中 |
| 2 | 时钟设置 | 显示或修改本装置的当前时间和时区。时区配置结果保存于装置 config 目录下 timezonefile.txt 文件中 |
| 3 | ID 设置 | 设置本装置的装置地址和装置序号，用于双机配置。<br>“装置地址”设置范围为 1～254，切记不能为 0，站内保持唯一，不要与其他 PCS、RCS 系列管理机的（管理机）地址重复，且不同装置之间相差≥2，以免导致通信异常。<br>“装置序号”默认为 0，双机配置时两台机分别设置为 0 和 1。装置序号设置为 1 时，IEC103 管理机地址 + 1，IEC61850 实例号 + 1。<br>两台装置作为一组双机时，要求两者装置地址相同，装置序号分别为 0 和 1 |

所有参数修改后重启装置才能生效。

警告：重启请通过组态工具或面板上的红色“功能”按键，避免直接给装置断电，强行断电可能会导致装置硬盘或者数据库损坏！

### 2. 人机界面查看

面板上的状态灯有以下几种：

（1）“运行”：点亮表示现在是处于运行状态，如果装置异常闭锁则熄灭。

（2）“告警”：进程异常或者 CPU 板卡配置和组态不一致或磁盘容量不足时常亮。

（3）“远方”：远方/就地切换把手的位置为“远方”时常亮，“就地”时不亮。

（4）“对机正常”：双机硬件互联线上信号正常并且双机通信心跳正常，常亮。

（5）“时钟同步”：装置被对时成功，常亮。

### 3. 液晶主画面

液晶主画面的下半部分用于显示当前网口串口的状态，每一个圆圈代表一个通信口，每块 MON 板下有 12 个圆圈，左列 6 个圆圈对应网口 1～6，右列 6 个圆圈仅当使用 12 网口板时有效，对应网口 7～12，如图 4-10 所示。

其中，圆圈的不同状态表征通信口的通信状态：

○：表示通信口未用，组态中未配置；

●：表示通信口占用，状态为通，如果为网口，则表示该网口下至少一个连接的通信状态为通。

Ⓧ：表示通信口占用，状态为断，如果为网口，则表示该网口下全部连接的通信状态均为断。

Ⓕ：表示通信口占用，网口线被拔出，串口无此状态标志。

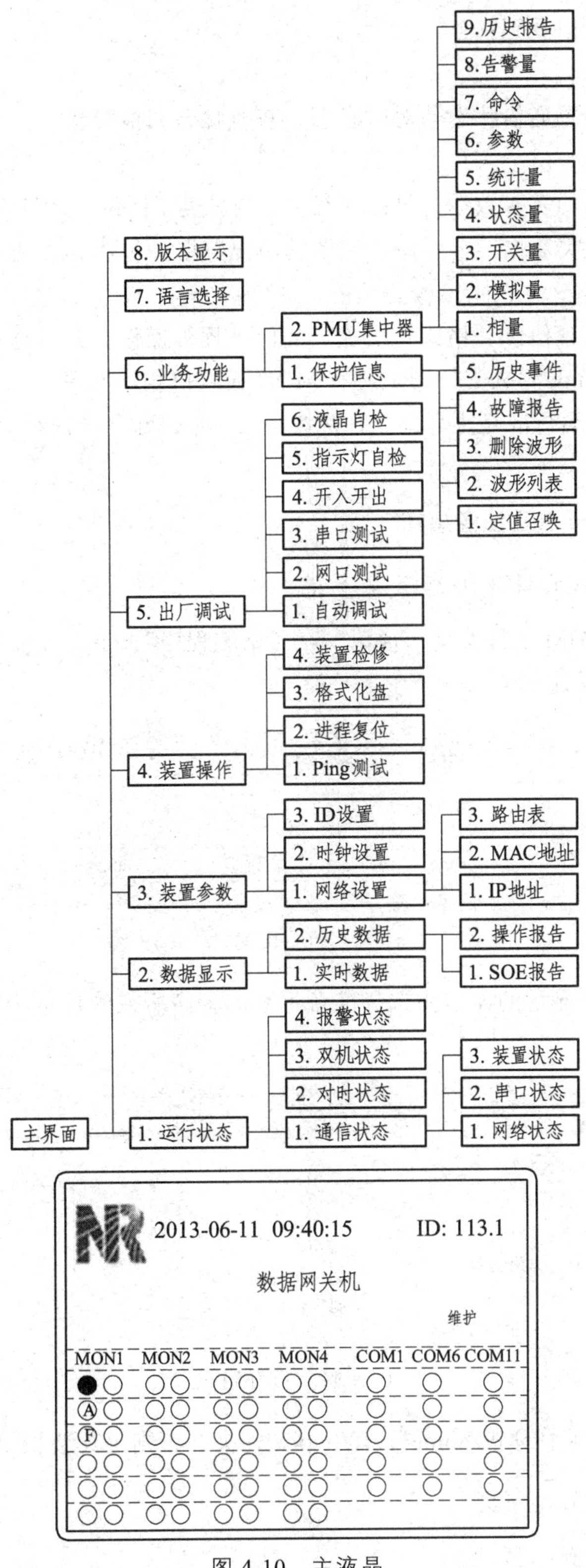
主界面
1. 运行状态
1. 通信状态
1. 网络状态
2. 串口状态
3. 装置状态
2. 对时状态
3. 双机状态
4. 报警状态
2. 数据显示
1. 实时数据
1. SOE报告
2. 历史数据
2. 操作报告
3. 装置参数
1. 网络设置
1. IP地址
2. MAC地址
3. 路由表
2. 时钟设置
3. ID设置
4. 装置操作
1. Ping测试
2. 进程复位
3. 格式化盘
4. 装置检修
5. 出厂调试
1. 自动调试
2. 网口测试
3. 串口测试
4. 开入开出
5. 指示灯自检
6. 液晶自检
6. 业务功能
1. 保护信息
1. 定值召唤
2. 波形列表
3. 删除波形
4. 故障报告
5. 历史事件
2. PMU集中器
1. 相量
2. 模拟量
3. 开关量
4. 状态量
5. 统计量
6. 参数
7. 命令
8.告警量
9.历史报告
7. 语言选择
8. 版本显示
2013-06-11 09:40:15
ID: 113.1
数据网关机
维护
MON1
MON2
MON3
MON4
COM1
COM6
COM11
A
F

图 4-10　主液晶

通过菜单，可以看到：

（1）运行状态。

实时显示本装置通信状态、对时状态、双机状态和报警状态。

（2）数据显示。

显示所有装置的实时数据，包括状态类、测量类、挡位、计量类、装置参数、定值和定值区号等 7 大类数据；显示所有装置的历史数据，包括 SOE 报告和操作报告。

（3）装置操作。

对本装置进行置检修、格式化硬盘、复位进程等操作，并可通过本装置对任意 IP 进行 Ping 测试。Ping 测试支持测试所有 MON 板网口相连网段。

提示：在装置运行液晶主界面，直接按＋、－号，可直接查看本装置网络通道规约配置及通道状态。

#### 4.3.1.3　维护要点及注意事项

1. 使用 PCS-COMM 组态工具下装

点击 PCS-COMM 工具菜单“通讯”—“下装程序”，工具提供目标管理机 IP 输入窗口，如图 4-11 所示。

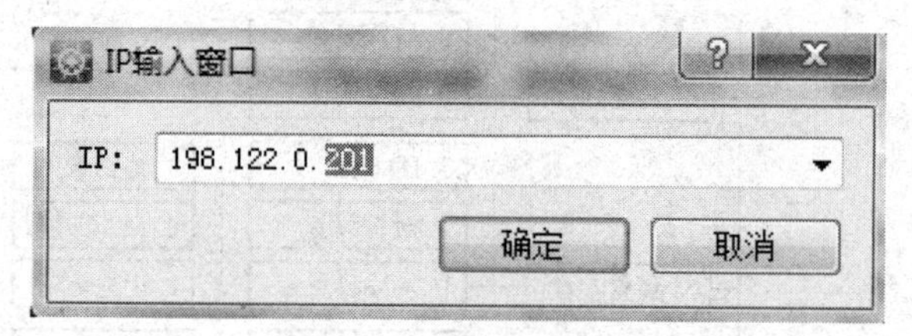


图 4-11　IP 输入

然后在图 4-12 显示的窗口中选择准备下装的程序所在的目录（浏览到 PCS9799 目录即可）。

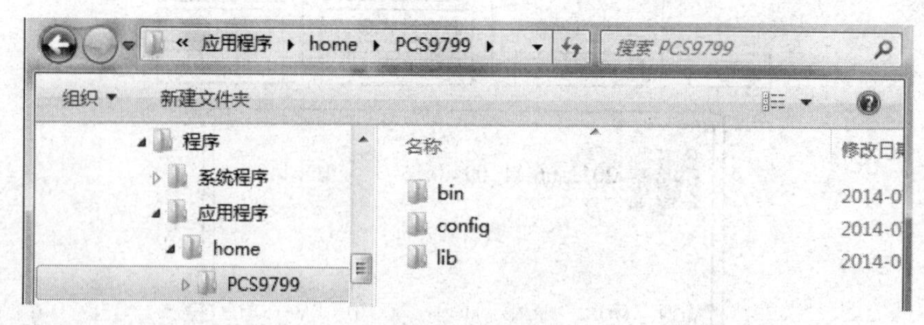


图 4-12　打开组态

程序下装前要求管理机/home/下有/tmp 文件夹，否则工具会提示下装失败。

2. 使用 FTP 工具下装

以 CuteFTP 为例：

（1）连接：输入管理机相连网口 IP，FTP 用户名（root）、密码（uapc），点击开始连接，如图 4-13 所示。

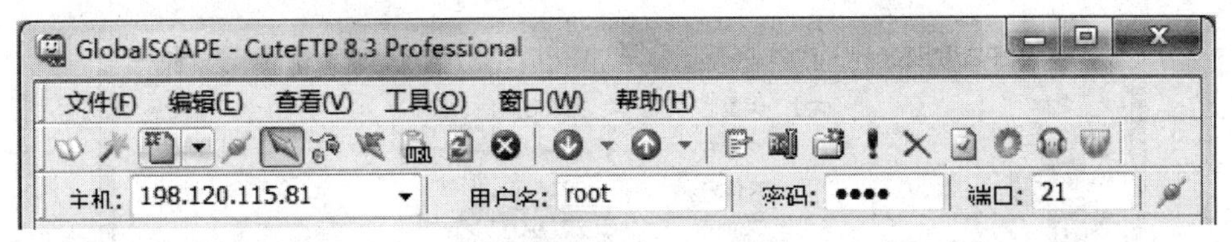


图 4-13　FTP 参数设置

（2）备份：连接成功后，定位在/home/目录下。如果是在原运行程序基础上升级，操作前需要备份原有程序，将右侧整个 PCS9799 文件夹拖动到左侧本地计算机指定的文件夹中即可，如图 4-14 所示。

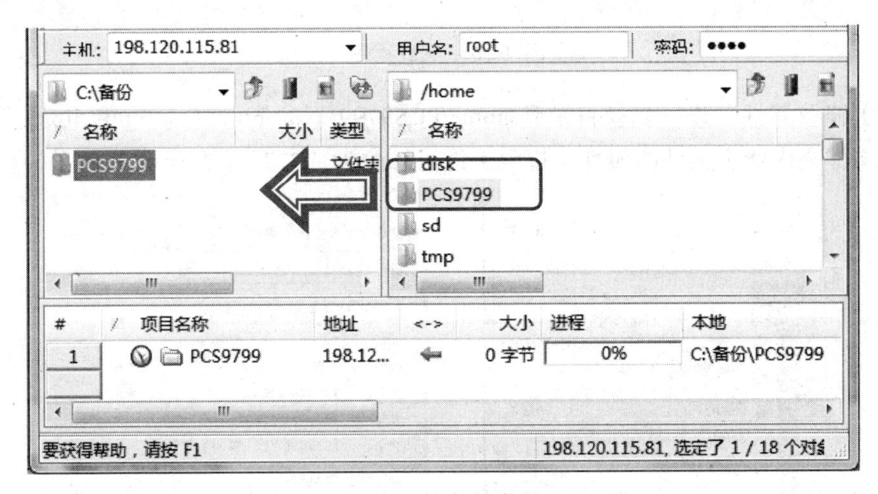


图 4-14　备份文件

（3）删除原有程序：切换到 PCS9799 目录下，选中 bin 和 lib 文件夹，使用右键菜单或按键盘上的 Del 键将这两个文件夹删除，如图 4-15 所示。

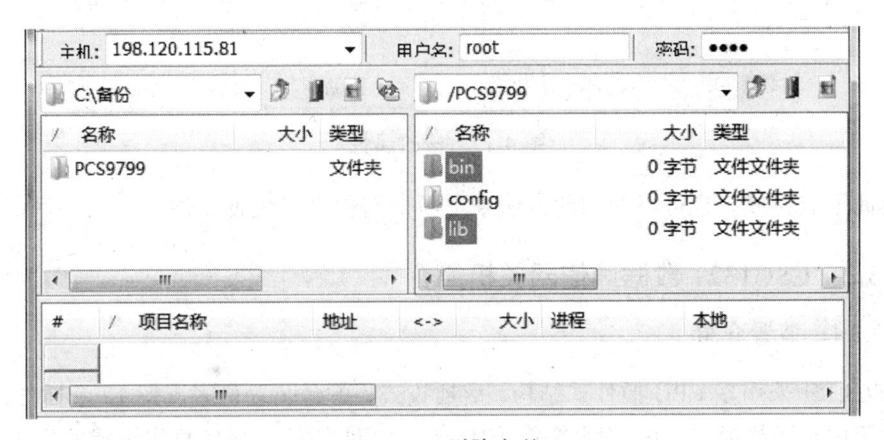


图 4-15　删除文件

（4）下载程序：将本地计算机上保存的归档程序 PCS9799 内 bin、config、lib 文件夹拖到/home/PCS9799/下（config 文件夹覆盖处理），如图 4-16 所示。

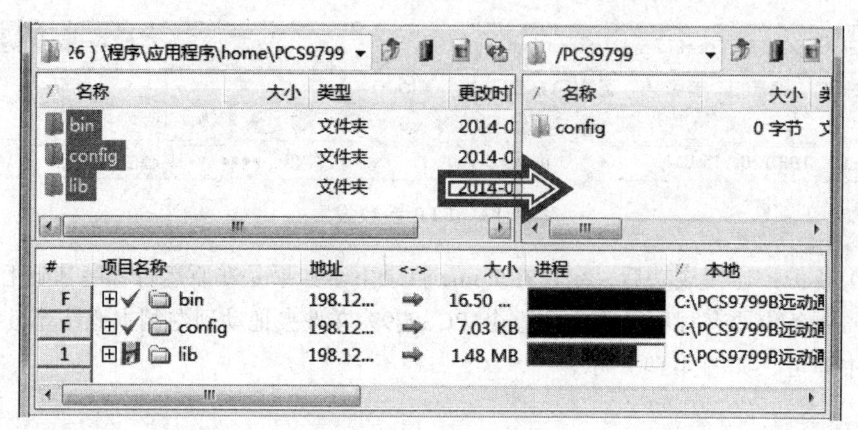


图 4-16　下载程序

（5）修改属性：逐一切换目录到/home/PCS9799/下的/bin、/config/和/lib/文件夹，将三个文件夹内所有文件的属性（权限）许可修改为“777”，如图 4-17 所示。

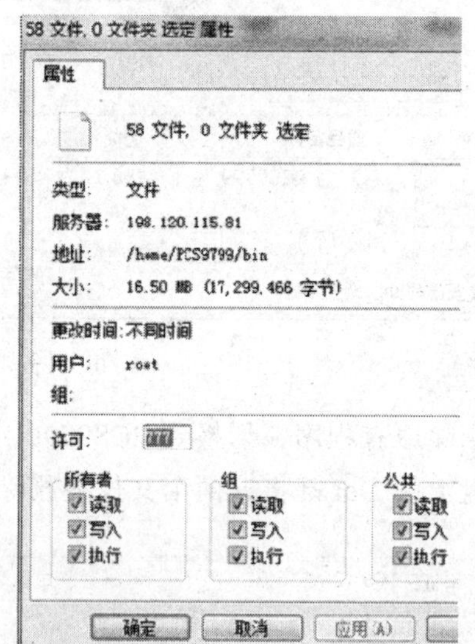


图 4-17　修改属性

至此下装完成。也可以使用此方法来更新个别程序或配置文件。

## 4.3.2　CSC1321 数据通信网关机简介

### 4.3.2.1　装置介绍

CSC1321 采用多 CPU 插件式结构，后插拔式，单台装置最多支持 12 个插件，插件之间采用内部网络通信，内部网络采用 10 M 以太网为主、CAN 总线为辅的形式。

CSC1321 前面板如图 4-18 所示，告警灯、液晶、按键仅供查看运行状态用，可查看插件通信状态、装置通信状态、通道通信状态。调试及维护通过网络及超级终端完成。

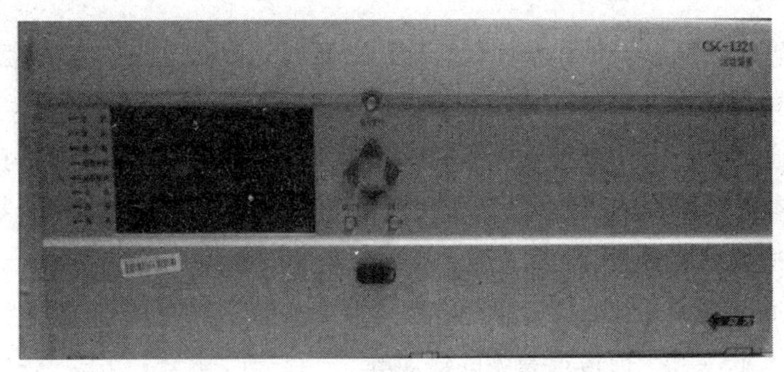


图 4-18　CSC1321 前面板图

CSC1321 采用功能模块化设计思想，由不同插件来完成不同的功能，组合实现装置所需功能。主要功能插件有主 CPU 插件、通信插件（以太网插件、串口插件）、辅助插件（开入开出插件、对时插件、级联插件、电源插件和人机接口组件）。

装置插槽后视示意图如图 4-19 所示，从左至右编号为 1～12。统一要求主 CPU 插件插在 1 号插槽，电源插件插在 12 号插槽，其余插件可根据实际情况安排位置。

| 1 | 2 | 3 | 4 | 5 | 6 | 7 | 8 | 9 | 10 | 11 | 12 |
|---|---|---|---|---|---|---|---|---|---|---|---|
| 主 CPU 插件 | | | | | | | | | | | 电源插件 |

图 4-19　装置插件布置

CSC1321 所有插件插入前背板，以前背板为交换机，组成内部通信网络。前背板上有一个 RJ45 接口，可通过该接口以内网 IP 访问每块插件，如图 4-20 所示。前背板通过 CAN 网与液晶面板连接。

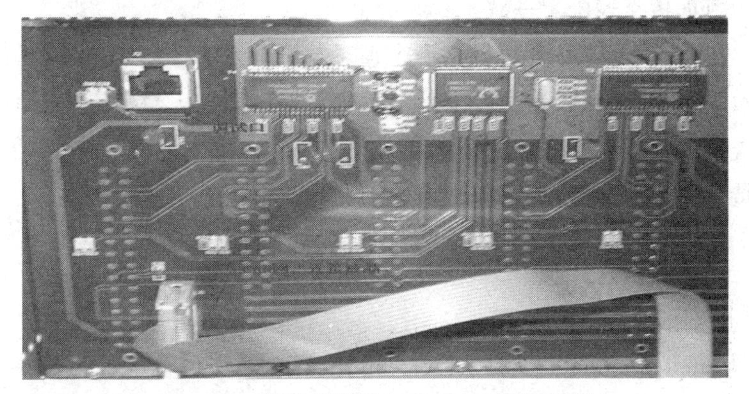


图 4-20　前背板调试口及 CAN 网连接图

插件之间通过内部以太网通信，内部 IP 地址为 192.188.234.X，X 为插件所在插槽位置编号，通过插件上的拨码设定。

#### 4.3.2.2 维护要点及注意事项

1. 上行数据异常检查

第 1 步：确认间隔层采集和站控层传输是否正常，可通过监控主站验证，如果监控主站接收上行数据正常，可排除此过程问题。

第 2 步：通过维护工具查看接入数据库，检查数据是否正常；常见的问题为网络接线错误、通信参数错误等造成的通信异常，或者导入监控数据格式错误、导入的不是最终数据等造成的数据库异常。

第 3 步：通过维护工具查看数据通信网关机数据库，常见问题为插件间通信异常、插件间程序版本不一致、远传点表关联错误等。

第 4 步：通过维护工具、调试命令等方式查看数据通信网关机报文、人工解析上送报文是否正确。如果前三步检查确认数据正常、上送报文异常的话，说明规约的参数配置或者程序存在问题，需要联系技术支持处理。如果报文正常，说明系统的数据采集和远传数据的制作不存在问题，可能存在的问题有调度提供的远传点表与主站数据库不一致、数据通信网关机与调度约定的数据类型不一致、数据通信网关机与调度约定的遥测系数不一致、主站数据库制作错误等。

现场调试中，一般先按第 4 步进行检查，分清站内问题还是和调度之间的问题，再按对应的方法排查。

2. 遥控问题的排查

第 1 步：通过监控系统对间隔层设备进行遥控，排除间隔层设备问题。

第 2 步：登录接入插件 Ping 通需要遥控的间隔层设备。

第 3 步：登录数据通信网关机插件，通过调试命令查看调度主站遥控报文是否正确，遥控点号是否与远传点表配置一致。

第 4 步：登录接入插件，通过调试命令查看解析出来的遥控信息是否与需要进行的遥控操作一致，不一致的话检查数据通信网关机数据库与接入数据库控点的对应关系是否正确，检查接入数据库中遥控的控点是否和监控验证过的控点一致。

时刻保持数据通信网关机数据与监控数据一致，可以避免绝大部分数据制作造成的问题。

3. 数据备份

配置工具 applcationdata 文件夹下 tempfiles 文件夹包含了通过维护工具生成的 CSC-1321 运行数据，即装置运行所需的实际配置。执行输出打包后，工具将把数据输出到 tempfiles 文件夹下以工程名命名的文件夹中。备份时必须备份该文件夹。如图 4-21 所示。

图 4-21　applcationdata 文件夹

## 4.3.3　NSS201A 数据通信网关机简介

### 4.3.3.1　装置运维简介

NSS201A 数据通信网关机运行的系统软件是 NS3000S 的一种运行方式。在文件 sys/nsstate.ini 文件中 RunState 确定了机器的运行方式，对应关系如下：1 监控后台；2 远动机；3 保信子站；4 规转机。由于 NS3000S 的远动机是信息一体化平台的一部分，本身就可以作为监控后台使用。所以，其数据库可以通过 scd 文件解析生成。但为了调试的便利，使得远动的数据库和监控后台的数据保持一致是种明智的做法。后台数据库做了相关修改时，也应同时手动将数据同步到远动机。

（1）参考监控后台，使用 sys_setting 完成远动机配置。

（2）在监控后台机的系统组态→后台机节点表中添加本站所有的机器和 IP 地址记录，包括监控机、操作员站、一体化五防机、远动机。需要填写之处是机器名，IP 地址，监控机和远动机勾选 SCADA 节点，给每个机器填写 A 网 61850 报告号，注意应不重复。如果本站是双网架构，需要勾选所有机器的“是否双网”。在这个工作之前，所有机器的多机配置工作应已完成，即已经使用过 sys_setting 工具完成配置，因为 sys_setting 工具是会重写后台机节点表的，如图 4-22 所示。

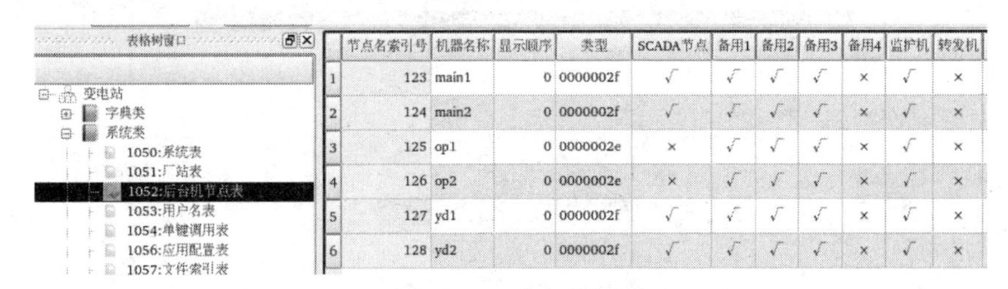


|  | 节点名索引号 | 机器名称 | 显示顺序 | 类型 | SCADA节点 | 备用1 | 备用2 | 备用3 | 备用4 | 监护机 | 转发机 |
|---|---|---|---|---|---|---|---|---|---|---|---|
| 1 | 123 | main1 | 0 | 0000002f | √ | √ | √ | √ | × | √ | × |
| 2 | 124 | main2 | 0 | 0000002f | √ | √ | √ | √ | × | √ | × |
| 3 | 125 | op1 | 0 | 0000002e | × | √ | √ | √ | × | √ | × |
| 4 | 126 | op2 | 0 | 0000002e | × | √ | √ | √ | × | √ | × |
| 5 | 127 | yd1 | 0 | 0000002f | √ | √ | √ | √ | × | √ | × |
| 6 | 128 | yd2 | 0 | 0000002f | √ | √ | √ | √ | × | √ | × |

图 4-22　后台机节点表

使用系统备份恢复功能将监控后台的参数库导入到远动机中，“是否覆盖前置数据”项中选择“否”。从后台拷贝过来的数据，在远动机上有些设置需要修改，一是将系统表的“五防投入（50）”取消，另一个是将“遥控不需要监护（47）”勾上。否则调度遥控时，可能失败。

#### 4.3.3.2 前置组态配置

1. 节点设置

打开终端，在 bin 目录下输入 frcfg，系统弹出通道配置界面，鼠标右键点击“前置系统”，根据 104 通道个数设置“通讯节点个数”，如图 4-23 所示。需要注意的是，前置中每一个节点都必须有且只有一个通道，否则遥控时会出错。

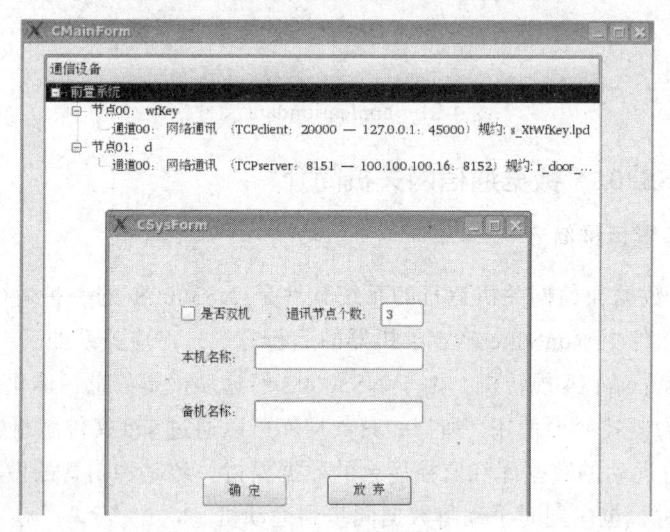


图 4-23 添加前置节点

在“通讯节点个数”中增加一个节点 02，然后在节点 02 中添加节点名称和通道数，如图 4-24 所示。

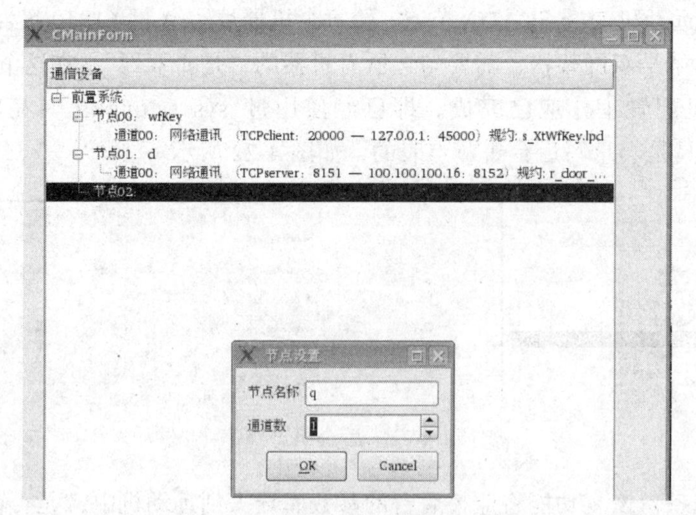


图 4-24 添加通道

2. 通道设置

鼠标右键点击新建立的通道，进行通道配置，如图 4-25 所示。

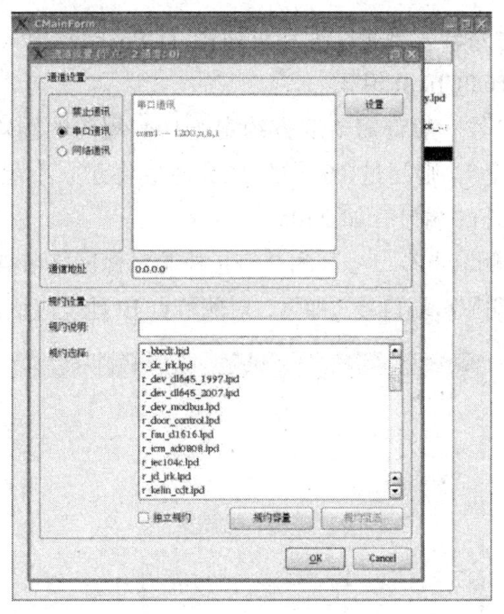


图 4-25　通道配置

在通道设置界面，有串口通信和网络通信需要配置。首先介绍串口通信，点击设置，弹出“串口通讯设置”界面。其中“通信串口”com1 为服务器的相应一个串口，应该改为 ttyS1 或者 ttyM1 之类的格式，串口名称以目录/dev/下的设备文件名为准。“通讯速率”和其他设置则根据现场提供的信息进行相应的设置，点击“OK”即可，如图 4-26 所示。

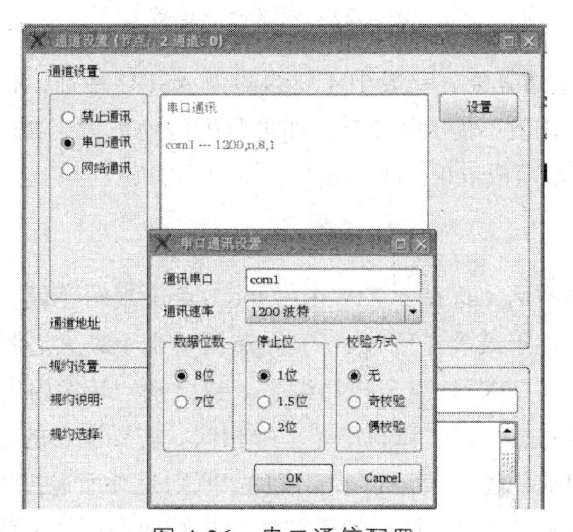


图 4-26　串口通信配置

其次为网络通信，点击设置，其中 TCPserver 为发送装置（IP 设置为对侧节点 IP 地址）报文模式，一般用来实现远动机向对侧发送数据，对应选择的 lpd 规约应该是 s 开头的。TCPclient 为接收装置（IP 设置为对侧节点 IP 地址）报文模式，对侧节点 IP 地址填写所连接服务器的装置 IP，对应 lpd 规约为 r 开头的名称。对侧和本侧节点端口号按说明填写，点击“OK”。

一般常用的是给主站转发数据，远动机使用 TCPServer 模式，而要接受其他装置发送过来的数据，使用 TCPClient 模式。

对侧和本侧的端口号一般都需要双方约定，104 规约的约定为 2404。有的站 104 通道太多（超过了 16 个），则超过 16 个的 TCP 连接将建立不起来。多出来的通道需要本侧端口使用 2404 之外的端口，如 2405。

对于“停止校验对侧节点端口号”和“停止校验对侧网络节点 IP 地址”的两个选项，建议勾选“停止校验对侧节点端口号”即可，对侧节点 IP 地址应该被校验，如图 4-27 所示。

图 4-27　网络通信配置

“通道地址”由主站分配，一般 104 规约即为 ASDU 地址，将分配的号填在通道地址的最后一位即可，该值不能大于 255，如果分配的地址大于 255，则按照 256 进位。例如，300 地址应该填写成 0.0.1.44。

3. 规约设置

以五防转发规约举例，选择 s_XtWfKey.lpd，点击规约容量，弹出规约容量设置界面：填写实际遥信（小于最大遥信数）、实际遥测（小于最大遥测数）和实际遥控（小于最大遥控数），点击“OK”。点击规约组态，弹出规约转发内容设置界面：挑选需要转发的遥信、遥测等测点，方法和制作光字牌相同。需要注意的是，遥控转发表中，遥控点表是通过选择对应的遥信表记录来实现的，原则是画面遥控使用哪个遥信点，调度转发就使用哪个遥信点。另外，挡位的遥调填的是画面变压器关联的挡位值，需要双击空白记录处，打开前置数据框去选择。遥调的升降和急停是两个遥控点，选择同一个挡位值，扩展的标记（Ext）的“升降”和“急停”用于区分变压器的两个遥控命令。

4. 报文浏览工具说明

NS3000S 信息一体化平台使用 qspych 工具实现通道报文浏览功能。打开终端，在 bin 目录下输入 qspych，启动图形化通道报文浏览工具，界面如图 4-28 所示。

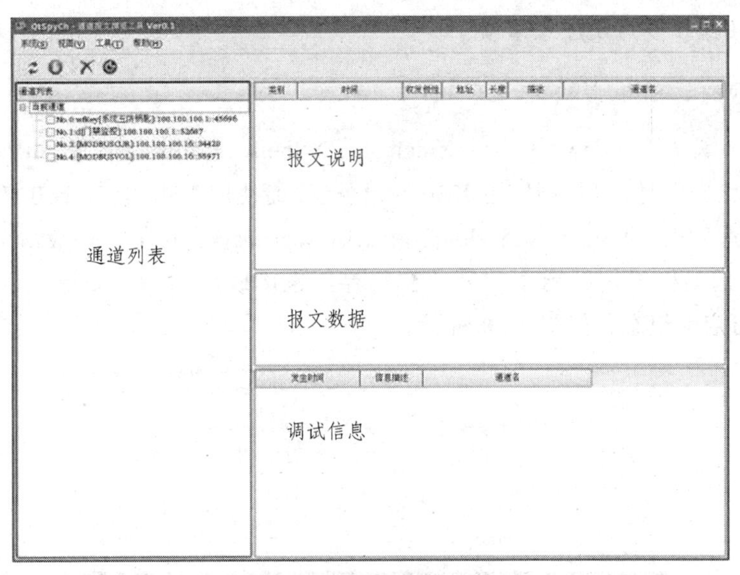


图 4-28　报文监视界面

bin 目录下有一个配置文件为 spychannel.xml，内容为空格分隔的四段 IP 地址，该地址为本机 front 报文的可监视网段广播地址，默认是 100100100255。如果首次使用，可以将其修改为与站控层的广播地址一致。该广播地址是为了保证 qspych 程序在一台机器上就能监视站内所有机器的通道报文。

运行状态如图 4-29 所示，双击通道列表中的通道可激活该通道的报文浏览，激活状态由该通道前的方框显示，空白表示该通道未激活，X 表示已激活。

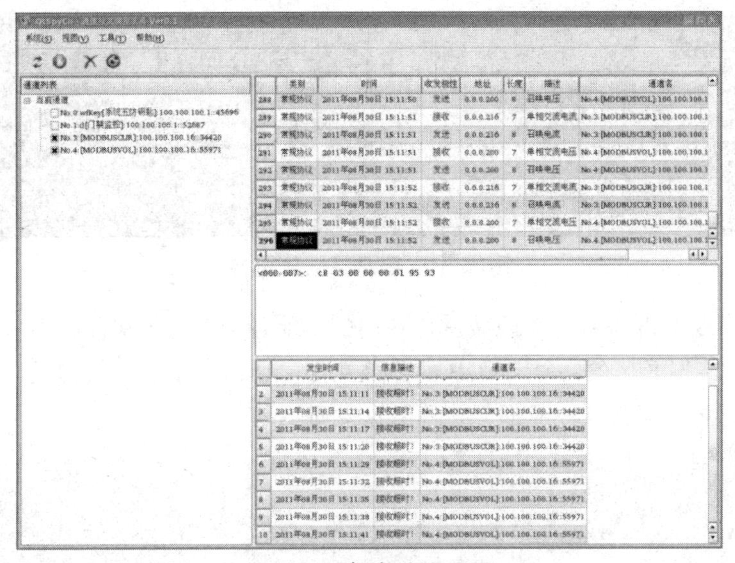

图 4-29　报文监视界面

实际使用时先点击停止，停止对所有通道的监视，再点击清除，清除右侧报文，再双击选中左侧列表中的某个通道，即可在右侧浏览其通道报文。

#### 4.3.3.3 维护要点及注意事项

1. 运行的远动机消缺注意事项

使用的工具为 Windows 平台的 Xmanger（XShell、XBowser），FrontView 等。不进行大量图形化操作时，尽量不使用 XBowser 登录，而使用 XShell。XShell 类似于 slogin，可文本登录远动机。XShell 具备 slogin 和 XBowser 的各自优势，一般情况下只运行文本界面，对远动机工作影响小。另外在其界面也可以启动一个图形化程序，如输入 dbconf&即可启动组态，如图 4-30 所示。

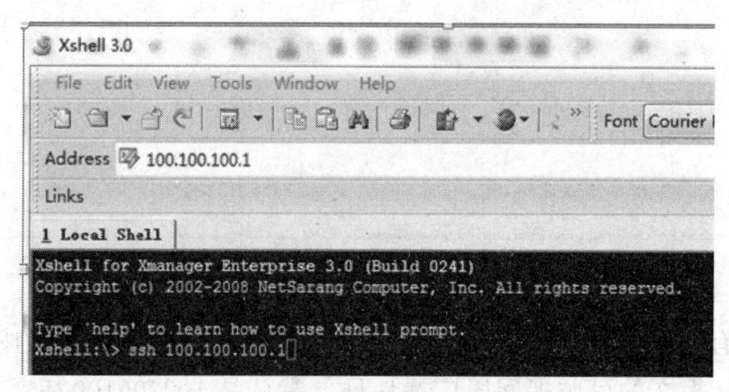


图 4-30 Xshell

2. 检查远动机机器状态

df 命令可以查看磁盘空间使用量。“/home” 和 “/” 挂载点对应的磁盘使用量都不应该超过 70%，超过则需要警觉，要去搜索可能存在的无效大文件，如图 4-31 所示。

```
nari@yd2:~/ns4000/bin$ df -h
Filesystem            Size  Used Avail Use% Mounted on
/dev/hda1             2.2G  1.1G 1018M  52% /
tmpfs                1010M     0 1010M   0% /lib/init/rw
udev                   10M  760K  9.3M   8% /dev
tmpfs                1010M     0 1010M   0% /dev/shm
/dev/hda6             4.9G  3.1G  1.6G  66% /home
nari@yd2:~/ns4000/bin$
```

图 4-31 磁盘空间使用量

可以用命令 l-ah 查看包含隐藏文件在内的当前目录下的各文件大小。图 4-32 显示表明主目录“ ~ ”下存在一个 1.8 GB 的隐藏文件.xsession-errors，而且是最近的 4 月 19 日生成的，这种错误文件一般都会导致磁盘空间不足。

```
-rw-------  1 nari nari 1.1K 2015-04-19 11:23 .Xauthority
-rw-------  1 nari nari 2.5K 2015-04-19 11:23 .ICEauthority
lrwxrwxrwx  1 nari nari   32 2015-04-19 11:23 .DCOPserver_FGPYD1_:0 -> /home/nari/.DCOPserver_FGPYD1__0
-rw-r--r--  1 nari nari   53 2015-04-19 11:23 .DCOPserver_FGPYD1__0
drwxr-xr-x  2 nari nari 4.0K 2015-04-19 11:23 .qt
-rw-------  1 nari nari 4.0K 2015-04-19 11:24 .bash_history
-rw-r--r--  1 nari nari 3.7K 2015-04-19 11:29 .bashrc
drwxr-xr-x 19 nari nari  12K 2015-04-19 14:17 .
drwxr-xr-x 13 nari nari 4.0K 2015-04-19 14:19 ns4000
-rw-------  1 nari nari 1.8G 2015-04-19 14:23 .xsession-errors
nari@FGPYD1:~$
```

图 4-32 文件属性

可以用 du 命令统计查看当前目录下各子目录的占用空间大小。du-h--max-depth = 1 最后一个参数为 1，表示只统计当前第一级子目录。最终统计结果表示当前的 ns4000 目录为 1.7 GB，其中 data 子目录为 686 MB。该例中目录 tempfile 文件夹下的文件可以删除，如图 4-33 所示。

```
nari@yd1:~/ns4000$ du -h --max-depth=1
2.6M    ./sys
115M    ./tempfile
686M    ./data
193M    ./config
137M    ./lib
4.0K    ./temp
464M    ./bin
71M     ./his
8.0K    ./COMTRADE
1.7G    .
nari@yd1:~/ns4000$
```

图 4-33　文件夹属性

结合 ls 和 du 命令可以查看并定位大文件所在，另外可以使用命令 find – size + 100 M 查找当前目录下大于 100 MB 的文件，如图 4-34 所示。

```
[nari@HQ1 ~]$ find -size +100M
./V3.2SP10_update_linux/bin.zip
./ns4000/bin/LoadReportModelLog.txt
./ns4000/his/log/TBL_SOELog
./ns4000/his/log/TBL_COSLog
./V3.2SP13_update_linux/bin.zip
./V3.2SP13_update_nw_linux.zip
```

图 4-34　大文件定位

3. 检查远动机站内数据通信状态

这个需要检查逻辑节点定义表的 1、2 网地址工作状态。一般站内存在对应的工作状态一览画面。另外还可以通过组态中的遥信遥测表中的数据最近刷新时刻来观察间隔层设备是否正常上送数据，如图 4-35 所示。

厂站: 500kV常熟南变　设备组: 5012测控　电压等级: 所有电压等级　设备类型: 所有设备类型　设备: 所有设备

表格树窗口

变电站
- 字典类
- 系统类
- 一次设备类
- 量测类
  - 1090:遥信表
  - 1091:遥测表
  - 1092:电度表
  - 1093:档位表
- 逻辑节点类
- 保护信息类
- 事故反演类
- 采样类
- 告警类
- 61850类

| | 设备名索引号 | 测点名索引号 | 刷新时刻 |
|---|---|---|---|
| 1:5012测控测量测量(DLM)总有功功率 | 5012测控测量测量(DLM) | 有功 | 2015-01-21 10:23:32.490 |
| 2:5012测控测量测量(DLM)总无功功率 | 5012测控测量测量(DLM) | 无功 | 2015-01-21 10:23:26.487 |
| 3:5012测控测量测量(DLM)功率因数 | 5012测控测量测量(DLM) | 功率因数 | 2015-01-21 10:23:27.475 |
| 4:5012测控测量测量(DLM)频率 | 5012测控测量测量(DLM) | 频率 | 2015-01-21 10:23:31.481 |
| 5:5012测控测量测量(DLM)线电压(AB相) | 5012测控测量测量(DLM) | AB相电压 | 2015-01-21 10:23:31.481 |
| 6:5012测控测量测量(DLM)线电压(BC相) | 5012测控测量测量(DLM) | BC相电压 | 2015-01-21 10:23:32.490 |
| 7:5012测控测量测量(DLM)线电压 | 5012测控测量测量(DLM) | CA相电压 | 2015-01-21 10:23:17.486 |
| 8:5012测控测量测量(DLM)相电压(A相) | 5012测控测量测量(DLM) | A相电压 | 2015-01-21 10:23:25.478 |
| 9:5012测控测量测量(DLM)相电压(B相) | 5012测控测量测量(DLM) | B相电压 | 2015-01-21 10:23:31.481 |
| 10:5012测控测量测量(DLM)相电压(C相) | 5012测控测量测量(DLM) | C相电压 | 2015-01-21 10:23:22.479 |
| 11:5012测控测量测量(DLM)相电压 | 5012测控测量测量(DLM) | 零序电压 | 2015-01-21 08:29:41.955 |

图 4-35　遥测表

## 4.4 典型缺陷分析及处理

**案例 1：某变电站重要遥测数据跳变**

故障现象：

××月××日 9 时 18 分 16 秒，某变电站远动通道发生切换，通道切换后，“某某线有功功率”遥测发生数据跳变，其从-1526.1 跳变到-800。

原因分析：

通道切换前，前置连接远动 B，上送报文正常。9:17:54 时刻 1819 点：-1527.3，通道切换至远动 A，远动 A 机上送变化量测；09:18:16 时刻 1819 点：-800；09:18:22 时刻：上送“某某线有功功率”值为-1526，量测恢复正常。

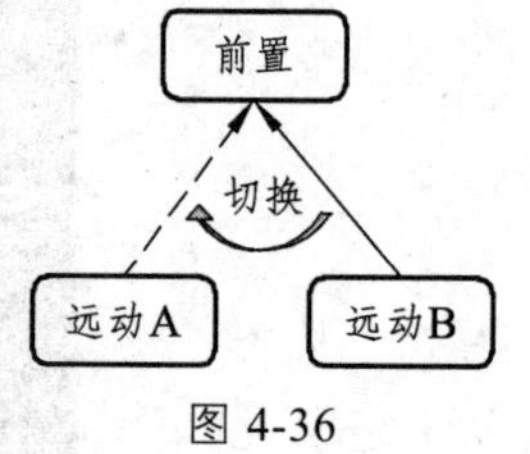

图 4-36

该远动机通道切换时（A 机切到 B 机时），缓存了未发送的变化遥测报文（-800）；当远动通道重新切换回来时（B 机切到 A 机），将缓存的变化遥测报文上送（-800，实际值为-1526），导致数据跳变。

建议与总结：

（1）完善程序，优化数据缓存机制，对遥测数据不应缓存。

（2）厂内自测，复现故障现象，升级后采用同样的案例应保证异常现象不发生。

（3）梳理同类型的装置型号的厂站，结合检修工作对程序进行升级。

**案例 2：某变电站修改报告实例号上送大量历史告警**

故障现象：

××年××月××日，某变电站因测控装置频发通信中断、GOOSE 断链等信号，变电二次人员带厂家人员前往变电站进行消缺，其中修改了数据通信网关机报告实例号并重启装置，工作过程中产生大量误遥信发送至调控主站。

原因分析：

该变电站站控层采用 IEC61850 通信，站控层有三个客户端，分别为一台监控主机与两台远动装置，其中监控主机报告实例号为 1，两台远动装置报告实例号分别为 5、6，查询测控装置 CID 文件，支持最大 16 个客户端连接。按 IEC61850 机制，服务端对每个报告实例号应能独立缓存，变电站测控装置技术规范规定测控装置缓存不少于 64 条，但对于未链接的实例号缓存机制没有规定，对于缓存的处理，客户端在链接初始化的时候可设置，目前国内监控厂商的客户端缓存机制存在差别。

误遥信产生原因为变电站远动装置更改报告实例号，远动装置重启初始化后，使能写入一个较小的 entryid 值，测控装置将缓存的历史遥信事件上送至远动装置。远动装置将历史信息当普通遥信处理，由备通道上送至调控主站 D5000 系统。

建议与总结：

（1）对于 IEC61850 客户端重启初始化使能的时候，应采取有效措施避免历史遥信信息重新上送。

（2）变电站远动通道应独立缓存历史事件，缓存事件条数可配置。

（3）变电站远动装置对于缓存事件上送，且只应上送 SOE 事件，禁止按普通遥信处理（即上送 COS 又上送 SOE）。

（4）加强厂站自动化专业管理，智能变电站监控主机与远动装置的报告实例号与自动化设备定值参数应同等管理，严禁私自随意更改报告实例号。

**案例 3：某变电站遥控失败**

故障现象：

××年××月××日，某 500 kV 变电站，调度主站下发遥控指令，厂站数据通信网关机遥控不响应（返回否定确认报文），涉及多个间隔。

原因分析：

该 500 kV 变电站为智能站，对下采用 IEC61850 规约通信，对上采用标准 104 规约，现场抓取远动机的 104 通道报文及调试信息分析，发现主站遥控预置时，数据通信网关机可以接收到主站 104 遥控报文，但调试信息显示超时，104 报文回复 47 否定确认，从而判断网关机对上没有问题。

同时抓取网关机对下的通信报文，检查发现部分装置上送的报告标识（rptid）为字符串“NULL”，如图 4-37 所示。

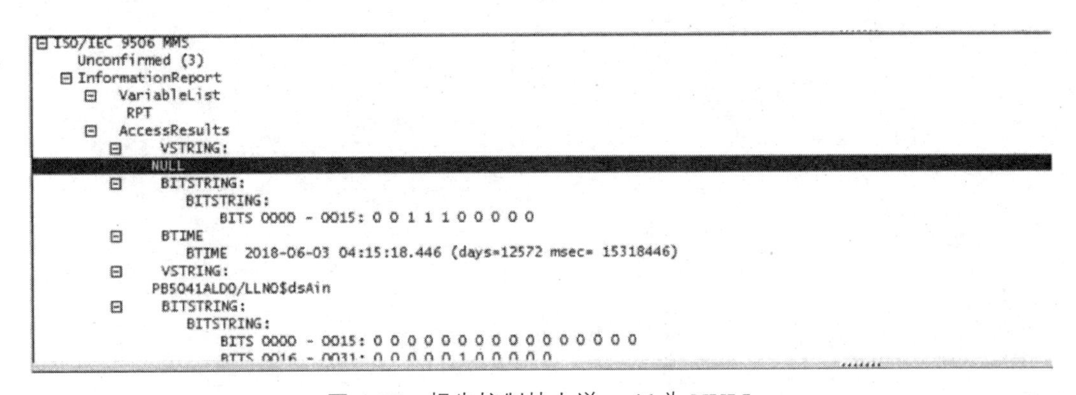


图 4-37　报告控制块上送 rptid 为 NULL

由于报告标识是客户端识别报告对应报告控制块的唯一标识，使得网关机需要重复解析报告，于是网关机处理报告的效率急剧降低，从而使得遥控命令超时无法正常下发，给主站回复遥控失败的否定应答。

对于 RptID 的赋值及处理方法，规范有如下规定：ICD 文件中 RptID 赋值应为“NULL”（根据 IEC61850-7-2，RptID 值为空时，上送报告 RptID 应为报告控制块路径）。在该变电站中，该公司的保护装置“RptID 标准化使能”设置值为 1，且 CID 中 RptID

设置为字符串“NULL”，因此，上送的报告中 RptID 为字符串“NULL”，由此引发了数据通信网关机解析报告消耗资源过多，无法响应遥控命令，导致遥控失败。测控装置的 CID 文件 RptID 为报告控制块路径名，不存在上述问题。

建议与总结：

（1）修改参数配置，解决遥控失败的问题。

（2）加强对技术规范的理解，规范检测用例。

（3）在 CID 过程中应实例化 RptID。

## 练习题

1. 数据通信网关机的主要功能有哪些？
2. 数据通信网关机对参数配置的要求有哪些？
3. 数据通信网关机具备哪几种日志记录功能？
4. 数据通信网关机三遥性能指标要求是什么？

# 后台监控系统

本章主要介绍后台监控系统概念、结构、应用功能、配置要求等基本知识，并结合现行的行业规范介绍后台监控系统的告警分类、日常巡检和故障处理方法，最后在此基础上介绍几种后台监控系统典型故障分析及处理案例。

## 5.1　后台监控系统概念

监控系统按照全站信息数字化、通信平台网络化、信息共享标准化的基本要求，通过系统集成优化，实现全站信息的统一接入、统一存储和统一展示，以及运行监视、操作与控制、信息综合分析与智能告警、运行管理和辅助应用等功能。

监控系统直接采集站内电网运行信息和二次设备运行状态信息，通过标准化接口与输变电设备状态监测、辅助应用、计量等进行信息交互，实现变电站全景数据采集、处理、监视、控制、运行管理等。

## 5.2　后台监控系统的结构

后台监控系统采用分层分布式模块化思想设计，主要包括数据服务器，监控主机、操作员工作站、工程师工作站等。

### 5.2.1　监控主机

监控主机是变电站层最重要的设备，负责接收、处理站内的实时运行数据，实现对电网运行状态和一、二次设备运行状态的监视、操作与控制，以及信息综合分析、智能告警、防误闭锁等应用功能。监控主机采集电网运行和设备工况等实时数据，经过分析和处理后进行统一展示，并将数据存入数据服务器。对于 110 kV 及以下电压等级的变电站，监控主机往往还兼有数据服务器和操作员工作站的功能。

监控主机硬件设备一般采用小型工作站、微机或工控机，配置 Linux 或 Windows 操作系统，也可应用 Solaris、HP-UX 和 AIX 等其他 UNIX 系统。监控主机软件可分为基础平台和应用软件两大部分，基础平台提供应用管理、进程管理、权限控制、日志管理、打印管理等支撑和服务，应用软件则实现前置通信、图形界面、告警、控制、防误闭锁、数据计算和分析、历史数据查询、报表等应用和功能。

监控主机配置有独立的实时数据库和历史数据库。实时数据库存储变电站实时运行数据，包括“四遥”数据，以及电度量、各种报警信息、保护信息和控制信息等。历史数据库一般用来保存测量数据、事件顺序记录、操作与修改记录等历史数据。

### 5.2.2 操作员工作站

在操作员工作站，运行值班人员能实现对全站设备运行监测和操作控制。

### 5.2.3 工程师工作站

工程师工作站，供维护人员进行系统的维护，可完成数据库、系统参数的定义和修改，报表的制作修改以及网络维护、系统诊断等工作。

### 5.2.4 数据服务器

数据服务器满足变电站全景数据的分类处理和集中存储需求，并经由消息总线向主机、数据通信网关机和综合应用服务器提供数据的查询、更新、事务管理及多用户存取控制等服务。

## 5.3 后台监控系统应用功能

变电站后台监控系统的应用功能结构分为三个层次：数据采集和统一存储、数据消息总线和统一访问接口、五类应用功能。

应用功能示意图如图 5-1 所示。

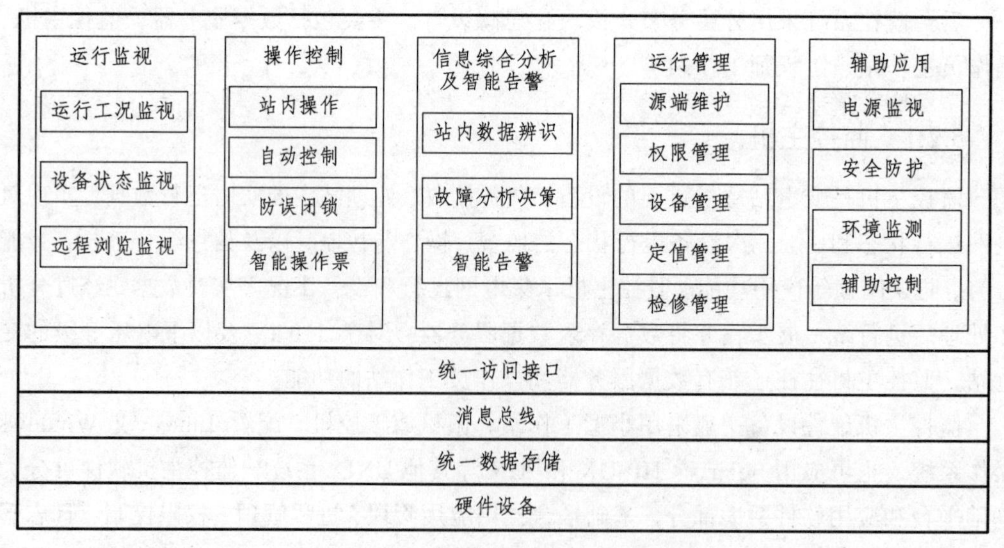


图 5-1 后台监控系统应用功能示意图

五类应用功能包括：运行监视、操作与控制、信息综合分析与智能告警、运行管理、辅助应用。

### 5.3.1 运行监视

通过可视化技术，实现对电网运行信息，保护信息，一、二次设备运行状态等信息的运行监视和综合展示。包含以下三个方面：

1. 运行工况监视

实现智能变电站全景数据的统一存储和集中展示；

提供统一的信息展示界面，综合展示电网运行状态、设备监测状态、辅助应用信息、事件信息、故障信息；

实现装置压板状态的实时监视，当前定值区的定值及参数的召唤、显示。

2. 设备状态监视

实现一次设备的运行状态的在线监视和综合展示；

实现二次设备的在线状态监视，通过可视化手段实现二次设备运行工况、站内网络状态和虚端子连接状态展示；

实现辅助设备运行状态的综合展示。

3. 远程浏览监视

调度（调控）中心可以远方查看智能变电站一体化监控系统的运行数据，包括电网潮流、设备状态、历史记录、操作记录、故障综合分析结果等各种原始信息以及分析处理信息。

### 5.3.2 操作与控制

实现智能变电站内设备就地和远方的操作控制，包括顺序控制、无功优化控制、正常或紧急状态下的断路器/隔离开关操作、防误闭锁操作等。

1. 站内操作

具备对全站所有断路器、电动操作隔离开关、主变有载调压分接头、无功功率补偿装置及与控制运行相关的智能设备的控制及参数设定功能；

具备事故紧急控制功能，通过对断路器的紧急控制，实现故障区域快速隔离；

具备软压板投退、定值区切换、定值修改功能。

2. 自动控制

1）无功优化控制

根据电网实际负荷水平，按照一定的策略对站内电容器、电抗器和变压器挡位进行自动调节，并可接收调度（调控）中心的投退和策略调整指令。

2）负荷优化控制

根据预设的减载目标值，在主变过载时根据确定的策略切负荷，可接收调度（调控）中心的投退和目标值调节指令。

3）顺序控制

在满足操作条件的前提下，按照预定的操作顺序自动完成一系列控制功能，宜与智能操作票配合进行。

3. 防误闭锁

根据智能变电站电气设备的网络拓扑结构，进行电气设备的有电、停电、接地三种状态的拓扑计算，自动实现防止电气误操作逻辑判断。

4. 智能操作票

在满足防误闭锁和运行方式要求的前提下，自动生成符合操作规范的操作票。

### 5.3.3 信息综合分析与智能告警

通过对智能变电站各项运行数据（站内实时/非实时运行数据、辅助应用信息、各种报警及事故信号等）的综合分析处理，提供分类告警、故障简报及故障分析报告等结果信息。包含以下内容：

1. 站内数据辨识

1）数据校核

检测可疑数据，辨识不良数据，校核实时数据准确性。

2）数据筛选

对智能变电站告警信息进行筛选、分类、上送。

2. 故障分析决策

1）故障分析

在电网事故、保护动作、装置故障、异常报警等情况下，通过综合分析站内的事件顺序记录、保护事件、故障录波、同步相量测量等信息，实现故障类型识别和故障原因分析。

2）分析决策

根据故障分析结果，给出处理措施。宜通过设立专家知识库，实现单事件推理、关联多事件推理、故障智能推理等智能分析决策功能。

3）人机互动

根据分析决策结果，提出操作处理建议，并将事故分析的结果进行可视化展示。

3. 智能告警

建立智能变电站故障信息的逻辑和推理模型，进行在线实时分析和推理，实现告警信息的分类和过滤，为调度（调控）中心提供分类的告警简报。

### 5.3.4 运行管理

通过人工录入或系统交互等手段，建立完备的智能变电站设备基础信息，实现一、二次设备运行、操作、检修、维护工作的规范化。具体内容如下：

1. 源端维护

（1）遵循电力系统图形描述规范，利用图模一体化建模工具生成包含变电站主接线图，网络拓扑，一、二次设备参数及数据模型的标准配置文件，提供给一体化监控系统与调度（调控）中心。

（2）变电站一体化监控系统与调度（调控）中心根据标准配置文件，自动解析并导入到自身系统数据库中。

（3）变电站配置文件改变时，装置、一体化监控系统与调度（调控）中心之间应保持数据同步。

2. 权限管理

（1）设置操作权限，根据系统设置的安全规则或者安全策略，操作员可以访问且只能访问自己被授权的资源；

（2）自动记录用户名、修改时间、修改内容等详细信息。

3. 设备管理

（1）通过变电站配置描述文件（SCD）的读取、与生产管理信息系统交互和人工录入三种方式建立设备台账信息。

（2）通过设备的自检信息、状态监测信息和人工录入三种方式建立设备缺陷信息。

4. 定值管理

接收定值单信息，实现保护定值自动校核。

5. 检修管理

通过计划管理终端，实现检修工作票生成和执行过程的管理。

### 5.3.5 辅助应用

通过标准化接口和信息交互，实现对站内电源、安防、消防、视频、环境监测等辅助设备的监视与控制。包含以下四个方面内容：

1. 电源监控

采集交流、直流、不间断电源、通信电源等站内电源设备运行状态数据，实现对电源设备的管理。

2. 安全防护

接收安防、消防、门禁设备运行及告警信息，实现设备的集中监控。

3. 环境监测

对站内的温度、湿度、风力、水浸等环境信息进行实时采集、处理和上传。

4. 辅助控制

实现与视频、照明系统的联动。

### 5.3.6 应用间数据流向

运行监视、操作与控制、信息综合分析与智能告警、运行管理和辅助应用通过标准数据总线与接口进行信息交互，并将处理结果写入数据服务器。五类应用流入流出数据包括：

1. 运行监视

（1）流入数据：告警信息、历史数据、状态监测数据、保护信息、辅助信息、分析结果信息等。

（2）流出数据：实时数据、录波数据、计量数据等。

2. 操作与控制

（1）流入数据：当地/远方的操作指令、实时数据、辅助信息、保护信息等。

（2）流出数据：设备控制指令。

3. 信息综合分析与智能告警

（1）流入数据：实时/历史数据、状态监测数据、PMU 数据、设备基础信息、辅助信息、保护信息、录波数据、告警信息等。

（2）流出数据：告警简报、故障分析报告等。

4. 运行管理

（1）流入数据：保护定值单、配置文件、设备操作记录、设备铭牌等。

（2）流出数据：设备台账信息、设备缺陷信息、操作票和检修票等。

5. 辅助应用

（1）流入数据：联动控制指令。

（2）流出数据：辅助设备运行状态信息。

## 5.4 后台监控系统配置要求

### 5.4.1 系统硬件配置要求

1. 220 kV 及以上电压等级变电站主要设备配置要求

（1）监控主机宜双重化配置。
（2）数据服务器宜双重化配置。
（3）操作员站和工程师工作站宜与监控主机合并。
（4）500 kV 及以上电压等级有人值班智能变电站操作员站可双重化配置。
（5）500 kV 及以上电压等级智能变电站工程师工作站可单套配置。

2. 110 kV（66 kV）变电站主要设备配置要求

（1）监控主机可单套配置。
（2）数据服务器单套配置。
（3）操作员站、工程师工作站与监控主机合并，宜双套配置。

### 5.4.2 系统软件配置要求

软件部分主要包括操作系统、历史/实时数据库和标准数据总线与接口的配置要求。

1. 操作系统

操作系统应采用 Linux/ UNIX 等安全操作系统。

2. 历史数据库

采用成熟商用数据库，提供数据库管理工具和软件开发工具的维护、更新和扩充操作。

3. 实时数据库

提供安全、高效的实时数据存取，支持多应用并发访问和实时同步更新。

4. 应用软件

采用模块化结构，具有良好的实时响应速度和稳定性、可靠性、可扩充性。

5. 标准数据总线与接口

提供基于消息的信息交换机制，通过消息中间件完成不同应用之间的消息代理、传送功能。

### 5.4.3 后台监控系统电源要求

1. 交流电源

（1）交流电源电压为单相 220 V，电压允许偏差（容差）分级如表 5-1 所示。

（2）交流电源频率为 50 Hz，允许偏差 ± 5%。

（3）交流电源波形为正弦波，谐波含量小于 5%。

（4）交流电源失电时，UPS 维持系统正常工作时间应不小于 1 h。

表 5-1 交流电压容差分级

| 级 别 | 标称电压容差（%） |
|---|---|
| AC1 | − 10 ~ + 10 |
| AC2 | − 15 ~ + 10 |
| AC3 | − 20 ~ + 15 |
| ACX | 特 定 |

2. 直流电源要求

（1）直流电源电压容差分级如表 5-2 所示。

（2）直流电源电压纹波系数小于 5%。

表 5-2 直流电压容差分级

| 级 别 | 标称电压容差（%） |
|---|---|
| DC1 | − 10 ~ + 10 |
| DC2 | − 15 ~ + 15 |
| DC3 | − 20 ~ + 15 |
| DCX | 特 定 |

### 5.4.4 系统性能指标

系统主要性能指标要求：

（1）模拟量越死区传送整定最小值<0.1%（额定值），并逐点可调。

（2）事件顺序记录分辨率（SOE）：间隔层测控装置≤1 ms。

（3）模拟量信息响应时间（从 I/O 输入端至数据通信网关机出口）≤2 s。

（4）状态量变化响应时间（从 I/O 输入端至数据通信网关机出口）≤1 s。

（5）站控层各工作站和服务器平均无故障间隔时间（MTBF）≥20 000 h。

（6）站控层各工作站和服务器的 CPU 平均负荷率：正常时（任意 30 min 内）≤30%，电力系统故障时（10 s 内）≤50%。

（7）网络平均负荷率：正常时（任意 30 min 内）≤20%；电力系统故障时（10 s 内）≤40%。

（8）画面整幅调用响应时间：实时画面≤1 s；其他画面≤2 s。

（9）实时数据库容量：模拟量≥5000 点；状态量≥10 000 点；遥控≥3000 点；计算量≥2000 点。

（10）历史数据库存储容量：历史数据存储时间≥2 年；历史曲线采样间隔 1 ~ 30 min（可调），历史趋势曲线≥300 条。

## 5.5 后台监控系统告警分类及日常巡视

### 5.5.1 告警信息分类

按照对电网影响的程度，后台监控系统告警信息分为事故信息、异常信息、变位信息、越限信息、告知信息 5 类。

1. 事故信息

事故信息是由于电网故障、设备故障等，引起断路器跳闸（包含非人工操作的跳闸）、保护装置动作出口跳合闸的信号以及影响全站安全运行的其他信号，是需要实时监控、立即处理的重要信息。

2. 异常信息

异常信息是反映设备运行异常情况的报警信号，影响设备遥控操作的信号，直接威胁电网安全与设备运行，是需要实时监控、及时处理的重要信息。

3. 变位信息

变位信息特指开关类设备状态（分、合闸）改变的信息。该类信息直接反映电网运行方式的改变，是需要实时监控的重要信息。

4. 越限信息

越限信息是反映重要遥测量超出报警上下限区间的信息，是需实时监控、及时处理的重要信息。重要遥测量主要有设备有功、无功、电流、电压、主变油温、断面潮流等。

5. 告知信息

告知信息是反映电网设备运行情况、状态监测的一般信息，主要包括隔离开关、接地刀闸位置、主变运行挡位信号，以及设备正常操作时的伴生信号（如：保护压板投/退，保护装置、故障录波器、收发信机的启动、异常消失信号，测控装置就地/远方等）。该类信息需定期查询。

### 5.5.2 监控系统日常巡检

1. 监控系统巡检要求

（1）巡检人员必须严格遵守电力安全工作规程，按照现场作业标准化管控规定开展巡检工作。

（2）巡检工作所需的作业文本应齐全完备，并严格履行相应的审批、签发手续。每次巡检工作应认真填写专业巡检工作记录表。

（3）巡检期间禁止进行信号试验、遥控试验及精度测试。

（4）巡检期间禁止进行画面修改、数据库维护等工作。

2. 监控系统巡检项目

（1）观察监控系统设备所处的环境温度、湿度是否符合要求。

（2）检查系统各服务器、工作站运行是否正常，各服务器、工作站有无报警（各进程工作正常，装置及一次状态能正常指示）。

（3）检查不间断电源（UPS）输入[AC 220 V（1 ± 10%）、AC 380 V（1 ± 10%）、DC 198 ~ 286 V]、输出情况[AC 220 V（1 ± 3%）]；各装置的电源是否完好（直流电源电压：DC 220 V；交流电压：AC 220 V）。

（4）检查装置自检信息是否正常（无自检出错报文）。

（5）检查显示屏、监控屏上的遥信、遥测等信号是否正常（无告警信号；遥测采样三相平衡、无越限）。

（6）对音响与“五防”闭锁等装置通信功能进行必要的测试（操作员站检查通信状态）。

（7）检查监控系统的时钟是否正常（与对时系统时间同步）。

## 5.6 后台监控系统故障处理

在后台监控系统出现异常情况时，应首先通过告警窗、画面光字牌、数据库组态等查看故障信息，初步定位故障类型（通信异常、中断，遥信异常，遥控、遥调异常，遥测异常），并参照相关规程进行处理。

### 5.6.1 通信异常、中断

监控系统出现某节点通信异常、中断（该节点可以是保护装置、测控装置等间隔层智能设备），处理流程如图 5-2 所示。

第一步：通过监控系统后台终端，使用 ping 命令，如 ping 192.168.1.102，判断通信中断为软件原因还是设备硬件原因。

第二步：若为硬件原因，梳理监控主机至节点网络结构，判断是否为网线原因，可通过网络测试仪测试网线是否良好，不好则更换网线；检查后台监控系统服务器网口是否虚接、异常，如有故障则更换网口、板件。

第三步：若非硬件原因，根据监控系统逻辑节点表，检查是否有此 IP 节点，是否有 IP 重复现象；检查网口是否被禁用；判断端口是否被占用；检查后台前置 61850 进程有没有启动；检查数据库中报告控制块设置是否正确。

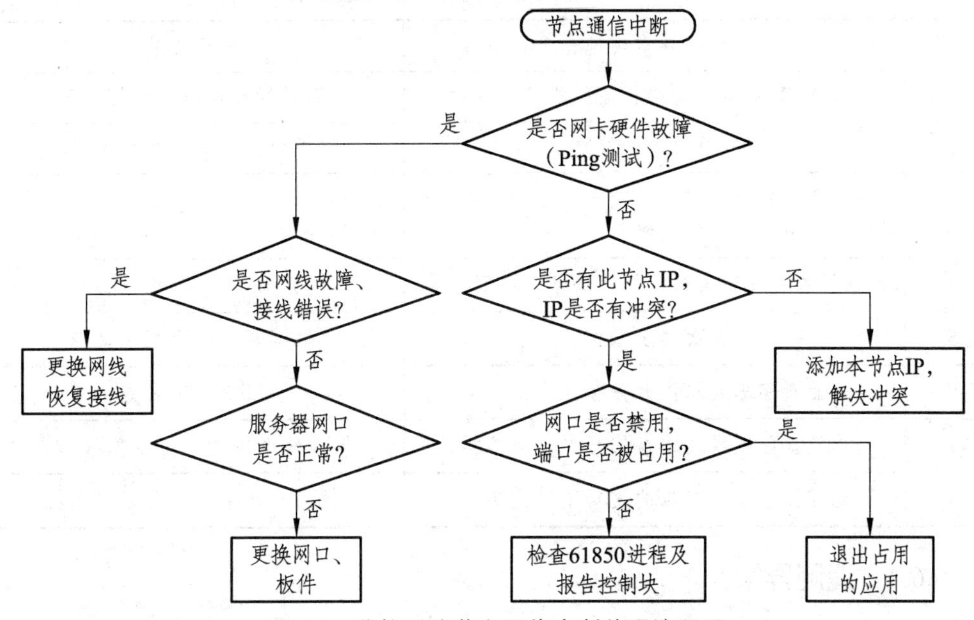


图 5-2 监控系统节点通信中断处理流程图

### 5.6.2 遥信异常

遥信功能：完成断路器、隔离开关等位置信号采集，一、二次设备及回路告警信号采集，本体信号采集，保护动作信号和变压器挡位信息采集。

后台监控系统遥信出现异常，常见遥信异常类型及故障处理方法，如表 5-3 所示。

表 5-3 后台监控系统遥信常见故障表

| 序号 | 遥信异常类型 | 处理方法 |
|---|---|---|
| 1 | 监控画面一次设备遥信人工置数 | 取消人工置数 |
| 2 | 监控实时库遥信设置报警允许错误 | 正确设置允许标志，刷新，发布 |
| 3 | 监控画面遥信设置取反 | 正确设置属性，刷新，发布 |
| 4 | 画面点定义错误 | 定义正确，保存 |
| 5 | 远方就地把手和压板的人工置数 | 仔细观察并修改正确，保存 |
| 6 | 实时库封锁或取反 | 将遥信、遥测标志设置正确，刷新，发布 |
| 7 | 光字牌、压板关联定义错误 | 重新定义正确，保存 |

### 5.6.3 遥控、遥调异常

遥控功能：完成断路器、隔离开关分、合控制。

遥调功能：完成变压器挡位调节、发电机输出功率调节。

后台监控系统遥控、遥调出现异常时，常见异常类型及故障处理方法如表5-4所示。

表5-4 后台监控系统遥控常见故障表

| 序号 | 遥控异常类型 | 处理方法 |
| --- | --- | --- |
| 1 | 取消用户遥控权限的投入 | 用户管理中投入遥控权限 |
| 2 | 当前用户无权限 | 选择使用具有遥控权限用户 |
| 3 | 遥控要求本地监护，监护人无监护权限进行遥控，或用户无遥控权限 | 开放权限 |
| 4 | 画面遥控关联错误或数据库遥信未关联遥控 | 画面关联正确，保存 |
| 5 | 画面禁止遥控 | 取消勾选画面禁止遥控 |
| 6 | 画面断路器或隔离开关存在人工置数 | 取消人工置数 |
| 7 | 一次设备关联错误的遥信且更改遥信描述 | 修改描述，重新关联 |
| 8 | 遥控提示显示相应的逻辑不满足条件 | 根据已知条件修改五防逻辑 |

### 5.6.4 遥测异常

遥测功能：就是遥测量采集，包括电流、电压、功率、功率因数、频率等交流量和各种直流电压、温度等直流量。

后台监控系统遥测出现异常时，常见遥测异常类型及故障处理方法如表5-5。

表5-5 后台监控系统遥测常见故障表

| 序号 | 遥信异常类型 | 处理方法 |
| --- | --- | --- |
| 1 | 数据库遥测取消处理允许 | 修改为正确设置并发布 |
| 2 | 数据库遥测设置不合理死区值 | 修改为正确设置并发布 |
| 3 | 数据库遥测设置不合理残差值 | 修改为正确设置并发布 |
| 4 | 数据库遥测设置不合理系数 | 修改为正确设置并发布 |
| 5 | 数据库设置多源测点并设置优先级，以其他遥测取代本遥测 | 修改为正确设置并发布 |
| 6 | 设置了人工置数 | 取消人工置数 |
| 7 | 数据库允许标记设置突变量告警，选择突变量类型并且设置不合理的突变量阈值 | 取消相关设置 |
| 8 | 画面遥测定义错误 | 设置正确，保存画面 |

## 5.7 后台监控系统典型故障分析及处理

**案例 1：某变电站后台监控系统数据库故障，无法正常运行**

故障现象：

某 500 kV 变电站变后台监控系统自××年××月开始连续 3 次反馈系统运行一段时间后出现数据不刷新、遥控无法操作等异常。

原因分析：

经现场检查，数据库局部损坏，相关访问出现异常。为了尽快恢复使用，现场采集完系统运行相关日志和信息后，恢复了系统上一个正常运行的断面数据。

据根据现场采集的相关日志和报文信息，模拟现场环境并进行了详细分析，该变电站现场整体环境比较特殊：

（1）现场报文量大，主要来源于早期投运设备的遥测变化数据。

（2）经过多次扩建，全站规模大。

（3）有设备上送时间数据异常，存在时间偏差。

经过在厂内进行分析和模拟现场环境测试，问题定位如下：

在监控系统由 R1.0 升级到 R2.0 的过程中，通信程序增加了对时间数据的异常处理，对于时间存在异常偏差（和当时时刻相差超过 10 min）的报文，会生成单独的报文处理队列，程序在对此队列处理时逻辑不完备，使得该队列存在被读、写线程同时访问的概率，以致运行时指针错误指向了数据库的内存块，从而造成数据库局部区域被写坏，导致所有访问数据库的程序运行异常。

界面程序在数据刷新和遥控操作时都需要访问数据库。上述的数据库异常就会使得界面程序访问不了数据库里的数据，从而导致界面数据不刷新、遥控无法操作等现象。

处理过程：

（1）生产厂家修改通信程序，完善异常时间报文队列处理机制，增加互斥锁，避免了读写现场同时访问此队列。

（2）现场升级相应的程序。现场的程序已在 11 月 7 日完成更新，经过系统两周多时间的运行观察，操作正常，未再出现异常。

建议与总结：

近几点年由于不断提高的管理与技术要求，变电站内网络类设备成倍增加，后台监控系统接入信息成倍增加，对数据库的功能、性能要求逐步提高，需要结合现场情况及时改进，采用更合理的软硬件，以满足监控系统安全可靠稳定运行。

**案例 2：某 500 kV 变电站 2 号主变 1 号低抗 321 开关遥控执行不成功**

故障现象：

××年××月××日，某 500 kV 变电站运行人员在进行 2 号主变 1 号低抗 321 由冷备用转运行时，后台监控系统下发 321 开关遥控执行命令后，发现 321 开关遥控合闸不成功。

原因分析：

（1）后台监控系统执行 321 开关遥控选择成功，可以判断后台监控系统与测控之间通信正常。

（2）检查 321 开关测控装置遥控记录发现，321 开关遥控执行不成功原因为：同期条件不满足。

（3）后台监控系统在 321 开关由冷备用转检修过程，使用了检同期方式的遥控执行命令，检查画面 321 开关关联的遥控属性，发现 321 开关遥控被检修人员错误关联至检同期遥控。

处理过程：

重新关联 321 开关遥控属性，将其关联至检无压遥控点，修改完成保存后，遥控执行成功。

建议与总结：

检修人员完成检修后，运行人员应对遥控、遥信、遥测功能全部进行验收，防止在检修过程中误修改遥控属性造成遥控功能异常。

**案例 3：某 500 kV 变电站操作员工作站无法操作**

故障现象：

××年××月××日，运行人员后台操作发现操作员工作站无法操作。

原因分析：

经检修人员现场检查，发现主服务器 main1 进程 engine（引擎）没有运行，切换至主服务器 main2 运行，操作员工作站恢复正常。其中，main1 故障现象如下：

```
[oracle@main1 -] $ pp eng
oracle    14950    14894 0 15:06 pts/2 00:00:00 grep eng
[oracle@main1 -] $
```

由于主服务器 main1 运行过程中 engine 意外卡死，而服务器未配置自启动进程，造成服务器进程不能正常工作。

处理过程：

（1）登录服务器 main1，输入代码 pp eng，发现进程 engine 卡死。

（2）切换至服务器 main2，输入代码 pp eng，发现进程 engine 正常运行，操作员工作站 1、2 恢复正常。

（3）重启 main1，engine 恢复运行。

Main1 重启后，现象如下：

```
[oracle@main1 -] $ pp eng
root      7955           1    0 07:08 ?          00:00:44 engine
oracle    15003    14928    0 09:30 pts/2    00:00:00 grep eng
[oracle@main1 -] $
```

（4）进行缺陷分析排查，发现服务器遇进程 engine 卡死，不能自启动。

（5）配置看门狗进程 fc_eng &，模拟进程 engine 卡死，进程 engine 能自启动。

（6）切换至 main2，配置进程 fc_eng &，main2 进程 engine 能自启动，问题解决。

至此，进程卡死现象消失，监控系统恢复正常运行，如下：

```
[oracle@main1 -] $ pp eng
root       2175   7893 0   Aug28 ?        00:04:44 engine
oracle    7893         1 0   Aug28 ?        00:00:00 fc_eng
oracle 13906 13869 0   15:04 pts/1   00:00:00 grep eng
[oracle@main1 -] $
```

建议与总结：

一方面，现场加强对监控系统服务器巡视，发现异常及时处理；另一方面，监控系统长时间运行，进程会意外卡死，导致监控系统瘫痪。在服务器中配置相应的自启动进程，保证主进程卡死情况出现时，通过自启动进程能恢复主进程的正常运行。

**案例 4：某 500 kV 变电站 2 号主变 2 号低抗 322 开关跳闸后台监控系统事故推图异常**

设备概况：

站内后台监控系统包括站控层和间隔层，站控层监控系统为 OPEN 2000，间隔层设备包含两部分，一部分为某公司 SICAM 系统，该系统包括 2 台 SICAM 主单元、西门子 6 MD 系列的测控装置，另一部分采用的是某公司的 NSC681 测控装置。

2 台 SICAM 主单元与 6 MD 系列的测控装置采用的是双光纤环网通信，SICAM 主单元将 6 MD 系列测控装置的信息传给后台系统及远方调度；变电站自投运以来经过多次扩建，规模较大，间隔层 6 MD66 设备已接近 90 台。监控系统结构如图 5-3 所示。

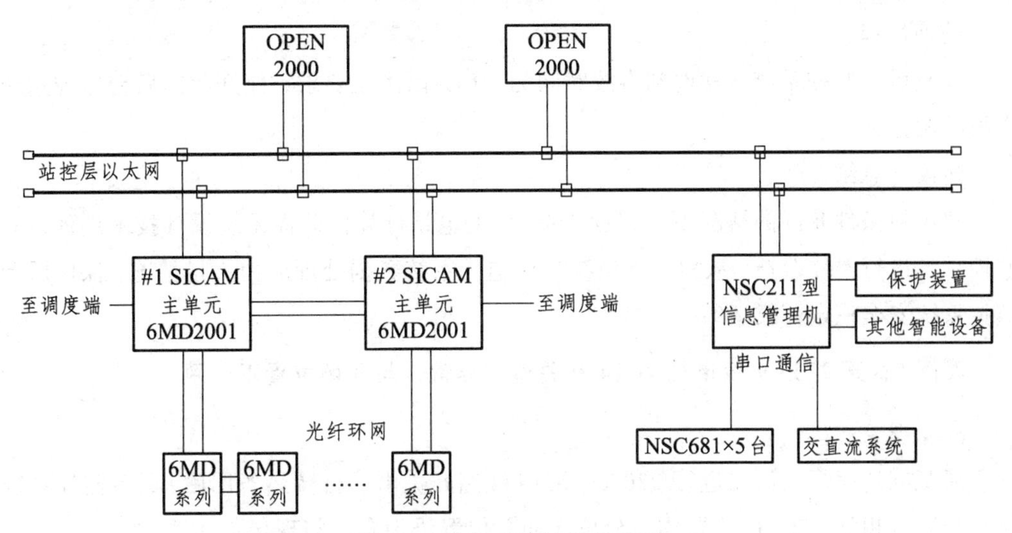


图 5-3 监控系统结构示意图

故障现象：

2 号主变 2 号低抗 322 开关跳闸，查看后台监控系统报文，发现 2 号主变 2 号低抗 322 开关间隔事故总信号、全站的事故总信号、322 开关的变位信号均正常。后台监控系统事故推图未能成功推出。

原因分析：

（1）查看后台监控系统数据库得知，开关位置为 322 开关测控的第 2 个遥信点，322 间隔事故总信号为 322 开关测控的第 14 个遥信点。

（2）查看测控装置第 2 个遥信点与第 14 个遥信点的动作时间间隔，为 31 ms。

（3）全站事故总信号是由变电站内所有间隔事故信号合并（逻辑或）而成，即变电站内任一主设备开关出现事故分闸后触发该告警信号。

（4）现场监控系统的信息上送过程为：测控装置采集到设备运行信息后上送至主单元，主单元上传至后台监控系统和各级调度主站。

（5）322 开关测控装置记录显示测控收到开关的变位信号和间隔事故总信号间隔时间为 31 ms，说明测控装置收到信号变位时间正确。

（6）全站事故总信号由所有间隔事故信号或逻辑合并而成，采用“触发加自动复归”配置。后台监控系统收到的开关的变位信号和全站事故总信号时间间隔时间为 13 s，而后台监控系统判事故时间为 10 s，因此未推图为开关的变位信号和全站事故总信号时间间隔太长导致。

（7）进一步分析时间间隔过长原因应为主单元接收并转发采集测控装置的信号过程产生了较长的延时。监控系统所采用的主单元设备软硬件均较陈旧，装置的运算处理能力有限，且由于现场接入的设备较多，信息量较大，特别是变化遥测数据的上送占用了大部分主单元的软硬件资源，信息采集转发过程中会有处理延时的情况发生。

处理过程：

修改后台监控系统，发现判事故时间为 20 s，以满足要求，保证跳闸后台监控系统事故推图正常。

建议与总结：

建议在条件允许的情况下，根据 500 kV 变电站计算机监控系统设计技术规程，对监控系统进行整体改造，从根本上解决后台监控系统数据处理能力不足情况，保证后台监控系统安全稳定可靠运行。

**案例 5：某 220 kV 变电站 4C14 开关遥信异常，与现场位置不一致**

故障现象：

某变电站运行人员在进行 220 kV 4C14 线路开关由运行转热备用后，后台监控系统显示开关三相 A、B、C 位置均为分位，而总位置仍为合，与现场不一致。

原因分析：

（1）4C14 线开关位置 A、B、C 相分别由现场辅助节点采集，经测控装置送至后台监控系统，而开关总位置为监控系统通过测控装置采集上送的 A、B、C 三相位置合成而来，为监控系统计算得出，三相位置均为合时显示开关为合位，三相位置其中一相为分时开关总位置为分。

（2）查看后台监控系统，发现计算程序仅运行于监控主机服务器 1，且其已退出运行，导致无法计算总位置而保持原状态不变位。

处理过程：

（1）监控主机服务器 1 重启后计算程序运行正常，开关总位置恢复正常。

（2）对监控主机服务器 2 自启动文件进行配置，保证两台监控主机都正常运行计算程序。

建议与总结：

后台监控系统主机 1、2 除了数据库要同步外，其他应用进程均匀保持一致，且运行正常，保证一台服务器运行异常，不影响正常功能。

**案例 6：某变电站后台监控系统冗余设计缺陷，导致失去全站后台监控**

故障现象：

××年××月××日后台监控系统使用的服务器 2 连续出现硬盘故障问题。07 月 08 日操作员工作站 1 故障时，丧失全站监控能力。

分析处理过程：

变电站站内监控系统配置有两台数据服务器以及两台操作员工作站，数据服务器只有存储历史数据功能，无实时监控功能，操作员工作站只有实时监控功能，无存储历史数据功能。一台数据服务器及一台操作员工作站配合使用，形成一套完整的监控系统。6 月××日监控系统 2 数据服务器 3 块硬盘均损坏，7 月××日监控系统 1 操作员工作站硬盘损坏，导致全站失去监控。现场使用 1 台备用服务器，并将站内监控系统改为 2 套监控及 1 台工程师站模式，站内监控恢复正常。

建议与总结：

（1）后台监控系统验收时，严格按照变电站计算机监控系统现场验收管理规程、变电站计算机监控系统工厂验收管理规程，对后台监控系统冗余性、健壮性进行测试验收。

（2）加强现场缺陷管理，设备发生严重、一般缺陷时，要按照缺陷等级要求及时行处理，防止产生严重后果。

**案例 7：某 500 kV 变电站，后台监控系统历史数据存储满，导致系统运行异常**

故障现象：

××年××月××日，某 500 kV 变电站后台监控系统 1 号机 2 号主变挡位显示为 0，2 号主变间隔分画面 A 相挡位显示为 0，B、C 相挡位为 2，“全站事故总”光字异常，其余遥测及遥信无异常，且用户账号无法正常登录和退出。

分析处理过程：

检修人员现场初步检查分析后，发现后台监控系统主画面“全站事故总”“主变挡位”等计算数据出现主备不一致现象。单独启动后台监控 1 号机，1 号机主画面及 2 号主变间隔分画面异常现象未消失，且无法进行用户的正常登录和退出。1 号机运行情况下重启 2 号机，主备机切换后 1、2 号机均出现 1 号机同样异常现象。后台进行 220 kV 线路测控复归按钮遥控试验，发现后台遥控无法正常执行。

现场同时退出两台监控机程序后，单独启动 2 号机，2 号机运行正常，2 号机运行稳定后启动 1 号机，1 号机仍然出现之前异常状况。备份 1 号机系统数据库文件，并将 2 号机对应数据文件导入 1 号机后，1 号机仍出现之前异常迹象。后台使用 2 号机进行 220 kV 线路测控复归按钮遥控试验，后台遥控试验恢复正常。

2 号机正常运行下，现场查看该站后台（sys/spacecheck.ini）未进行此项配置，默认无限制保持历史采样数据，导致此次异常现象。手动删除后台历史信息，重启 1 号机，双机运行正常。修改该文件参数后，系统将自动删除超过时限的历史采样数据，将不会再出现此类故障现象

建议与总结：

安装调试和检修过程中，应严格遵循规范、条例和技术方案对各项参数，尤其是影响系统稳定运行的关键参数进行设置，运行部门应依据规程仔细验收，避免遗漏。

**案例 8：某变电站 500 kV 线路有功功率系数设置错误，导致 500 kV 母线有功功率不平衡**

故障现象：

某变电站运行在进行监控系统画面日常检查过程中发现，500 kV 母线有功不平衡。

原因分析：

（1）检修人员对后台监控系统某时刻潮流进行计算，确认 500 kV 母线有功存在不平衡。

（2）检查后台监控系统画面线路、主变有功功率遥测均关联正确，无置数现象。

（3）检查后台监控系统数据库，线路、主变有功功率遥测相关系数、死区值等，应设置正常。

（4）根据测控有功功率值与后台监控系统有功功率值比较，证实汤州 5354 线有功 P 后台系数有问题，如表 5-6 所示。

（5）再次检查后台监控系统数据库，汤州 5354 线有功 P 系数应为 1.0，其被误删了小数点，变成 10，使得汤州 5354 线有功 P 增大 10 倍，造成 500 kV 母线有功功率不平衡。

表 5-6　测控和监控系统显示有功功率值比较

| 序号 | 名称 | 实测值（MW） | 测控显示值（MW） | 误差值 |
|---|---|---|---|---|
| 1 | 500 kV 5354 线有功 P | 94 | 9.4 | 84.6 |
| 2 | 500 kV 5319 线有功 P | − 779.9 | − 780 | 0.1 |
| 3 | 500 kV 5306 线有功 P | 145.4 | 146 | 0.6 |
| 4 | 500 kV 5352 线有功 P | 524 | 524 | 0 |
| 5 | 500 kV 5353 线有功 P | 168.7 | 169 | 0.2 |
| 6 | 500 kV 5320 线有功 P | − 768 | − 768 | 0 |
| 7 | 500 kV 5351 线有功 P | 513 | 514 | 1 |
| 8 | #2 主变高压侧有功 P | 184 | 184.6 | 0.6 |

处理过程：

正确修改后台监控系统数据库汤州 5354 线有功 P 的系数，将 10 改为 1.0，保存刷新后，画面汤州 5354 线有功 P 遥测与测控装置一致，且 500 kV 母线有功功率恢复平衡。

建议与总结：

（1）后台监控系统遥测验收时，严格按照变电站计算机监控系统现场验收管理规程、变电站计算机监控系统工厂验收管理规程，对遥测精度进行测试。

（2）设备运行时，充分利用母线功率平衡原理，可及时发现并处理站内遥测不合理问题。

## 练习题

1. 简述后台监控系统。

2. 简述“四遥”的概念以及主要采集内容和操作对象。

3. 简述变电站计算机监控系统中事件顺序记录 SOE 功能。

4. 论述 DL/T 860 的遥控类型及其应用。

5. 监控系统画面中断路器、隔离开关双位置数据属性类型 Dbpos 值 00、01、11 分别表示什么含义？

6. 变电站一体化监控系统包含哪五类应用功能？

7. 后台监控系统告警信息分为哪几类？请各分别列举。

# 变电站时间同步系统

智能变电站将大量电信号转变为数字信号传输，由于数据通信网络规模大，数据采集、处理、传输及辅助设备数量众多，各数采集节点到集中计算节点的耗时不同会造成数据不同步，这对于电力系统分析计算是不能允许的。因此，智能变电站对时间同步系统的要求非常高，它是保证智能变电站运行监控、综合分析及管理水平的重要保障。

## 6.1 时间同步网的组成

电网时间同步网由分布在各级电网的调度机构、变电站（发电厂）等的时间同步系统组成。在满足技术要求的条件下，时间同步系统可通过通信网络接收上一级时间同步系统发出的有线时间基准信号，也能对下一级时间同步系统提供有线时间基准信号，从而实现全网范围内有关设备的时间同步。网内不同时间同步系统之间的有线时间基准信号采用现有通信网络传递，以完成时间信息交换。时间同步网的组成如图 6-1 所示。

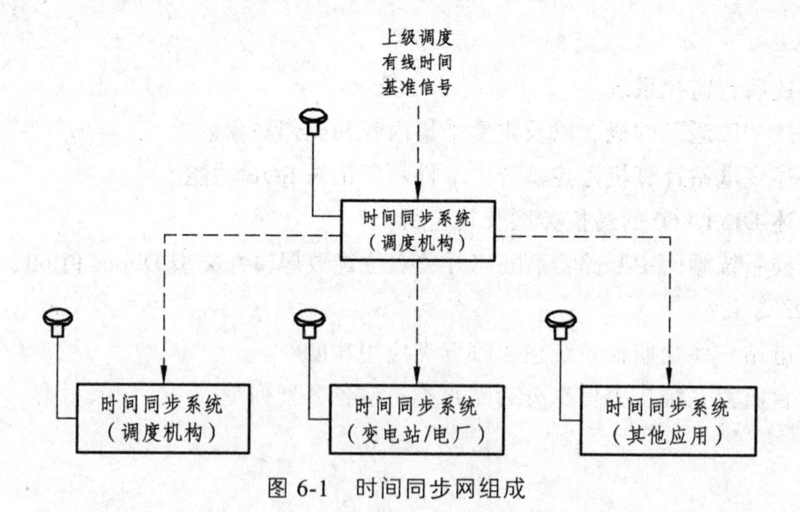


图 6-1 时间同步网组成

## 6.2 时间同步系统的组成

时间同步系统有多种组成方式，其典型形式为双主钟方式。

双主钟时间同步系统由两台主时钟、多台从时钟和信号传输介质组成，为被授时设备或系统对时，如图 6-2 所示。根据实际需要和技术要求，主时钟可留有接口，用来接收上一级时间同步系统下发的有线时间基准信号。

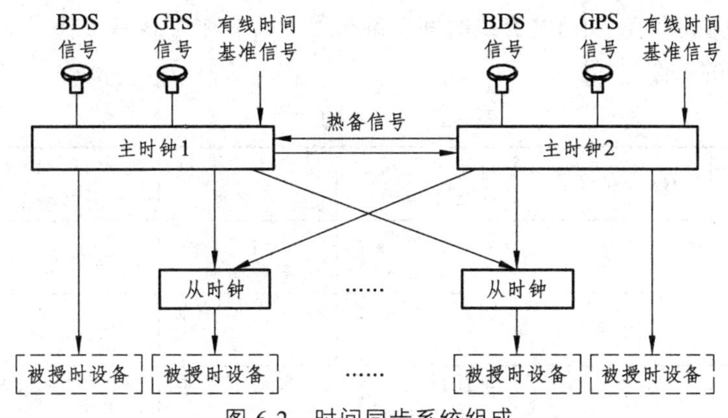


图 6-2　时间同步系统组成

## 6.3　时间同步系统的配置

各级调度机构应配置一套时间同步系统，宜采用双主钟方式。

变电站应配置一套时间同步系统，110 kV 及以上变电站以及其余有条件的场合宜采用双主钟方式时间同步系统，以提高时间同步系统的冗余度。

双主钟时间同步系统应使用如下的工作方式：

1. 主时钟的工作方式

主时钟的输入时源信号主要包括独立时间源基准信号（GPS、BDS、地面有线）和关联时间源基准信号（另一台主时钟发来的有线时间基准信号），主时钟应采用表 6-1 所示的工作方式。

表 6-1　主时钟工作方式

| 独立时间源基准信号 | 关联时间源基准信号 | 初始化阶段的同步方式 | 正常工作阶段的同步方式 | 输出信号的时间质量标识 | 时钟告警 |
|---|---|---|---|---|---|
| 独立时间源选择有结果 | 正常 | 与独立时间源选择结果的基准信号进行同步 | 与独立时间源选择结果的基准信号进行同步 | 同步正常 | 无 |
| 独立时间源选择有结果 | 异常 | 与独立时间源选择结果的基准信号进行同步 | 与独立时间源选择结果的基准信号进行同步 | 同步正常 | 有 |
| 独立时间源选择无结果 | 正常 | 与关联时间源基准信号同步 | 与关联时间源基准信号同步 | 关联时间源时间质量位加 2 | 有 |
| 独立时间源选择无结果 | 异常 | 无法完成初始化，无输出 | 守时 | 同步异常 | 有 |

注：独立时间源选择方法参见 DLT1100.1-2018 电力系统的时间同步系统 第 1 部分：技术规范附录 D。表中的“正常”指时间信号能被正确接收，且同步状态标识为正常；“异常”指“正常”之外的所有状态。

2. 从时钟的工作方式

设从时钟的两路输入分别是来自主时钟 A 发送的有线时间基准信号（以下称为 A 基准信号）和主时钟 B 发送的有线时间基准信号（以下称为 B 基准信号），从时钟应采用表 6-2 所示的工作方式。

表 6-2　从时钟工作方式

| A 基准信号 | B 基准信号 | 初始化阶段的同步方式 | 正常工作阶段的同步方式 | 输出信号的时间质量标识 | 时钟告警 |
|---|---|---|---|---|---|
| 正常 | 正常 | 与 A 时间基准信号同步 | 与 A 时间基准信号同步 | 同步正常 | 无 |
| 正常 | 异常 | 与 A 时间基准信号同步 | 与 A 时间基准信号同步 | 同步正常 | 有 |
| 异常 | 正常 | 与 B 时间基准信号同步 | 与 B 时间基准信号同步 | 同步正常 | 有 |
| 秒准时沿接收正常同步状态异常 | 秒准时沿接收正常同步状态异常 | 与 A 时间基准信号同步 | 守时 | 同步异常 | 有 |
| 秒准时沿接收正常同步状态异常 | 秒准时沿接收异常 | 与 A 时间基准信号同步 | 守时 | 同步异常 | 有 |
| 秒准时沿接收异常 | 秒准时沿接收正常同步状态异常 | 与 B 时间基准信号同步 | 守时 | 同步异常 | 有 |
| 秒准时沿接收异常 | 秒准时沿接收异常 | 无法完成初始化，无输出 | 守时 | 同步异常 | 有 |

装置应对独立时间源的有效性进行判别，依据独立时间源信号有效性标志、时间相位连续性、时间报文连续性等合理有效的状态进行综合判断和处理。

## 6.4　时间同步装置基本组成

时间同步装置主要由接收单元、时钟单元和输出单元三部分组成，如图 6-3 所示。

图 6-3　时间同步装置基本组成

1. 接收单元

主时钟和从时钟的接收单元以接收的无线或有线时间基准信号作为外部时间基准。

主时钟的接收单元由天线、馈线、低噪声放大器（可选）、防雷保护器和接收器等组成。主时钟的接收单元能同时接收至少两种外部时间基准信号，其中一种应为无线时间基准信号，这些时间基准信号互为热后备。

从时钟的接收单元由输入接口和时间编码（如 IRIG-B 码）的解码器组成。从时钟的接收单元能同时接收两路有线时间基准信号，这些时间基准信号互为热后备。

2. 时钟单元

时钟单元接收无线时间基准信号（如 BDS、GPS）、有线时间基准信号及热备时间信号，同时监测各个时间基准信号的运行状态和与本地时钟的钟差，利用多源判决机制计算本地时钟与外部时间源的时间偏差，根据偏差结果调整本地时钟后由本地时钟输出。

本地时钟单元在进行计算和调整时应满足以下要求：

（1）装置内部应具备时源钟差测量功能，钟差是每个有效的外部时源与本地时钟的相位偏差，测量表示范围应覆盖年、月、日、时、分、秒、毫秒、微秒、纳秒。

（2）多源判决逻辑的前提是参与选择的外部时间信号属于独立时间源，彼此没有相关性，如 BDS 和 GPS 是彼此相互独立的时间源。

（3）在采用多源判决机制时，外部时间源的进入和退出不应引起输出时间的短期波动。

（4）调整本地时钟单元偏差时，应采用逐渐逼近方式调整，步长不应超过 200 ns/s。

（5）守时状态时，本地时钟仍能保持一定的时间准确度，并输出时间同步信号和时间信息。外部时间基准信号恢复后，在满足多源判决机制的条件下时钟单元自动结束守时保持状态，并被牵引入跟踪锁定状态。在牵引过程中，应采用逐渐逼近方式调整，步长不应超过 200 ns/s。时钟单元在此过程中仍能输出正确的时间同步信号和时间信息。这些时间同步信号应不出错，时间信息应无错码，脉冲码应不多发或少发。

（6）时钟单元的频率源可根据时间准确度的要求，选用温度补偿石英晶体振荡器、恒温控制晶体振荡器或原子频标等。

3. 输出单元

输出单元输出各类时间同步信号和时间信息、状态信号和告警信号，也可以显示时间、状态和告警信息。

## 6.5 时间同步装置功能要求

时间同步装置的功能要求如下：

（1）主时钟可输出脉冲信号、IRIG-B 码、串行口时间报文和网络时间报文等。

（2）从时钟作为主时钟的扩展输出装置，可以单独输出一种时间同步信号，也可同时输出多种时间同步信号。

（3）应输出用于被检测的 1PPS 脉冲信号（TTL 电平）。

（4）在失去外部时间基准信号时具备守时功能。

（5）具有输入或输出端传输延时补偿功能。

（6）如输出 NTP 或 SNTP 时间同步信号，不同网络接口之间应实现物理隔离。

（7）输出信号之间应互相电气隔离，装置的电源输入和所有输出不应与装置内部弱电回路有电气联系。

（8）具有自复位能力：时间同步装置复位时应不输出时间同步信号，复位后应能恢复正常工作。

（9）面板上应有下列信息显示：

① 电源状态指示；

② 时钟同步信号输出指示灯（正常：1 PPS 同步闪烁；　故障：熄灭或常亮）；

③ 外部时间基准信号状态指示；

④ 当前使用的时间基准信号；

⑤ 年、月、日、时、分、秒（北京时间）；

⑥ 故障信息。

（10）应有下列告警接点输出：

① 电源中断告警；

② 故障状态告警。

（11）具有本地日志保存功能，且存储不少于 200 条，能够对时间源日期跳变进行记录。

（12）状态信息宜采用 DL/T 860 标准建模。

（13）装置在实现多源判决机制时，可采用预设优先级方式进行多源切换或采用加权式多源综合计算算法。

（14）装置应具备闰秒、闰日的处理功能，能接受上级时源给出的闰秒预告信号并正确执行和输出。

（15）特殊情况下，装置的核心部件（如守时时钟）宜采用双电路设计。

## 6.6 时间同步装置的性能要求

### 6.6.1 电　源

电源要求如下：

1. 交流电源

（1）电压：220 V，允许偏差为　20% ~ + 15%。

（2）频率：50 Hz，允许偏差 ± 5%。

（3）交流电源波形为正弦波，谐波含量小于 5%。

2. 直流电源

（1）电压：220 V、110 V、48 V，允许偏差为　20% ~ + 15%。

（2）直流电源电压纹波系数小于 5%。

3. 供电方式

宜采用双电源供电。

### 6.6.2 时间同步输出信号

时间同步输出信号有脉冲信号、IRIG-B码、串行口时间报文、网络时间报文等几种。

#### 1. 脉冲信号

脉冲信号有 lPPS、lPPM、lPPH 或可编程脉冲信号等。其输出方式有 TTL 电平、静态空接点、RS-422、RS-485 和光纤等。技术参数如下：

1）脉冲宽度

10 ms ~ 200 ms。

2）TTL 电平

（1）准时沿：上升沿，上升时间≤100 ns。

（2）上升沿的时间准确度：优于 1μs。

3）静态空接点

静态空接点与 TTL 电平信号的对应关系为：接点闭合对应 TTL 电平的高电平，接点打开对应 TTL 电平的低电平，接点由打开到闭合的跳变对应准时沿。

（1）准时沿：上升沿，上升时间≤1μs。

（2）上升沿的时间准确度：优于 3μs。

（3）隔离方式：光电隔离。

（4）输出方式：集电极开路。

（5）允许最大电压 *V*ce：DC 220 VDC。

（6）允许最大电流 *I*ce：20 mA。

4）RS-422，RS-485

（1）准时沿：上升沿，上升时间≤100 ns。

（2）上升沿的时间准确度：优于 1μs。

5）光　纤

使用光纤传导时，亮对应高电平，灭对应低电平，由灭转亮的跳变对应准时沿。

（1）秒准时沿：上升沿，上升时间≤100 ns。

（2）上升沿的时间准确度：优于 1μs。

#### 2. IRIG-B 码

IRIG-B 码应符含有年份和时间信号质量信息，其时间为北京时间。

1）IRIG-B（DC）码

IRIG-B（DC）码要求如下：

（1）每秒 1 帧，包含 100 个码元，每个码元 10 ms。

（2）脉冲上升时间：≤100 ns。

（3）抖动时间：≤200 ns。

（4）秒准时沿的时间准确度：优于 1μs。

（5）接口类型：TTL 电平、RS-422、RS-485 或光纤。

（6）使用光纤传导时，灯亮对应高电平，灯灭对应低电平，由灭转亮的跳变对应准时沿。

（7）采用 IRIG-B000 格式。

2）IRIG-B（AC）码

IRIG-B（AC）码要求如下：

（1）载波频率：1 kHz。

（2）频率抖动：≤载波频率的 1%。

（3）信号幅值（峰峰值）：高幅值为 3 ~ 12 V，可调，典型值为 10 V；低幅值符合 3∶1 ~ 6∶1 调制比要求，典型调制比为 3∶1。

（4）输出阻抗：600 Ω，变压器隔离输出。

（5）秒准时点的时间准确度：优于 20μs。

（6）采用 IRIG-B120 格式。

3）串行口时间报文

（1）串行口参数。

波特率为 1200 b/s、2400 b/s、4800 b/s、9600 b/s、19 200 b/s 可选，缺省值为 9600 b/s；数据位为 8 位，停止位为 1 位，偶校验。

（2）串行口时间报文格式。

报文发送时刻，每秒输出 1 帧。帧头为 #，与秒脉冲（1PPS）的前沿对齐，偏差小于 5 ms，波形如图 6-4 所示。串行口时间报文格式如表 6-3 所示。

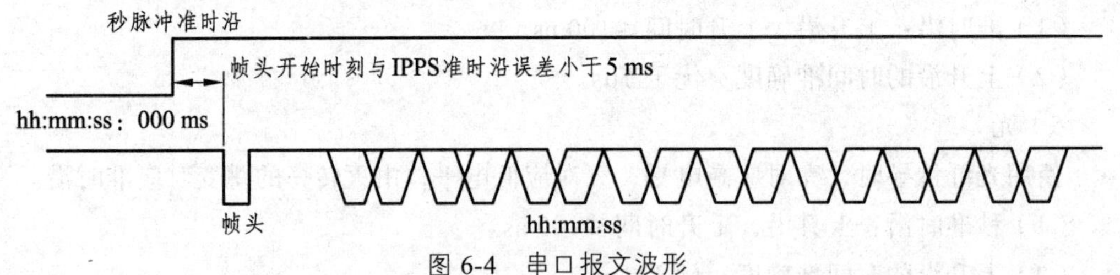


图 6-4　串口报文波形

表 6-3　串行口时间报文格式

| 字节序号 | 含义 | 内容 | 取值范围 |
|---|---|---|---|
| 1 | 帧头 | <#> | '#' |
| 2 | 状态标志 1 | 用下列 4 个 bit 合成的 16 进制数对应的 ASCII 码值：<br>Bit 3：保留 = 0；<br>Bit 2：保留 = 0；<br>Bit 1：闰秒预告（LSP）；在闰秒来临前 59 s 置 1，在闰秒到来后的 00 s 置 0；<br>Bit 0：闰秒标志（LS）；0：正闰秒；1：负闰秒 | '0' ~ '9'<br>'A' ~ 'F' |

续表

| 字节序号 | 含义 | 内容 | 取值范围 |
| --- | --- | --- | --- |
| 3 | 状态标志 2 | 用下列 4 个 bit 合成的 16 进制数对应的 ASCII 码值：<br>Bit 3：夏令时预告（DSP）；在夏令时切换前 59 s 置 1；<br>Bit 2：夏令时标志（DST）；在夏令时期间置 1；<br>Bit 1：半小时时区偏移；0：不增加；1：时间偏移值额外增加 0.5 h；<br>Bit 0：时区偏移值符号位；0：+；1：− | '0'～'9'<br>'A'～'F' |
| 4 | 状态标志 3 | 用下列 4 个 bit 合成的 16 进制数对应的 ASCII 码值：<br>Bits 0～3：时区偏移值（hr）；串口报文时间与 UTC 时间的差值，报文时间减时间偏移（带符号）等于 UTC 时间（时间偏移在夏时制期间会发生变化） | '0'～'9'<br>'A'～'F' |
| 5 | 状态标志 4 | 用下列 4 个 bit 合成的 16 进制数对应的 ASCII 码值：<br>Bits 0～3：时间质量；<br>0x0：正常工作状态，时钟同步正常；<br>0x1：时钟同步异常，时间准确度优于 1 ns；<br>0x2：时钟同步异常，时间准确度优于 10 ns；<br>0x3：时钟同步异常，时间准确度优于 100 ns；<br>0x4：时钟同步异常，时间准确度优于 1 us；<br>0x5：时钟同步异常，时间准确度优于 10 us；<br>0x6：时钟同步异常，时间准确度优于 100 us；<br>0x7：时钟同步异常，时间准确度优于 1 ms；<br>0x8：时钟同步异常，时间准确度优于 10 ms；<br>0x9：时钟同步异常，时间准确度优于 100 ms；<br>0xA：时钟同步异常，时间准确度优于 1 s；<br>0xB：时钟同步异常，时间准确度优于 10 s；<br>0xF：时钟严重故障，时间信息不可信 | '0'～'9'<br>'A'～'F' |
| 6 | 年千位 | ASCII 码值 | '2' |
| 7 | 年百位 | ASCII 码值 | '0' |
| 8 | 年十位 | ASCII 码值 | '0'～'9' |
| 9 | 年个位 | ASCII 码值 | '0'～'9' |
| 10 | 月十位 | ASCII 码值 | '0'～'1' |
| 11 | 月个位 | ASCII 码值 | '0'～'9' |
| 12 | 日十位 | ASCII 码值 | '0'～'3' |
| 13 | 日个位 | ASCII 码值 | '0'～'9' |
| 14 | 时十位 | ASCII 码值 | '0'～'2' |
| 15 | 时个位 | ASCII 码值 | '0'～'9' |
| 16 | 分十位 | ASCII 码值 | '0'～'5' |
| 17 | 分个位 | ASCII 码值 | '0'～'9' |
| 18 | 秒十位 | ASCII 码值 | '0'～'6' |
| 19 | 秒个位 | ASCII 码值 | '0'～'9' |

续表

| 字节序号 | 含义 | 内容 | 取值范围 |
| --- | --- | --- | --- |
| 20 | 校验字节高位 | 从“状态标志 1”直到“秒个位”逐字节异或的结果（即：异或校验），将校验字节的十六进制数高位和低位分别使用 ASCII 码值表示 | '0' ~ '9'<br>'A' ~ 'F' |
| 21 | 校验字节低位 | | |
| 22 | 结束标志 | CR | 0DH |
| 23 | 结束标志 | LF | 0AH |

4）网络时间同步

（1）NTP/SNTP。

NTP/SNTP 要求如下：

① 工作模式：客户端/服务器；

② 网络接口：电缆接口或光缆接口；

③ 支持以下协议：

RFC 1305（NTP）；

RFC 2030（SNTP）。

④ 时钟处于跟踪锁定状态时，其时间准确度应满足表 6-4 所示要求。

表 6-4　时间准确度

| 局域网（NTP/SNTP） | 优于 10 ms |
| --- | --- |
| 广域网（NTP/SNTP） | 优于 500 ms |

（2）PTP。

PTP 性能和协议应符合 DL/T 1100.2-2013。

5）时间同步信号、接口类型与时间同步准确度的对照

具体对照关系如表 6-5 所示。

表 6-5　时间同步信号、接口类型与时间同步准确度的对照

| 接口类型 | 光纤 | RS-422，RS-485 | 静态空接点 | TLL | AC | RS-232C | 以太网 |
| --- | --- | --- | --- | --- | --- | --- | --- |
| 1PPS | 1 μs | 1 μs | 3 μs | 1 μs | — | — | — |
| 1PPM | 1 μs | 1 μs | 3 μs | 1 μs | — | — | — |
| 1PPH | 1 μs | 1 μs | 3 μs | 1 μs | — | — | — |
| 串口时间报文 | 10 ms | 10 ms | — | — | — | 10 ms | — |
| IRIG-B（DC） | 1 μs | 1 μs | — | 1 μs | — | — | — |
| IRIG-B（AC） | — | — | — | — | 20 μs | — | — |
| NTP | — | — | — | — | — | — | 20 ms |
| PTP | — | — | — | — | — | — | 1 μs |

各类对时信号的应用场合和设备如表 6-6 所示。

表 6-6 各类对时信号的应用场合和设备

| 电力系统常用设备或系统 | 时间同步准确度 | 推荐使用的时间同步信号 |
|---|---|---|
| 线路行波故障测距装置 | 优于 1 μs | IRIG-B 或 1PPS + 串口对时报文 |
| 同步相量测量装置及合并单元 | 优于 1 μs | IRIG-B 或 1PPS + 串口对时报文 |
| 雷电定位系统 | 优于 1 μs | IRIG-B 或 1PPS + 串口对时报文 |
| 故障录波器 | 优于 1 ms | IRIG-B 或 1PPS/1PPM + 串口报文 |
| 事件顺序记录装置 | 优于 1 ms | IRIG-B 或 1PPS/1PPM + 串口报文 |
| 电气测控单元、远方终端、保护测控一体化装置 | 优于 1 ms | IRIG-B 或 1PPS/1PPM + 串口报文 |
| 微机保护装置 | 优于 10 ms | IRIG-B 或 1PPS/1PPM + 串口报文 |
| 安全自动装置 | 优于 10 ms | IRIG-B 或 1PPS/1PPM + 串口报文 |
| 配电网终端装置、配电网自动化系统 | 优于 10 ms | 串口对时报文 |
| 电能量采集装置 | 优于 1 s | 网络对时 NTP 或串口对时报文 |
| 负荷/用电监控终端装置 | 优于 1 s | 网络对时 NTP 或串口对时报文 |
| 电气设备在线状态检测终端装置或自动记录仪 | 优于 1 s | 网络对时 NTP 或串口对时报文 |
| 集控中心/调度机构数字显示时钟 | 优于 1 s | 网络对时 NTP 或串口对时报文 |
| 火电厂、水电厂、变电站计算机监控系统主站 | 优于 1 s | 网络对时 NTP 或串口对时报文 |
| 电能量计费、保护信息管理、电力市场技术支持等系统的主站 | 优于 1 s | 网络对时 NTP 或串口对时报文 |
| 负荷监控、用电管理系统主站 | 优于 1 s | 网络对时 NTP 或串口对时报文 |
| 配电网自动化/管理系统主站 | 优于 1 s | 网络对时 NTP 或串口对时报文 |
| 调度生产和企业管理系统 | 优于 1 s | 网络对时 NTP 或串口对时报文 |

## 6.7 时间信号传输介质

时间信号传输介质应保证时间同步装置发出的时间信号传输到被授时设备/系统时，能满足它们对时间信号质量的要求，一般可在下列几种传输介质中选用：

（1）同轴电缆：用于室内高质量地传输 TTL 电平时间信号，如 1PPS、1PPM、1PPH、IRIG-B（DC）码 TTL 电平信号，传输距离不长于 15 m。

（2）屏蔽控制电缆：屏蔽控制电缆可用于以下场合：

① 传输 RS-232C 串行口时间报文，传输距离不长于 15 m；

② 传输静态空接点脉冲信号，传输距离不长于 150 m；

③ 传输 RS-422，RS-485，IRIG-B（DC）码信号，传输距离不长于 150 m。

（3）音频通信电缆：用于传输 IRIG-B（AC）码信号，传输距离不长于 1 km。

（4）光纤：

① 用于远距离传输各种时间信号和需要高准确度对时的场合；

② 主时钟、从时钟之间的传输宜使用光纤。同屏的主时钟、从时钟之间可不使用光纤。

（5）双绞线：用于传输网络时间报文，传输距离不长于 100 m。

## 6.8 时间同步在线监测系统

时间同步在线监测系统实现对电力系统时间同步状态的监测，其中包括对提供时间同步信号的时间同步系统的时间状态监测，以及对接收时间同步信号的各类系统（如调度自动化系统、能量管理系统、生产信息管理系、监控系统等）和设备（如继电保护装置、智能电子设备、事件顺序记录装置、厂站自动控制备、安全稳定控制装置、故障录波器等）的时间同步状态监测。通过对监测对象的时间同步状态进行监视和管理，其实现全网时间同步状态的管理。

电力系统采用分层分级的调度体系架构，决定了时间同步在线监测系统的管理运行体系。时间同步在线监测系统可在变电站、发电厂等地就地实现，通过数据通信系统传送到远方调度控制中心。所有来自变电站、发电厂的时间同步等信息通过调度专用通道到达不同的调度控制中心，实现信息的一体化管理和维护。

根据时间同步系统中时间同步网的结构建立时间同步在线监测系统的数据网络。时间同步在线监测系统的数据网络由设在各级电网的调度机构、变电站（发电厂）等的时间同步在线监测系统数据网络构成。

时间同步在线监测系统的数据信息包括时间状态自检信息及时间状态测量信息。时间状态自检信息是被监测对象自己对时间同步状态的检测信息，时间状态测量信息是外部时间同步状态测量发起者对被监测对象的时间状态测量数据。时间状态自检信息反映了被监测对象的时间源状态信息及自身时间工作的服务状态信息。时间测量数据信息是外部测量发起者根据被测对象的特点进行时间状态测量，可检测被测对象的时间准确度及时间同步状态。

## 6.9 时间同步装置典型故障分析及处理

**案例 1：某变电站时间同步装置信号源异常**

故障现象：

××年××月××日，接运行部门值班员电话，220 kV 某变电站时间同步装置信号源异常。经运行值班员现场核实，装置面板显示正常，运行指示灯显示正常，信号源异常灯亮红灯，初步判断是时间同步装置的接收装置有异常。检修人员赶赴现场后，采用万用表等工器具逐一排查，确定时间同步装置内板件良好，装置运行正常，确定是时间同步装置的接收装置有异常。

处理过程：

因为该站时间同步装置采用的是外接的接收装置，安装在变电站主控室楼顶露天区域，运行环境较差，现场检查接收装置有锈蚀迹象，且接收装置表面有开裂情况，判断接收装置内部存在问题，未能稳定地正常锁定卫星并接收卫星信号，从而导致信号源异常告警。检修人员采用如下步骤进行处理：

（1）申请对时间同步装置进行检修，明确影响范围，事先告知业务受影响范围。

（2）通过硬件检测，确定时间同步装置内部板件运行正常，判断为接收装置故障。

（3）对时间同步接收装置进行更换，更换完毕后信号源异常灯恢复，观察 2 ~ 3 h，确认运行正常。

建议与总结：

应加强对时间同步装置的巡视，定期进行硬件检查，发现故障及时处理。同时，基于时间同步装置的重要性，应加强备品备件管理，尤其是对于运行年限较长、损坏率高的板件和相关配件，应实现备品充足，确保站内时间对时功能正常。

**案例 2：某变电站现场录波装置对时接线多路并接失去对时**

故障现象：

××月××日，检查现场直流录波器对时灯不亮，直流录波器失去对时。

处理过程：

经故障排查发现，直流录波器与交流录波器以及其他二次设备通过时间同步装置直流电 B 码进行对时，现场简化对时方式，通过并接方式进行对时，即同一个 B 码输出接入了交流录波器、直流录波器等 5 台设备，单个 B 码输出仅能进行 1 台设备对时。拔出其他设备对时线后，直流录波器对时灯恢复。

建议与总结：

现场直流 B 码授时接线应严禁并接对时，避免对时线并接导致设备负载过高而无法对时。

**案例 3：某 110 kV 变电站对时装置频繁发对时异常告警**

故障现象：

××年××月××日，监控人员发现 110 kV 某变电站对时装置频繁出现告警，告警内容为“对时装置异常”。运行人员到达现场后发现对时装置异常灯亮，但其他设备均正常运转，无告警信息，且对时装置通道 1 指示灯显示为绿色，通道 2 指示灯显示为黄色。

处理过程：

检修人员到达现场后发现，对时装置通道 2 有异常告警，后与对时设备厂家取得联系后得知，该变电站为早期智能化变电站，当时采用的对时主要为 GPS，而 2 号通道为北斗对时的接口，由于变电站对时设备版本及硬件都相对老旧，此期间北斗系统又经过几次升级，因此与现在的北斗系统很难实现完美对接，在出现阴雨天气时会出现接收信号相对较弱的情况，导致装置告警，且阴雨天气过后该装置自动恢复较慢，需在天气晴朗时，将北斗天线重新拔插方可复归。

后期检修人员对设备进行了软硬件升级，杜绝此类事件的再次发生。

建议与总结：

通过此案例可以看出，由于智能站设备相对更新较快，原老旧设备在发现与现有设备出现衔接问题时应尽快进行处理升级更换。

此外，由于对时装置对于智能站的保护有着至关重要的作用，所以对时装置的告警要引起重视。

**案例 4：110 kV 某变电站同步时钟安装工艺存在问题导致同步时钟装置频繁报警**

故障现象：

该变电站投运初期，对时良好，但运行一段时间后，对时装置开始频繁报警，现场检查为北斗和 GPS 丢信，时钟同步装置的北斗和 GPS 信号灯不亮。

处理过程：

从运行状态可见，天线回路有问题，导致对时装置接受不到对时信号。

检修人员从其他运行正常装置中调取的运行状态如下：（基准 1：北斗同步，天线正常，卫星 03），（基准 2：GPS 同步，天线正常，卫星 10），（基准 3：B 码 1 失步），（基准 4：B 码 2 失步），（晶振锁定），（当前基准：北斗）。

检修人员对天线接口进行了检查，接触良好，天线电缆敷设正确。当检查到楼顶架设天线蘑菇头的地方时，发现天线安装位置紧靠墙壁，且旁边有空调等设备，有可能是天线架设位置不对，引起接收信号有问题。由于北斗/GPS 的工作方式是从空中接收卫星信号，天线必须安装在水平方向无遮挡物的建筑物顶部，天线周围环境应无强电磁场干扰。但在雷雨季节，安装于楼层顶部开阔处的天线有遭到雷击而造成设备损坏的可能，因此，要求楼顶有完善的避雷系统，且天线安装于避雷针避雷覆盖范围内，即天线顶部与避雷针顶之间的仰角≥4°。

把天线头架设在楼顶或向南墙面上，固定牢靠且接收卫星信号方向开阔无遮挡，指向赤道上空同步轨道位置即朝向南方无遮挡，然后连接馈线到设备的天线接入口即可，如图 6-5 所示。

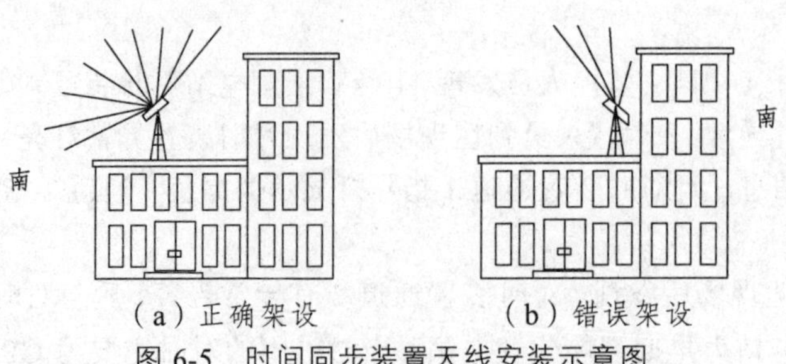

图 6-5　时间同步装置天线安装示意图

检修人员重新将天线安装到开阔地带。重新开机后，对时装置的告警信号消失，对时正常。

建议与总结：

安装人员在安装卫星天线时，应注意安装位置和角度的选取，确保天线能准确接收信号。

## 练习题

1. 简述主时钟的输入时源信号包括哪些基准信号。
2. 简述时间同步装置基本组成部分有哪些？
3. 时间同步输出信号有哪些？

# 7

# 电力调度数据网络

电力调度数据网是承载电力系统生产控制大区各类业务的专用数据网络，是实现各级调度机构之间及调度机构与厂站之间数据传输和交换的基础设施。本章主要介绍了调度数据网概述、业务接入、常见路由技术、网络配置要求、常见故障处理工具，最后在此基础上介绍了集中调度数据网典型故障分析及处理案例。

## 7.1 概　述

计算机网络是指将地理位置不同的具有独立功能的多台计算机及其外部设备，通过通信线路连接起来，在网络操作系统，网络管理软件及网络通信协议的管理和协调下，实现资源共享和信息传递的计算机系统。

电力调度数据网是电网调度自动化、管理精细化的基础，是确保电网安全、稳定、经济运行的重要手段，是电力系统的重要基础设施，在协调电力系统发、送、变、配、用电等组成部分的联合运转及保证电网安全、经济、稳定、可靠的运行方面发挥了重要的作用，并有力地保障了电力生产、电力调度、水库调度、燃料调度、继电保护、安全自动装置、远动、电网调度自动化等通信需要，在电力生产及管理中发挥着不可替代的作用。高可靠性、实时性、安全性是电力调度数据网的主要特点。

电力调度数据网由骨干网和各级接入网组成（见图 7-1）。骨干网由调度机构节点组成，采用双平面架构，用于各级调度主站系统业务接入，分为骨干网核心区和骨干网子区；接入网主要由各级调度直调厂站节点组成，用于厂站自动化系统业务接入。接入网网络架构通常设计为三层结构，即核心层、汇聚层和接入层。核心及汇聚之间通信带宽通常不低于 155 Mb/s，接入节点上联每个方向通信带宽通常设计为 2 × 2 Mb/s。汇聚层负责接入层节点业务的汇聚。

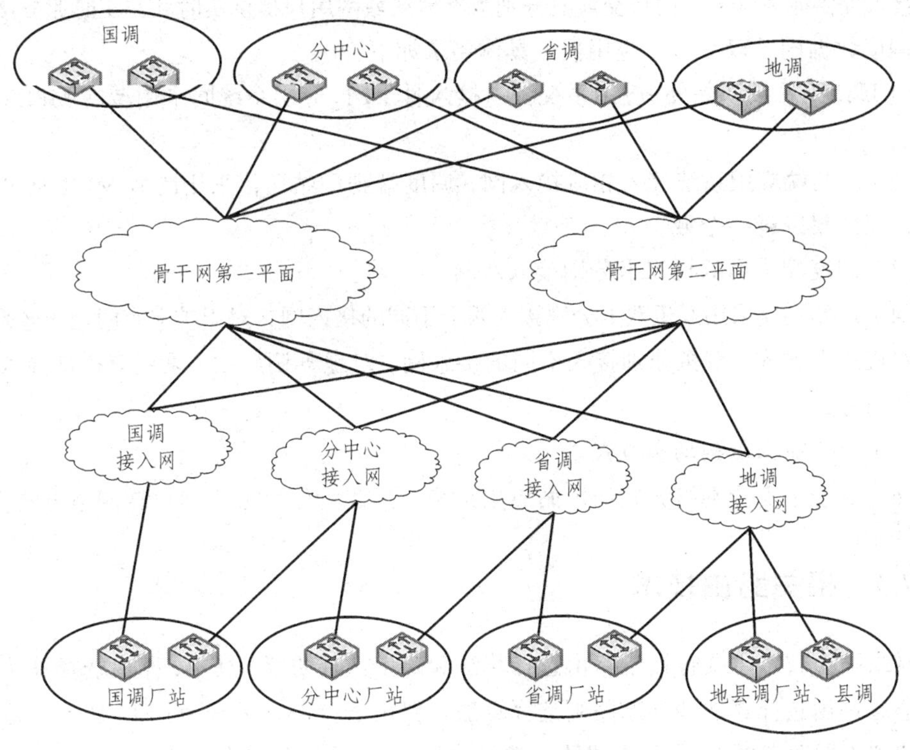


图 7-1　调度数据网网络结构示意图

## 7.2　调度业务接入

### 7.2.1　业务系统分类

根据电力监控系统规定，调度数据网上各类业务划分为 2 个区：Ⅰ区为实时控制区，凡是具有实时监控功能的系统或其中的监控功能部分均属于Ⅰ区，包括能量管理系统 EMS、变电站自动化系统、发电厂自动监控系统等；Ⅱ区是非实时控制区，原则上不具备控制功能的生产业务和批发交易业务系统或系统中不进行控制的部分均属于Ⅱ区，包括交易管理系统 TMS，水调自动化系统，电能量计费系统、故障录波系统等。与之对应，电力调度业务通常也分为实时和非实时两大类业务。

调度业务基本通信关系模型由以下两类组成：

（1）分中心度中心主站系统之间的数据业务通信。

（2）分中心度中心与所辖厂站之间数据业务通信。

### 7.2.2　业务接入方式

汇聚、接入节点各配置 1 台 PE 路由器和 2 台 CE 交换机，2 台 CE 交换机分别通过 1 个 GE 接口与 PE 路由器互联。PE 路由器作为骨干 MPLS 域边缘设备，同时为本地局域网接入提供业务网关，两台交换机分别为本地局域网用户提供实时和非实时业务接入。

调度数据网（双平面）应用接入具体要求如下：

（1）调度端（县调除外）应用系统统一接入骨干网，应用系统间采用域内 MPLS-VPN 互联。

（2）厂站端应用系统接入相应接入网，调度端到厂站通信采用跨域 MP-EBGP 方式互联，保证仅跨越一个域。

（3）调度端采用双机双卡分别接入双网。

（4）厂站端应采用双机双卡分别接入两个不同的接入网，对于扩卡有问题的老系统，采用双机单卡方式，双机分别接入不同的接入网。对地县调厂站，采用双机都接入地调接入网的方式。

（5）双机应为负载均衡方式。

（6）对于不支持网络方式的厂站应用系统，过渡阶段可采用串口转网络方式实现。

## 7.3 相关路由技术

网络路由技术主要包括指路由选择算法和路由选择协议。其中，路由选择算法可以分为静态路由选择算法和动态路由选择算法。路由选择协议可分为：① 属于自适应的选择协议（即动态的），是分布式路由选择协议；② 采用分层次的路由选择协议，即分自治系统内部和自治系统外部路由选择协议。路由选择协议又划分为两大类：内部网关协议（IGP 协议，具体的协议有 RIP 和 OSPF 等）和外部网关协议（EGP，使用最多的是 BGP 协议）。

### 7.3.1 边界网关协议 BGP

边界网关协议（BGP，Border Gateway Protocol）是运行于 TCP 上的一种自治系统的路由协议。BGP 系统的主要功能是和其他的 BGP 系统交换网络可达信息。网络可达信息包括列出的自治系统（AS）的信息。这些信息有效地构造了 AS 互联的拓扑图并由此清除了路由环路，同时在 AS 级别上可实施策略决策。

1. 自治系统 AS

BGP 是自治系统（AS，Autonomous System）间的动态路由发现协议。BGP 在路由器上以两种方式运行——IBGP（Internal BGP）和 EBGP（External BGP）。当 BGP 运行于同一自治系统内部时，称为 IBGP；当 BGP 运行于不同自治系统之间时，称为 EBGP。

以华东为例，华东接入网自治域由华东分中心、华东区域内 500 kV 及以上变电站/开关站、换流站，以及国调、分中心直调电厂组成，华东接入网通过两点分别接入骨干网双平面。华东接入网 AS 号为 23000。华东接入网与骨干网一平面和骨干网二平面 AS 通过 EBGP 路由协议进行路由交互，关系如图 7-2 所示。

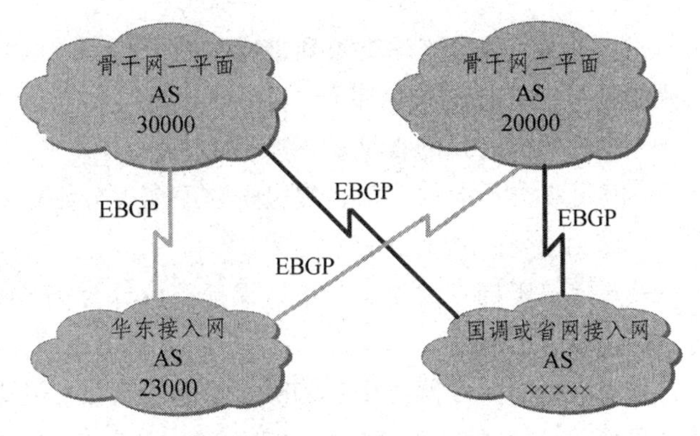


图 7-2　AS 分布结构示意图

2. BGP 路由反射器 RR

为保证 IBGP 对等体之间的连通性，需要在 IBGP 对等体之间建立全连接关系。当 IBGP 对等体数目很多时，建立全连接网的开销很大。通常利用路由反射来解决这一问题：以路由反射器作为网络的中心，其他路由器作为客户机，与路由反射器建立对等体关系，由路由反射器在客户机之间传递（反射）信息。

华东接入网为调度专用网络，部署为一个 AS 系统，网络内所有节点设备均为 PE 路由器，通过设立 RR 反射器，所有 PE 路由器均与 RR 建立 MP-IBGP 邻居关系，进而减少 MP-IBGP 的邻居数目。为提高整网系统的可靠性，降低 RR 反射器与客户端的会话数量，需设计层次化路由反射模式，华东接入网采取二级 RR 模型：

（1）一级 RR 用于反射汇聚节点路由器路由。

（2）二级 RR 反射所辖地区国调、分中心直调厂站路由器路由。

### 7.3.2　内部网关协议

1. 区域规划

在一个自治系统内部运行，常见的内部网关协议（Interior Gateway Protocol，IGP）包括 RIP、OSPF 和 IS-IS。考虑到网络规模及路由的收敛速度，RIP 无法满足需求，从维护习惯性、网络延续性考虑，通常省级以上接入网 IGP 仍采用 OSPF 动态路由协议。

OSPF 是 Open Shortest Path First（开放最短路由优先协议）的缩写。它是 IETF 组织开发的一个基于链路状态的内部网关协议。目前使用的是版本 2（RFC2328），其特性如下：

（1）适应范围——支持各种规模的网络，最多可支持几百台路由器。

（2）快速收敛——在网络的拓扑结构发生变化后立即发送更新报文，使这一变化在自治系统中同步。

（3）无自环——由于 OSPF 根据收集到的链路状态用最短路径树算法计算路由，从算法本身保证了不会生成自环路由。

（4）区域划分——允许自治系统的网络被划分成区域来管理，区域间传送的路由信息被进一步抽象，从而减少了占用的网络带宽。

（5）等值路由——支持到同一目的地址的多条等值路由。

（6）路由分级——使用 4 类不同的路由，按优先顺序来说分别是：区域内路由、区域间路由、第一类外部路由、第二类外部路由。

（7）支持验证——支持基于接口的报文验证以保证路由计算的安全性。

（8）组播发送——支持组播地址。

随着网络规模日益扩大，当一个网络中的 OSPF 路由器数量非常多时，会导致链路状态数据库 LSDB 变得很庞大，占用大量存储空间，并消耗很多 CPU 资源来进行 SPF 计算。并且，网络规模增大后，拓扑结构发生变化的概率也会增大，导致大量的 OSPF 协议报文在网络中传递，降低了网络的带宽利用率。

OSPF 协议将自治系统划分成多个区域（Area）来解决上述问题。区域在逻辑上将路由器划分为不同的组。不同的区域以区域号（Area ID）标识，其中一个最重要的区域是区域 0，也称为骨干区域（Backbone Area）。连接骨干区域和非骨干区域的路由器称作区域边界路由器（Area Border Router，ABR）。

2. cost 规划

为确保各转发节点选择最优路径，应对链路开展 Cost 规划，采用自动计算的方式，自动生成接口 Cost 值，Cost 值 = 参考值/实际链路带宽。在当前核心汇聚网络中，主要链路均为 155 M 链路类型，未来也许会采用 1000 M FE/GE、2.5G 链路，故参考值设定为 1550 M（缺省为 100 M），各接口 cost 值如表 7-1 所示。

表 7-1 各接口 cost 值

| 接口类型 | Cost |
|---|---|
| n×2M E1 | 1 550M/（n×2M） |
| 100M FE | 155 |
| 1000M FE | 1 |
| 155M POS | 10 |
| 2.5G POS | 1 |

### 7.3.3 多协议标签交换

多协议标签交换（Multi-Protocol Label Switching，MPLS）是一种在开放的通信网上利用标签引导数据高速、高效传输的新技术。多协议的含义是指 MPLS 不但可以支持多种网络层层面上的协议，还可以兼容第二层的多种数据链路层技术。

MPLS 是利用标记（label）进行数据转发的。当分组进入网络时，要为其分配固定长度的短标记，并将标记与分组封装在一起，在整个转发过程中，交换节点仅根据标记进行转发。MPLS 独立于第二和第三层协议，它提供了一种方式，将 IP 地址映射为简单的具有固定长度的标签，用于不同的包转发和包交换技术。它是现有路由和交换协议的接口，如 IP、ATM、帧中继、资源预留协议（RSVP）、OSPF 等。在 MPLS 中，数据传输发生在标签交换路径（LSP）上。LSP 是每一个沿着从源端到终端的路径上的节点的标签序列。

MPLS 主要设计来解决网络问题，如网络速度、可扩展性、服务质量（QoS）管理以及流量工程，同时也为下一代 IP 中枢网络解决宽带管理及服务请求等问题。

1. VPN 介绍

根据各业务特点，接入网承载的业务可以分为实时业务、非实时业务二大类，二类业务 VPN 要求全网完全独立，VPN 内各节点实现完全互通，因此 MPLS VPN 部署方式即可满足要求，每个 VPN 实例分配一个私网标签。MPLS LSR-ID 采用 loopback0 地址，公网标签分配协议选择 MPLS LDP。实时业务 VPN 命名规划为 vpn-rt、非实时业务 VPN 命名规划为 vpn-nrt。

2. RD、RT 参数

在 MPLS/VPN 中 RD 用来区别不同的 VPN，它会包括在 VPN-IPv4 地址中，VPN-IPv4 地址的格式为 RD + IPv4。这样每个 MP-BGP 上承载的路由都可以唯一标识，即使不同 VPN 用户的 IPv4 地址相同，但只要它们的 RD 值不一样，也可以做正确区分。RD 使用 8 个字节来表示，格式一般采用 AS：nn。

在 MPLS VPN 中 RT 用来控制 VRF 中路由信息的进出。RT 格式为 AS：nn。对于 MPLS VPN 业务中的关键参数的选取，一般按照电力调度网的统一规划进行选取。

### 7.3.4 相关规划及规范

1. IP 地址规划

接入网地址共分为网络地址（用于组网互联）和应用地址（业务主机），其中网络地址由以下几种地址构成：

（1）loopback 管理地址。

（2）内部互联 IP 地址。

（3）网管地址。

应用地址包括主站、厂站在内的各种应用系统的地址构成。

（1）loopback 地址：标识网络中每一台网络设备，用于邻居建立、网络管理使用，本次采用 loopback 0 接口配置相应 IP 地址，作为每一台设备在网络中的唯一 ID，具体分配见地址规划表。loopback0 地址同时作为各节点路由器和交换机的网络管理地址。

（2）内部互联地址：内部互联地址用于骨干网内部及接入网内部网络设备之间互联使用，根据 IGP 的划分和自治域的划分进行配合分配。具体分配见地址规划表。

（3）网管地址：网管地址部署在节点路由器上，具体分配见地址规划表。

（4）应用系统地址：包括主站、厂站在内的各种应用系统的地址构成。在应用接入调度数据网前向华东分中心申请，经审核后分配接入。

2. 命名规范介绍

为了方便网络管理，使设备、接口、链路可识别，需通过有效、易读的命名进行标识，共涉及如下几方面：

1）设备命名规范

根据调度网制定的规范规则，设备采用命名方法为：A[-BB][-CC]-DD-Tx

A：单个字母，表示接入网类型，G、W、S、D 分别代表国、网、省、地四类接入网；

BB，CC：表示分级地名缩写，2～3 个字母；

DD：表示厂站名称缩写，6 个字母以内；

T：表示设备类型，R 代表路由器，S 代表交换机；

x：表示设备序号。

举例：

分中心核心路由器 1 命名为 W-EC-R1。

2）接口描述规范

Loopback 接口：标识网络中每一台网络设备用于邻居建立、网络管理使用，一般采用 loopback 0 接口配置相应 IP 地址，作为每一台设备在网络中的唯一 ID 局域网地址。

举例：

interface loopback 0

description router-id //表示该 LoopBack 端口用于设备管理的 router id

互联接口：为了使网络设备易于管理与维护，对网络设备的接口进行合理命名同样是非常必要的。接口命名规则为 To 对端设备名 对端端口号。该命名通过接口配置模式下的 Description 命令来体现。

举例：

上海分中心徐行变与上海分中心三林变互联的接口命名为：

To W-EC-SSLB-R - W-EC-SXHB-R

3. QOS 规划

接入网所承载的业务根据业务具体特性分为实时业务、非实时业务。其中实时业务最为重要，即业务级别非实时业务 < 实时业务。为了保证重要的业务在网络拥塞情况下得到优先的转发保证，需采用 QOS 技术提供带宽的合理分配和队列调度，降低网络拥塞对业务运营的影响。QOS 部署通常采用 Diffserv 技术实现。

4. NTP 规划

NTP（Network Time Protocol，网络时间协议）的目的是对网络内所有具有时钟的设备进行时钟同步，使网络内所有设备的时钟基本保持一致，从而使设备能够提供基于统一时间的多种应用。对于运行 NTP 的本地系统，既可以接受来自其他时钟源的同步，也可以作为时钟源去同步别的时钟，并且可以通过交换 NTP 报文互相同步。

为了网管、日志记录、维护操作等方面的考虑，需要保持全网设备的同步，但与标准时间的同步误差需求又不是特别严格。基于以上需求，网络中可不外接时钟标准时钟源，采用路由器设备本身自带的时钟作为时钟服务器即可。电力调度数据网内所有路由器开启 NTP 服务，配置时钟服务器。

## 7.4 网络配置要求

在对网络设备进行设备配置时，需要按照以下的安全配置原则进行配置：

（1）所有不使用的接口全部处于关闭状态，防止误连接产生故障。

（2）设备上所有的测试数据或不用的配置应及时删除。

（3）在用户登录的时候，进行地址控制，只允许规定的地址进行登录，规定的地址根据具体情况来进行设置。

（4）在其他设备联入该网络时，要严格审核 IP 地址是否冲突。

（5）在路由器的入口方向部署常用防范病毒的 ACL（访问控制列表），控制来自外网的病毒攻击、非法登录。

（6）关闭或限定网络服务。

（7）避免使用默认路由。

（8）关闭网络边界 OSPF 路由功能。

（9）采用安全增强的 SNMPv2 及以上版本的网管协议。

（10）设置受信任的网络地址范围。

（11）设置高强度的密码。

（12）记录设备日志。

## 7.5 常见故障处理工具

### 7.5.1 常用故障诊断命令

1. 系统状态和系统信息查看命令：display

1）常用运行维护命令

（1）display version：显示系统版本信息。

（2）display current-configuration：显示路由器当前生效的配置参数。

（3）display interface：查看接口的配置和状态信息。

（4）display ip interface b：显示接口的概要信息。

2）其他运行维护命令

（1）display mpls interface：显示所有使能了 MPLS 能力的接口的信息。

（2）display mpls ldp：显示 LDP（标签分发协议）及 LSR 的信息。

（3）display mpls ldp interface：显示使能了 LDP 的接口信息。

（4）display mpls ldp lsp：显示 LDP 协议建立好的 LSP 的相关信息。

（5）display mpls ldp peer：显示邻接体信息。

（6）display mpls ldp session：显示与对等实体会话。

（7）display ip routing-table vpn-instance vpn-nrt：显示与 vpn 实例相关联的 IP 路由表。

（8）display ospf peer：显示 OSPF 中各区域邻居的信息。

（9）display ospf peer brief：显示 OSPF 中各区域邻居的简要信息。

（10）display ospf routing：显示 OSPF 路由表的信息。

（11）display bgp vpnv4 all peer：显示 BGP VPNV4 所有邻居的信息。

（12）display bgp vpnv4 all routing-table：查看 BGP 路由表中所有的 VPN 路由信息。

2. 网络连通性测试工具：ping

1）VRP 平台的 ping 命令

ping [ -a X.X.X.X | -c count | -d | -h ttl_value | -i { interface-type interface-number } | ip | -n | - p pattern | -q | -r | -s packetsize | -t timeout | -v | vpn-instance vpn-instance-name ] * host

常用参数说明：

-a X.X.X.X：设置发送 ICMP ECHO-REQUEST 报文的源 IP 地址；

-c count：发送 ICMP ECHO-REQUEST 报文次数，范围 1 ~ 4 294 967 295，缺省值为 5；

-s packetsize：ECHO-REQUEST 报文长度（不包括 IP 和 ICMP 报文头），以字节为单位，范围为<20 ~ 8100>，缺省值为 56；

-t timeout：为发送完 ECHO-REQUEST 后，等待 ECHO-RESPONSE 的超时时间，以毫升（ms）为单位，范围为<0 ~ 65535>，缺省值为 2000；

vpn-instance vpn-instance-name：设置 MPLS VPN 的 vpn-instance name，指明本次 ping 命令配置的 VPN 属性，即关联的 vpn-instance 的名称，而且必须是本地创建的 vpn-instance；

host：目的主机域名或 IP 地址。

举例：

检查 IP 地址为 10.1.20.100，VPN 为 vpn-nrt 的主机是否可达。

ping -a 10.1.128.1 -vpn-instance vpn-nrt 10.1.20.100

2）Windows 平台的 ping 命令

在 Windows 平台上，ping 命令的格式如下：

ping [ -n number ] [ -t ] [ -l number ] ip-address

-n：ping 报文的个数，缺省值为 5；

-t：持续地 ping 直到人为中断；

-l：设置 ping 报文所携带的数据部分的字节数，设置范围 0 ~ 65 500。

举例：

向主机 10.15.50.1 发出 2 个数据部分大小为 3000 字节的 ping 报文。

C：\> ping -l 3000 -n 2 10.15.50.1

Pinging 10.15.50.1 with 3000 bytes of data

Reply from 10.15.50.1：bytes = 3000 time = 321 ms TTL = 123

Reply from 10.15.50.1：bytes = 3000 time = 297 ms TTL = 123

Ping statistics for 10.15.50.1：

Packets：Sent = 2，Received = 2，Lost = 0（0% loss），

Approximate round trip times in milli-seconds：

Minimum = 297 ms，Maximum = 321 ms，Average = 309 ms

在本地业务主机上进行 ping 连通性测试：

（1）ping 本地业务网关地址查看是否连通，如果不通，可能是网线或本地网络设备问题。

（2）ping 对端业务网关地址查看是否连通，如果不通，可能是通道或对端网络设备问题。

（3）ping 对端业务地址查看是否连通，如果不通，可能是对端业务主机问题。

### 3. 路由跟踪命令：tracert

可以使用 tracert 命令测试报文从发送主机到目的地所经过的网关。此命令主要用于检查网络连接是否可达，可以辅助分析网络在何处发生了故障。另外 tracert 命令能够很容易发现路由环路等潜在问题。

举例：

[Quidway]tracert 10.110.201.186

traceroute to 10.110.201.186（10.110.201.186）30 hops max，40 bytes packet

1 11.1.1.1 29 ms 22 ms 21 ms

2 10.110.201.186 38 ms 24 ms 24 ms

### 4. 调试命令 debugging，info-center

（1）info-center enable：开启信息中心。

（2）terminal monitor：打开终端信息显示系统日志发送的调试/日志/告警信息功能。

（3）terminal debugging：打开终端显示调试信息功能。

（4）debugging 相应模块：调试相应模块数据包。

（5）undo debugging all：取消所有的调试。

### 7.5.2　环回测试

在测试广域网通道是否存在故障时，有时需要进行“环回”测试。环回测试是通信端口/线路维护和排障常用的方法，因为简单方便，不需要特定的仪器与软件，就能够迅速定位端口/线路的故障而为 CT（Communication Technology，通信技术）/IT（Information Technology，信息技术）技术工程师所广泛应用。

环回测试就是通过将被测设备或线路的收发端进行短接，让被测的设备接收自己发出的信号来判断线路或端口是否存在断点。也可以在被环回的线路上挂测试仪器来测试被环回段线路的传输质量。

当通过故障现象可以初步判断是线路问题时，通常从一端设备开始，从最近的节点向此设备环回，逐步扩展到再远一级的节点以及更远一级的节点，用多次不同的节点向同一个设备环回，以判断到底是哪两个节点之间存在问题，这样的方法叫作分段环回测试。

环回测试分为软环回和硬环回，也叫作软件环回和硬件环回，一般简称软环和硬环。软件环回是通过一端设备的软件支持，用网络管理软件直接将本端设备接收端口（Rx）收到的信号转到发送端发出，以达到对远端设备环回的目的。有的设备不支持软环。

硬件环回比较简单，直接用硬件将线路上某节点（包括设备端口）的 Tx 和 Rx 进行短接，以达到向被短接端环回的目的，一般分段环回测试都采用也只能采用硬件环回，软件环回一般只用于从一端设备向另一端设备（包括这两端设备）之间的所有线路进行环回测试，也叫作整段环回。

#### 1. 本地环回测试

本地环回测试中，端口向外发包，也就是从 MAC 层向 PHY 层方向发包。本地环回测试较为常见，通常分为 MAC 内环、PHY 内环和端口外环。这几种环回测试方式简单易用，以太网设备基本都支持。

1）MAC 内环

MAC 内环的测试范围仅限于 MAC 芯片，如图 7-3 所示。

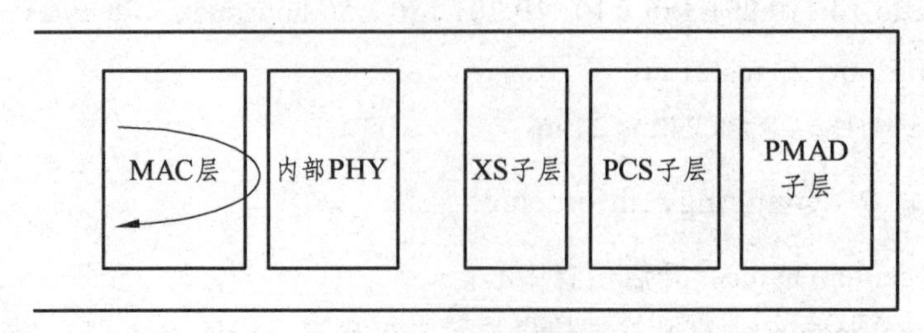


图 7-3　MAC 内环测试

2）PHY 内环

PHY 内环测试的范围覆盖了从 MAC 芯片到 PHY 芯片的 PCS 子层，如图 7-4 所示。

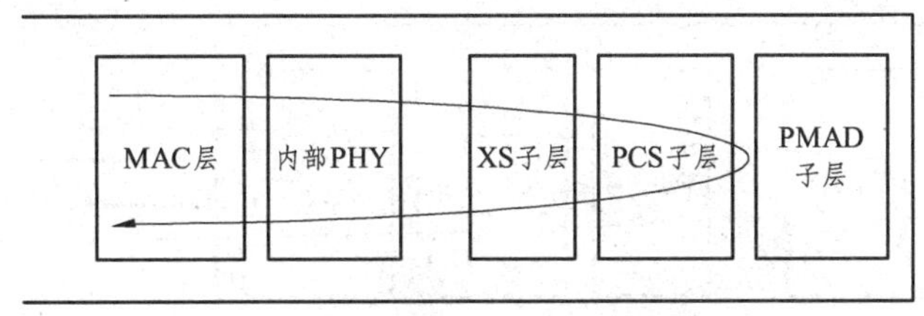


图 7-4　PHY 内环测试

3）外　环

外环测试要在端口外面构造一个物理环路，如图 7-5 所示。电口使用自环头，光口可以用一根光纤连接光模块的 TX 和 RX 端。外环测试中，报文从 MAC 层发出，经 PHY 层到达端口外面，再经过外部的物理环路回到 MAC。这样，外环测试就覆盖了本地端口的全部功能。

需要注意的是，并非所有的以太网端口都支持外环测试。10GBASE-T 的万兆模式就不支持外环测试。对于 40G/100G 光口而言，端口使用的是一束 8 根/20 根的光纤，外环测试似乎也不太可行。

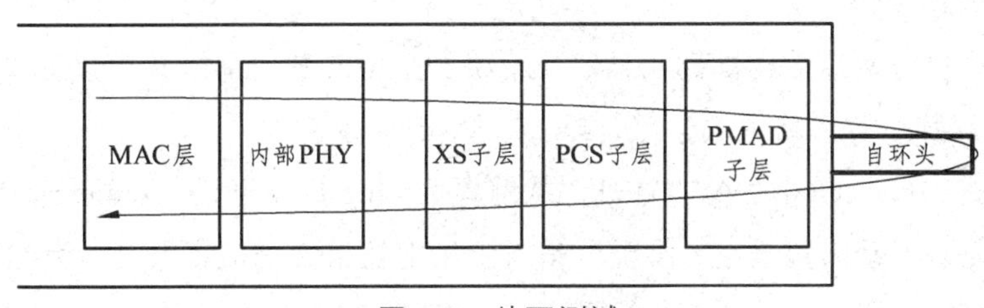


图 7-5　外环测试

2. 远端环回测试

和本地环回测试相比，远端环回测试的方式恰好相反。端口外接 packet generator，packet generator 向端口发送报文。端口收到报文之后，报文在端口内部转个圈再回来，packet generator 发送多少报文就应该收回多少报文。除了外部 PHY 和内部 PHY，远端环回测试可以检测链路是否存在故障。

1）XS 层的远端环回

报文在外部 PHY 的 XS 子层进行环回，再从本端口转发出去，如图 7-6 所示。

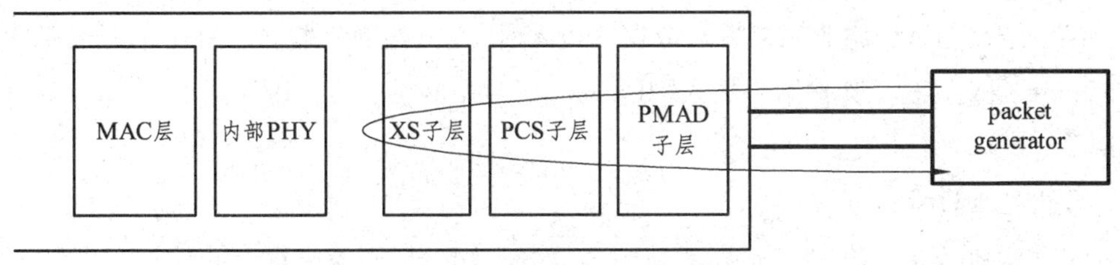


图 7-6　XS 层的远端环回

2）内部 PHY 的远端环回

报文在 MAC 芯片的内部 PHY 进行环回，再从本端口转发出去，如图 7-7 所示。

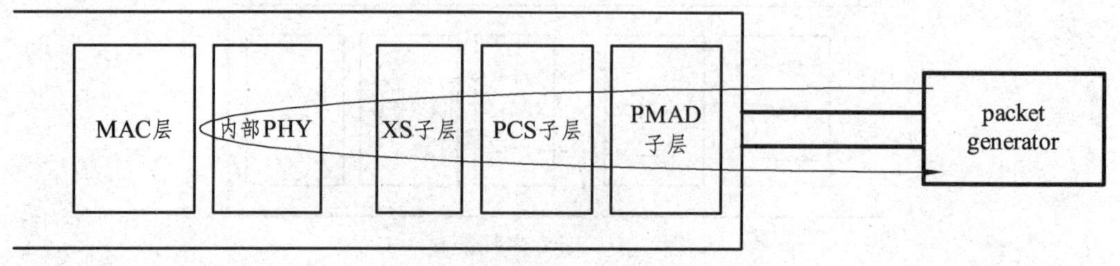


图 7-7　内部 PHY 的远端环回

## 7.6　调度数据网典型故障案例分析

**案例 1：110 kV 某变网络通道频繁投退**

故障现象：

9 月 11 日某变第一接入网、第二接入网 2 M 改百兆业务完成后，104 通道频繁中断。每次通道中断片刻后投入，中断时间一般从数秒到数十秒。

分析及处理过程：

（1）仔细检查两套数据网路由器、交换机和加密装置，都能实现远程管理，OSPF、BGP 路由协议都正常，路由表学习正常。

（2）检查 OPEN3000 系统前置机，从前置上 ping 厂站远动，telnet 远动的 2404 业务端口都正常。观察前置报文，发现厂站对主站下发报文响应不及时，引起 104 业务频繁投退，前置在下发总召命令后，数据上送，链路又建立。

（3）经过反复试验，发现从 OPEN3000 前置，ping 远动大包 1427 通，1428 不通，怀疑是 MTU 值的问题。最后在厂站路由器的 VPN 接口上配置 tcp mss 1208，测试仍然存在问题。最终请通信技术人员将该变电站传输对应的以太网口的 MTU 值改成 1600 后，前置 ping 大包正常，厂站响应及时，两条通道工作正常。

**案例 2：调试网络监测装置双数据网接入时，第一接入网与主站网络通信正常，第二接入网与主站网络故障**

故障现象：

某变电站调试网络监测装置双数据网接入时，变电站网络监测装置两个接入网地址都能 ping 通交换机，其中第一接入网能 ping 通主站网关，第二接入网网络 ping 不通主站网关。

分析处理过程：

主站运维人员检查变电站和主站的第二接入网，加密策略配置正确，检查第二接入网非实时交换机，ping 现场网络监测装置地址通信正常，怀疑加密策略不生效或现场网络监测装置未配置路由、网关。在二平面隧道上添加一个密文的 ping 交换机策略，发现能与现场交换机 ping 通，故联系变电站检查网络监测装置的网关、路由配置，现场检查后回复网络监测装置网关配置错误，重新配置后网络通信正常。

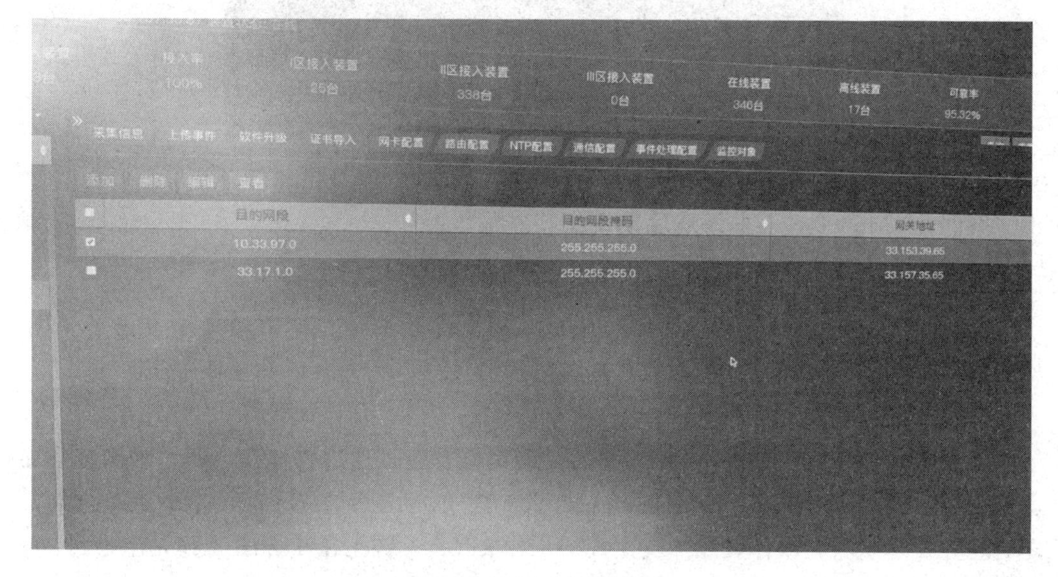


图 7-8 案例 2 故障现象

**案例 3：主站与变电站网络监测装置通信正常、调阅正常、告警接收正常，平台显示变电站网络监测装置设备离线**

故障现象：

某变电站接入网络监测装置、主站调阅变电站网络监测装置正常，能接收实时告警，平台显示变电站网络监测装置设备离线。

分析及处理过程：

网络监测装置平台检测现场网络监测装置是否在线机制是变电站网络安全监测装置向主站网络安全管理平台的网关每分钟发送一个在线报文。

（1）检查变电站是否有实时发送在线报文；

（2）通过在网络管理平台的非实时网关服务器，进入/home/p2000/PSSSP/log/ dlmsvr 目录，使用 tail 命令查看 recv.log 文件中是否有该变电站的在线报文：

Tail –f recv.log |grep“现场网络监测装置 ip 地址”

（3）是否有“******DCD 0 1 online]”结尾的报文，如果没有说明变电站没有把在线报文主动往主站发送，如图 7-9 所示。

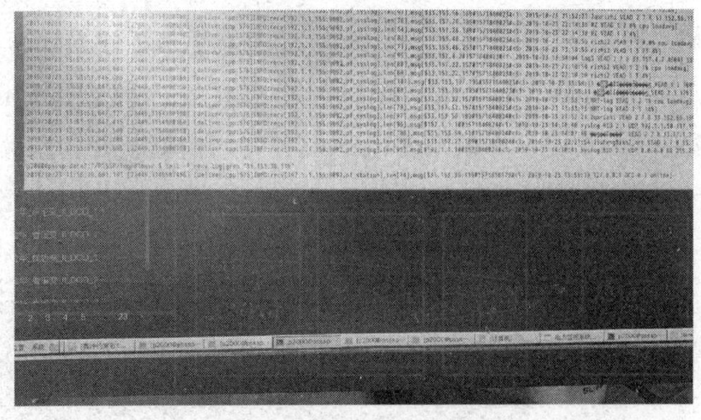

图 7-9　案例 3 分析过程

**案例 4：M6000-S 下发策略后导致业务中断**

故障现象：

××年××月××日早上 11 点左右发现有一部分县局主站 M6000-S 在做了 ACL 加固之后主站加密无法管理（所有县局 ACL 下发一致），并且厂站业务中断。

分析处理过程：

该现象并非在所有做过 ACL 加固的县局都会发生，通过咨询发生问题的部分县局运维人员，发现会有这么一个现象：在做过 ACL 加固之后的半小时内基本是正常的，之后就会发生中断，故怀疑故障发生在二层 ARP 上，首先在 Linux 工作站上通过 arp 命令删除网关的记录，然后通过 arping 实时查看 arp 返回记录，发现无网关相关正常 arp 响应报文，并在工作站上强制绑定网关网卡硬件地址，发现通信正常。故得出 M6000-S 添加 ACL 之后会影响二层 ARP，需要在 ACL 添加该网段 IP，但是添加之后不符合纵向加密故障网络不走明文的要求，因此不能添加。但是有些县局并没有发生故障，因此判别是路由器固件版本问题，查询了路由器固件版本，发现无问题的路由器和有问题的不是同一个版本，图 7-10 所示是正常版本（更高版本也有问题，消缺中发现）：

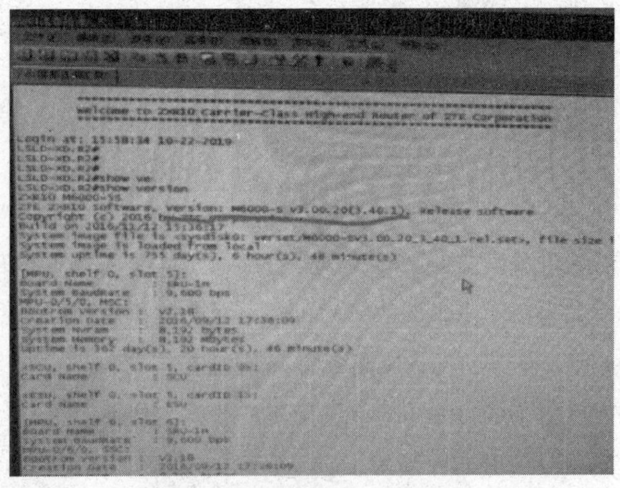


图 7-10　路由器 V3.00.20 版本

（1）联系购买路由器的厂家，报告此问题。

（2）厂家升级路由器到 V3.00.20 版本，ACL 下发正常。

**案例 5：加密装置与交换机速率协商冲突**

故障现象：

某 110 kV 变电站第二接入网纵向加密装置离线，加密隧道中断，业务中断。

分析处理过程：

该站第二接入网采用一台 MSR30-40 路由器、一台 NetKeeper2000 纵向加密装置（双进双出配置）、两台 ZXR10 2950 并接入交换机。现场对该加密装置进行更换后，一段时间之后仍会出现该问题。经向技术人员询问，考虑该故障可能由于交换机网口兼容性引起，交换机网口与加密装置网口存在速率协商冲突引起加密装置网络问题。现场将交换机与加密装置互联网口协商速度改为 10 M 全双工方式，经长时间运行观察发现，该问题不再发生。

**案例 6：网络监测装置误告警**

故障现象：

某 110 kV 变电站网络监测装置在凌晨某一时刻上送大量紧急、重要告警。

分析处理过程：

该 110 kV 变电站网络监测装置为Ⅱ型监测装置，告警内容为非法外联、防火墙攻击告警、无线网卡插入等，远程调阅网安设备上送告警，并未发现有上述告警。经技术人员对网络监测装置进行排查发现，该软件版本的网络监测装置因采用双网连接（跨接第一、第二接入网），会在双网切换时，将之前调试时上送的一些告警信息（机器缓存中的）重新向主站进行发送。对网络安全监测装置进行软件版本升级后，经现场对网络进行切换测试，未发现有误告警的情况。同时对地区内存在相同问题的网络监测装置也一并进行了升级消缺。

**案例 7：通信汇聚光口故障，导致数据网业务中断**

故障现象：

某地调自动化值班员发现 D5000 系统中 6 个 220 kV 变电站的调度接入网 104 通道同时中断。

分析处理过程：

网络管理员检查后发现某站调度接入网汇聚路由器至 6 个变电站接入路由器的互联链路不通，立即联系信通检查，信通检查后告知某站侧通信设备有告警，有可能是通信设备故障，已通知通信人员至现场处理，通信检修人员现场处理后告知，通信以赛设备上至某站调度接入网路由器汇聚 CPOS 卡的光口故障，切换至以赛设备的备用光口，已重新配置参数，网络管理员检查后确认链路已恢复正常，自动化值班员确认 104 通道已恢复。

**案例 8：加密认证装置故障引起（DUP!）网络故障，导致业务受影响**

故障现象：

某县 110 kV 变电站地调第一接入网业务时断时续，导致数据传输不稳定，影响 D5000 监视。

分析处理过程：

在县调汇聚路由器上进行抓包分析，发现该变电站的数据包存在（DUP!）网络故障。（DUP!）故障是指在 ping 包的时候收到多个重复值回应，初步怀疑存在 IP 地址冲突，经排查不存在IP地址冲突，无重复网关设置。之后将变电站路由器的上联口从 G0/0/0 的配置改到 G0/0/1 上，查看路由器状态，BGP、OSPF 协议都正常，市调确认设备通信链路正常。更换变电站路由器百兆板卡，将上联配置后改到百兆板卡后，抓包发现报文仍然存在（DUP!）网络故障。在地调主站核心路由器进行 ping 包分析，发现不存在（DUP!）网络故障，怀疑是县调主站纵向加密认证装置引起，加密装置同时起到网关转发的作用，可能因为装置使用年限已经很长，可能存在隐性故障，更换加密装置后故障消除。

**案例 9：电量前置服务器重启后明细路由丢失导致告警**

故障现象：

主站一平面非实时纵向加密认证装置发出大量重要告警：异常访问数据，从[*.*.65.28]等主机向[*.*.8.1]等目的主机的异常访问数据。

分析处理过程：

*.*.65.28 为主站 2#电量前置服务器数据网一平面地址，*.*.8.1 是主站监视平台内网Ⅱ区采集服务器地址。

电量前置服务器安装了监视平台 Agent 代理服务，正常情况下该服务会将服务器的各项信息通过内网网口实时发送至监视平台采集服务器。而当前告警信息显示电量服务器正在通过一平面数据网网口发送该数据。经过与电量专职确认，该服务器之前刚重新起，初步判断造成这一现象为两种情况，一是电量服务器重启后路由丢失或路由配置错误导致，二是该服务器内网侧网口可能发现物理链路中断导致。检查该服务器各网口物理链路均为正常，该告警不是此原因造成。本地登录该服务器，检查到路由条目全部丢失，而且错误配置去往一平面非实时数据网网关的默认路由。通知该服务器厂家，重新配置明细路由，并删除默认路由。将当前配置路由写入启动文件，防止该服务器再次重启丢失。

# 网络报文记录及分析装置

本章主要对网络报文记录及分析装置功能、特点、接入方式及常见问题进行了说明，介绍 GOOSE 报文的解读、MMS 报文的解读，并列举了 4 个典型故障案例供技术人员参考，章尾提出参考题供大家思考。

## 8.1 网络报文记录及分析装置介绍

目前，智能变电站监控系统站控层、间隔层和过程层之间按 IEC61850 协议进行通信，模拟量通过采样值 SV 报文传输，状态量通过 GOOSE 报文传输，监控后台及远动与间隔层设备通信通过 MMS 报文传输。网络报文记录及分析装置广泛应用于智能变电站，能完整记录智能变电站中各智能设备间的通信及整个通信过程，并以图形化的界面向用户实时展示分析结果，使不可见的网络通信过程能形象、生动地展示给用户，使用户能及时、形象地了解网络的通信状态，并为事故分析和二次设备状态检修提供依据。

### 8.1.1 网络报文记录及分析装置的特点

网络报文记录及分析装置（网络分析仪）用于智能变电站通信网络的监测，主要具有如下特点：

（1）透明性监测。通过 GOOSE/SV 的组播技术和 MMS 交换机的端口镜像设置，实现网络分析仪的单向接收，即不对运行网络发送任何报文，安全性极高。

（2）全景数据采集和处理。接收并处理整个变电站内通信报文，实现报文存储、解析、数据在线及离线分析、一次系统工况再现、信息检索等高级应用。

（3）高精度的时间系统。支持 IRIG-B 码和简单网络时间协议（SNTP）等多种时钟源对时，可为事故分析的逻辑时序提供依据。

（4）图形化的监控界面，操作维护直观简单，设备性能强大，设备数量少，结构简单，提高了系统稳定性，减少故障率。

（5）人性化的报文分析功能。网络分析仪全面支持变电站配置描述（SCD）文件，根据原始报文还原电力系统故障波形和动作行为，可以将报文解析与 SCD 文件匹配，方便用户查看报文。

### 8.1.2 网络报文记录及分析装置的组成及系统接入

智能变电站组网方式的不同，网络分析仪的接入方式也不同，网络分析仪系统接入图如图 8-1 所示。

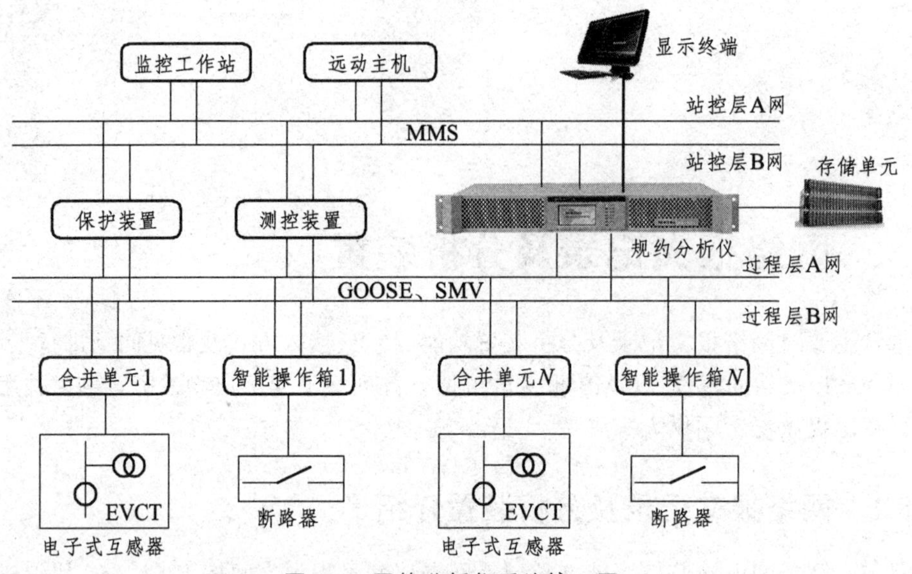


图 8-1　网络分析仪系统接入图

其中，监听端口接入 GOOSE 组播域实现 GOOSE 报文的记录，监听端口接入 SV 组播域可实现 SV 报文记录，站控层交换机将 MMS 报文复制到镜像端口实现 MMS 报文的记录。

网络分析仪一般由报文监听单元（采集单元）和数据分析单元（管理单元）两部分组成，硬件上通常由监听装置、分析终端、交换机等网络设备组成，其中报文监听（采集单元）装置可分散分布于各继保小室。

网络分析仪存储的数据主要是 MMS、GOOSE 和 SV，每类数据格式不同，其流量大小也不一样。对于主要用于事故追忆和分析功能的网络分析仪，需单独配置数据存储器，以实现海量数据的无损存储。当记录文件的记录容量达到最大值后，网络分析仪系统一般采用循环覆盖历史记录的方式进行再记录。

数据分析单元实时对采集的网络数据进行网络分析和应用协议分析，以及时发现网络通信过程中的异常和应用协议中的错误。

### 8.1.3　网络报文记录及分析装置的主要功能

（1）网络状态诊断功能：包括网络端口通信中断告警、网络流量统计和流量异常报警等，变电站网络主要分为三类报文：SV 报文、GOOSE 报文、MMS 报文。网络分析仪按照报文类别分别对报文进行流量统计。

（2）网络报文记录功能：可以记录流经报文采集单元网络端口的所有原始报文，对特定的有逻辑关系的报文（如 SV 报文、GOOSE 报文、IEEE1588 报文等）进行实时解码诊断。记录有 GOOSE 报文或 SV 报文的告警或动作信息、GOOSE 动作、GOOSE 序列计数跳跃、GOOSE 序列计数逆转、GOOSE 状态计数跳跃、GOOSE 状态计数逆转、GOOSE 状态虚变、GOOSE 断链、GOOSE 配置不符、GOOSE 重复报文，MMS 断链、SV 断链、

SV 采样计数不连续、SV 不同步、SV 品质异常，SV 采样计数重复、SV 配置不符等。

（3）网络报文分析功能：包括过程层 GOOSE 报文分析、过程层采样值 SV 报文分析、站控层 MMS 报文分析。

（4）历史报文查询功能及告警查询功能。

### 8.1.4 网络报文记录及分析装置的主要技术要求

（1）装置应具备对全站各种网络报文（快速报文、中速报文、低速报文、原始数据报文、文件传输功能报文、时间同步报文、访问控制命令报文等）进行实时监视、捕捉、分析、存储和统计的功能。装置应具备变电站网络通信状态在线监视和状态评估的功能。

（2）装置对报文的捕捉应安全、透明，不得对原有的网络通信产生任何影响。装置的各网络接口，应采用相互独立的数据接口控制器。

（3）装置所记录的数据应真实、可靠，并具有足够的安全性，不应因供电电源中断等偶然因素丢失已记录数据。应具备防病毒和网络攻击能力，不应因病毒感染影响正常记录或丢失已记录的数据。应具有自复位功能，当软件工作不正常时，应能通过自复位功能自动恢复正常工作。

（4）装置应具有必要的自检功能，应具有装置异常、电源消失、事件信号的硬接点输出；应支持双电源供电，满足无人值班的要求；应易扩展、易升级、易改造、易维护。

（5）网络分析仪监视与分析功能应包含：报文实时监视及分析、网络状态实时监视及分析、电力系统数据实时监视及分析、其他高级应用。

（6）装置应提供就地人机交互接口，可对该装置进行数据查询和调用；具有数据文件的管理列表，可对历史数据进行查询、分析、打印、导出等管理；能够根据时间、类型和服务等关键字对已记录的数据进行查询。

### 8.1.5 网络报文记录及分析装置常见问题

（1）MMS 报文的解析能力不足，不能满足现场运维和检修人员的需求。

（2）人机界面不够友好，不容易上手，部分功能不能满足用户需求。

（3）硬盘空间有限，数据存储时间短，不利于历史数据分析。

（4）运行长时间后会死机重启，装置的稳定性有待提高。

（5）实际工程的配置中，网络分析仪与当地监控系统或远方调度的通信功能不完善，网络分析仪相关的异常分析数据无法通过软报文方式与监控系统实现交互，影响网络分析仪使用效果。

## 8.2 GOOSE 报文解读

本节主要将介绍 GOOSE 报文的解读。图 8-2 所示为某项目工程调试期间用 ETHEREAL 软件截取的一帧报文，为一 220 kV 线路保护发出的 GOOSE 报文。

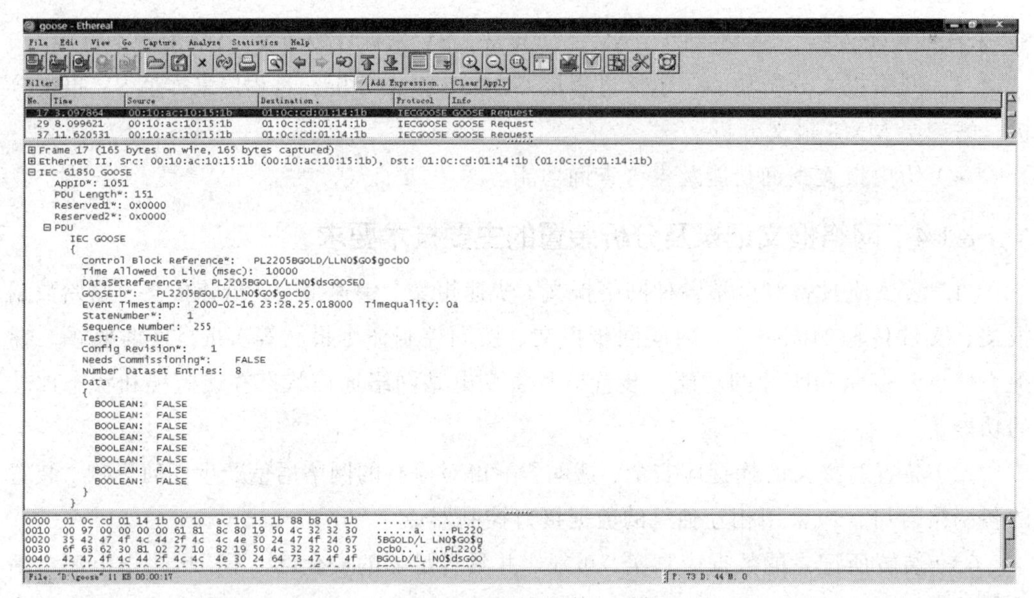


图 8-2 220 kV 线路保护 GOOSE 报文

1. 发送地址和接收地址

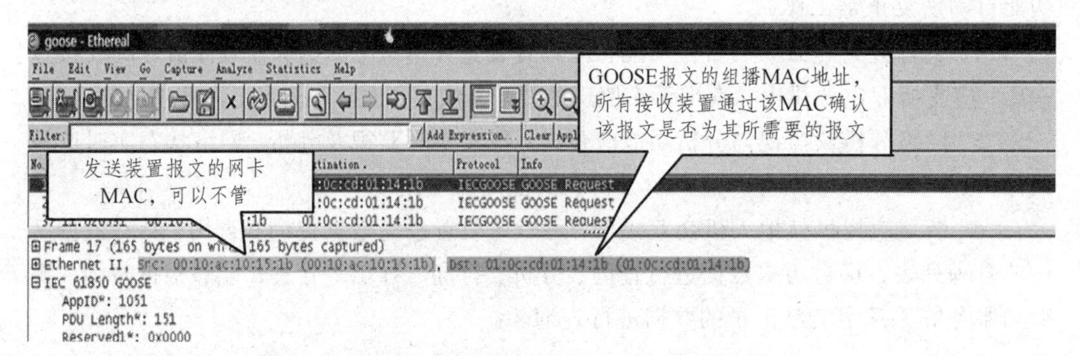


图 8-3 GOOSE 报文发送地址和接收地址

2. 应用标示

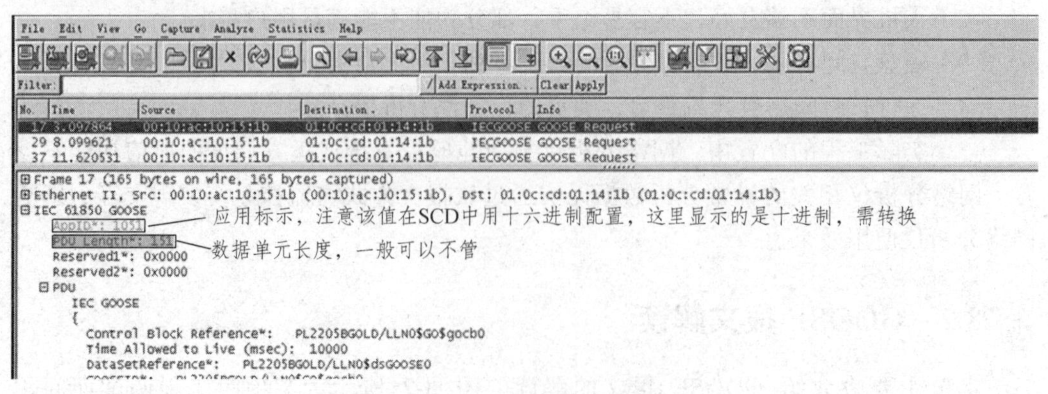


图 8-4 GOOSE 报文应用标示

### 3. GOOSE 控制块路径

图 8-5 GOOSE 报文控制块路径

### 4. 报文生存时间

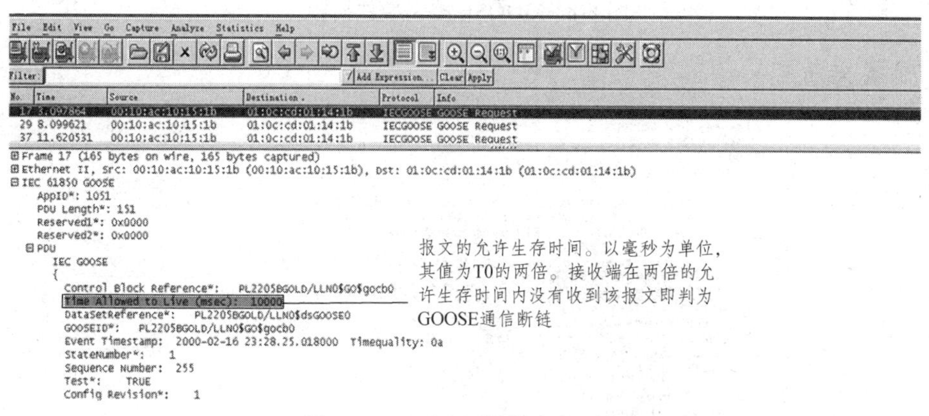


图 8-6 GOOSE 报文生存时间

### 5. GOOSE 数据集

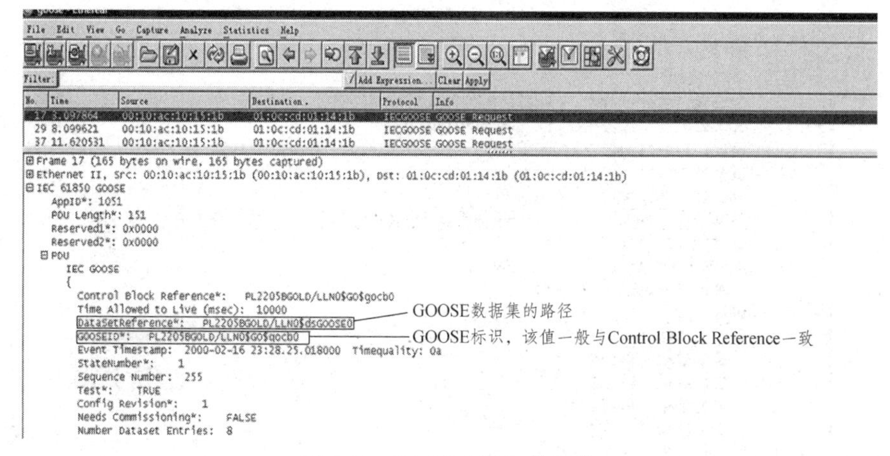


图 8-7 GOOSE 报文数据集

6. 事件时标

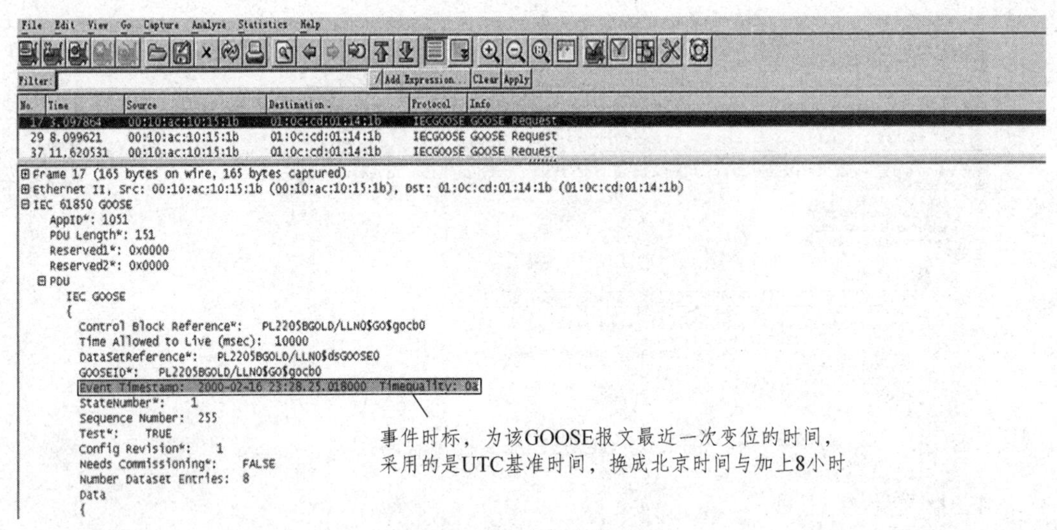


图 8-8 GOOSE 报文事件时标

7. 报文序号

```
Reserved1*: 0x0000
Reserved2*: 0x0000
PDU
  IEC GOOSE
  {
    Control Block Reference*:   PL2205BGOLD/LLN0$GO$gocb0
    Time Allowed to Live (msec):  10000
    DataSetReference*:   PL2205BGOLD/LLN0$dsGOOSE0
    GOOSEID*:   PL2205BGOLD/LLN0$GO$gocb0
    Event Timestamp:  2000-02-16 23:28.25.018000  Timequality: 0a
    StateNumber*:    1
    Sequence Number:  255
    Test*:    TRUE
    Config Revision*:    1
    Needs Commissioning*:    FALSE
    Number Dataset Entries:  8
    Data
    {
      BOOLEAN:  FALSE
      BOOLEAN:  FALSE
      BOOLEAN:  FALSE
      BOOLEAN:  FALSE
      BOOLEAN:  FALSE
      BOOLEAN:  FALSE
```

分别是该报文的StNum和SqNum

图 8-9 GOOSE 报文序号

8. 报文检修信息

```
DataSetReference*:   PL2205BGOLD/LLN0$dsGOOSE0
GOOSEID*:   PL2205BGOLD/LLN0$GO$gocb0
Event Timestamp:  2000-02-16 23:28.25.018000  Timequality: 0a
StateNumber*:    1
Sequence Number:  255
Test*:    TRUE
Config Revision*:    1
Needs Commissioning*:    FALSE
Number Dataset Entries:  8
Data
{
  BOOLEAN:  FALSE
  BOOLEAN:  FALSE
  BOOLEAN:  FALSE
  BOOLEAN:  FALSE
```

表示该GOOSE报文的发送装置是否处于检修状态。

图 8-10 GOOSE 报文检修信息

9. 报文数据集内容

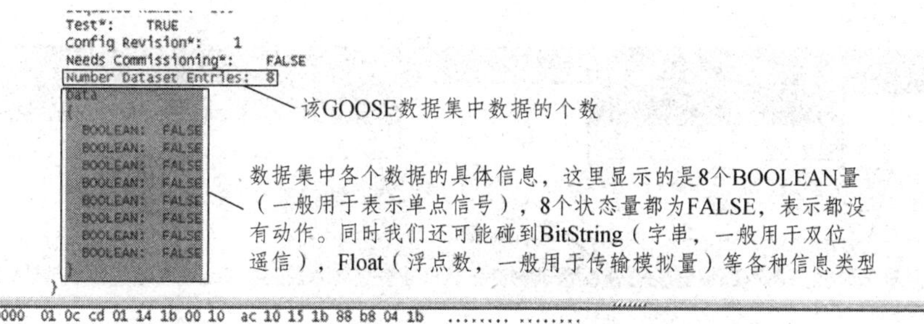


图 8-11 GOOSE 报文数据集内容

结合配置文件信息，我们可以很清楚地知道以上数据集中各个数据的实际意义。GOOSE 报文数据集解析如图 8-12 所示。

LN | DataSet | Control | GOOSE | ReportControl

IED名称 PL2205B　　LDevice名称 GOLD

GOOSE出口数据集 (LLN0$dsGOOSE0)

| | 数据引用名 | daName | 数据描述 | dU | 短地址 |
|---|---|---|---|---|---|
| 1 | GOLD/GOPTRC1.Tr | phsA | 跳闸输出_GOOSE | 跳闸输出_GOOSE | DZYJ:B02.SwitchOut_F0.Go_S0_BIN0 |
| 2 | GOLD/GOPTRC1.Tr | phsB | 跳闸输出_GOOSE | 跳闸输出_GOOSE | DZYJ:B02.SwitchOut_F0.Go_S0_BIN1 |
| 3 | GOLD/GOPTRC1.Tr | phsC | 跳闸输出_GOOSE | 跳闸输出_GOOSE | DZYJ:B02.SwitchOut_F0.Go_S0_BIN2 |
| 4 | GOLD/GOPTRC1.StrBF | phsA | 启动失灵_GOOSE | 启动失灵_GOOSE | DZYJ:B02.SwitchOut_F0.Go_S1_BIN0 |
| 5 | GOLD/GOPTRC1.StrBF | phsB | 启动失灵_GOOSE | 启动失灵_GOOSE | DZYJ:B02.SwitchOut_F0.Go_S1_BIN1 |
| 6 | GOLD/GOPTRC1.StrBF | phsC | 启动失灵_GOOSE | 启动失灵_GOOSE | DZYJ:B02.SwitchOut_F0.Go_S1_BIN2 |
| 7 | GOLD/GOPTRC1.BlkRecST | stVal | 闭锁重合闸_GOOSE | 闭锁重合闸_GOOSE | DZYJ:B02.SwitchOut_F0.Go_S1_BIN4 |
| 8 | GOLD/GORREC1.Op | general | 重合闸_GOOSE | 重合闸_GOOSE | DZYJ:B02.SwitchOut_F0.Go_S2_BIN3 |

图 8-12 GOOSE 报文数据集解析

## 8.3 MMS 报文解读

图 8-13 所示为某项目工程调试期间用 ETHEREAL 软件截取的一帧报文，为一 220 kV 线路保护向后台发送的 MMS 报文。

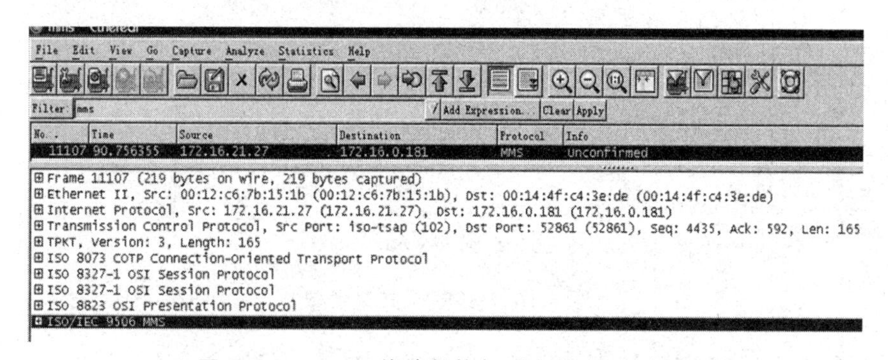


图 8-13 220 kV 线路保护与后台的 MMS 报文

## 1. 发送地址和接收地址

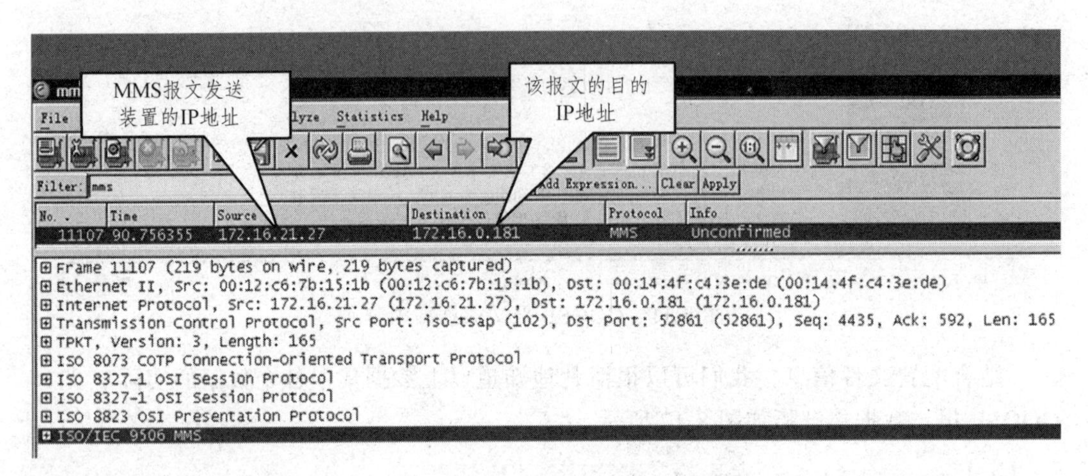


图 8-14　MMS 报文发送地址和接收地址

## 2. 报文控制块

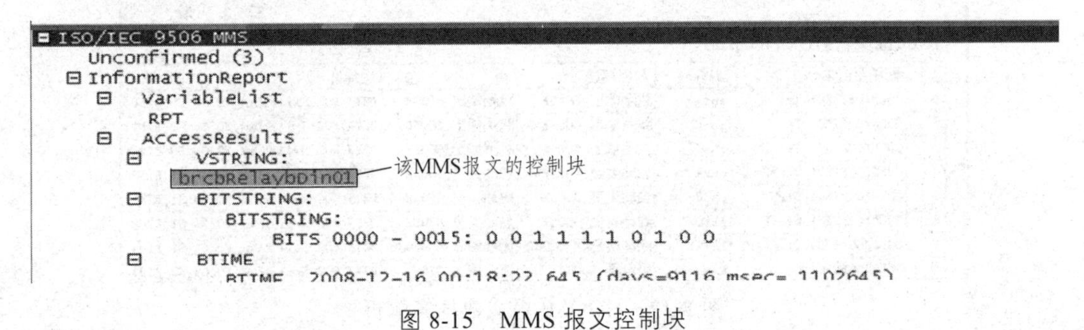


图 8-15　MMS 报文控制块

## 3. 报文选项域

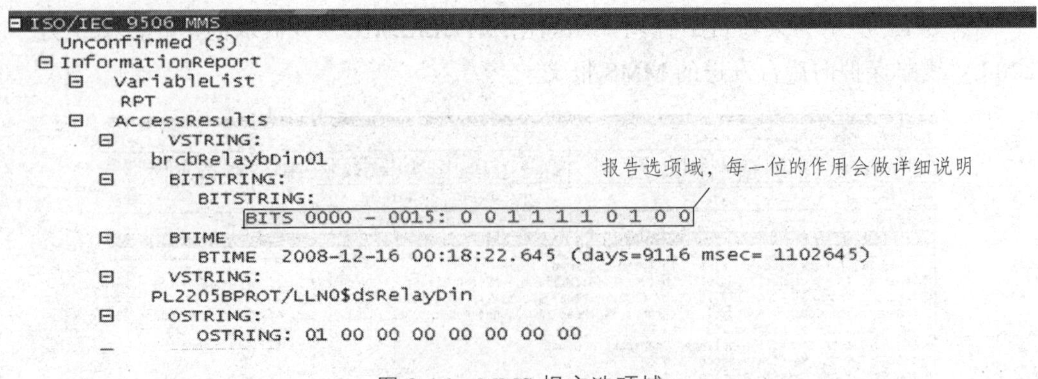


图 8-16　MMS 报文选项域

在 IEC61850 规约中，对选项域定义如表 8-1 所示。

表 8-1　选项域在位串中的映射

| BRC 状态的 ACSI 值 | MMS 比特的位置 |
|---|---|
| 保留（Reserved） | 0 |
| 顺序号（sequence-number） | 1 |
| 报告时标（report-time-stamp） | 2 |
| 包含原因（reason-for-inclusion） | 3 |
| 数据集名称（data-set-name） | 4 |
| 数据引用（data-reference） | 5 |
| 缓冲区溢出（buffer-overflow） | 6 |
| 条目标识（entryID） | 7 |
| 配置版本（conf-rev） | 8 |
| 分段（Segmentation） | 9 |

## 4. 报文发送时间

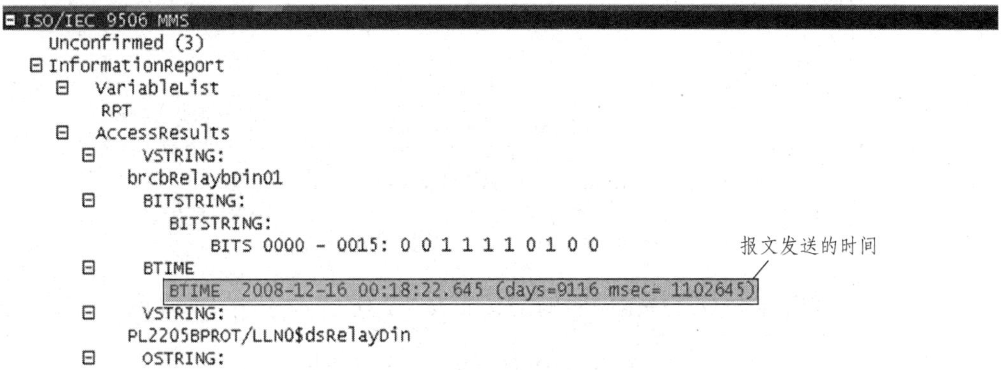

```
⊟ ISO/IEC 9506 MMS
    Unconfirmed (3)
  ⊟ InformationReport
     ⊟   VariableList
           RPT
     ⊟   AccessResults
        ⊟     VSTRING:
             brcbRelaybDin01
        ⊟     BITSTRING:
                 BITSTRING:
                     BITS 0000 - 0015: 0 0 1 1 1 1 0 1 0 0
        ⊟     BTIME
                 BTIME  2008-12-16 00:18:22.645 (days=9116 msec= 1102645)
        ⊟     VSTRING:
             PL2205BPROT/LLN0$dsRelayDin
        ⊟     OSTRING:
```

报文发送的时间

图 8-17　MMS 报文发送时间

## 5. 报文内容所在数据集

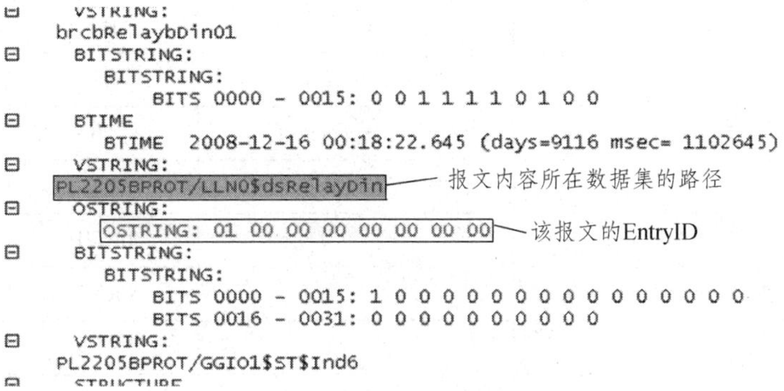

```
⊟    VSTRING:
    brcbRelaybDin01
⊟     BITSTRING:
         BITSTRING:
             BITS 0000 - 0015: 0 0 1 1 1 1 0 1 0 0
⊟     BTIME
         BTIME  2008-12-16 00:18:22.645 (days=9116 msec= 1102645)
⊟     VSTRING:
    PL2205BPROT/LLN0$dsRelayDin
⊟     OSTRING:
         OSTRING: 01 00 00 00 00 00 00 00
⊟     BITSTRING:
         BITSTRING:
             BITS 0000 - 0015: 1 0 0 0 0 0 0 0 0 0 0 0 0 0 0 0
             BITS 0016 - 0031: 0 0 0 0 0 0 0 0 0 0
⊟     VSTRING:
    PL2205BPROT/GGIO1$ST$Ind6
⊟     STRUCTURE
```

报文内容所在数据集的路径

该报文的EntryID

图 8-18　MMS 报文数据集

6. 报文内容解析

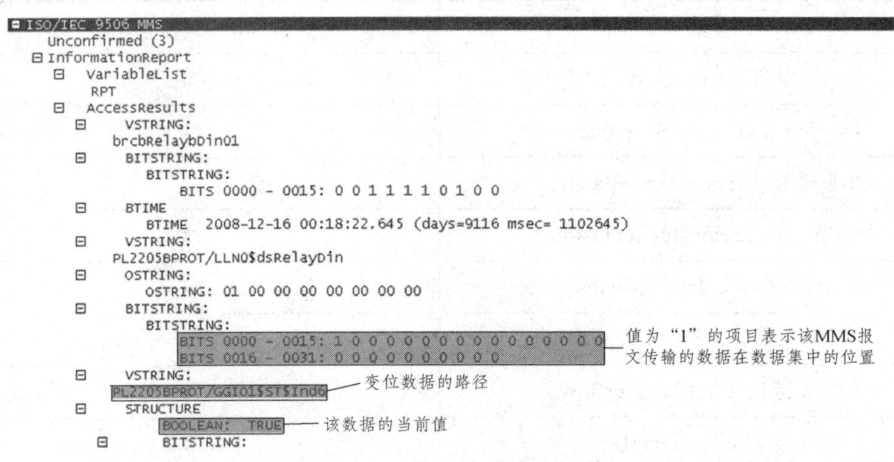

图 8-19 MMS 报文数据解析

结合配置文件信息，我们可以找出发出告警的信息。

7. 数据品质

```
⊟    VSTRING:
   PL2205BPROT/GGIO1$ST$Ind6
⊟    STRUCTURE
         BOOLEAN:  TRUE
  ⊟      BITSTRING:
           BITSTRING:
               BITS 0000 - 0015: 0 0 0 0 0 0 0 0 0 0 0 0 0 0 0
  ⊟      UTC
           UTC 2008-12-16 00:18.22.435000  Timequality: 0a
⊟    BITSTRING:
```

数据品质状态。每一位的作用会做详细说明

图 8-20 MMS 报文数据品质

在 IEC61850 规约中，对数据品质的定义如表 8-2 所示。

表 8-2 DL/T860.73 品质的编码

| 位 | DL/T860.73 | | 位串 | |
|---|---|---|---|---|
| | 属性名称 | 属性值 | 值 | 缺省 |
| 0～1 | 合法性（Validity） | 好（Good） | 00 | 00 |
| | | 非法（Invalid） | 01 | |
| | | 保留（Reserved） | 10 | |
| | | 可疑（Questionable） | 11 | |
| 2 | 溢出（Overflow） | | TRUE | FALSE |
| 3 | 超量程（OutofRange） | | TRUE | FALSE |
| 4 | 坏引用（BadReference） | | TRUE | FALSE |
| 5 | 振荡（Oscillatory） | | TRUE | FALSE |

续表

| 位 | DL/T860.73 | | 位串 | |
|---|---|---|---|---|
| | 属性名称 | 属性值 | 值 | 缺省 |
| 6 | 故障（Failure） | | TRUE | FALSE |
| 7 | 老数据（OldData） | | TRUE | FALSE |
| 8 | 不一致（Inconsistent） | | TRUE | FALSE |
| 9 | 不准确（Inaccurate） | | TRUE | FALSE |
| 10 | 源（Source） | 过程（Process） | 0 | 0 |
| | | 取代（Substituted） | 1 | |
| 11 | 测试（Test） | | TRUE | FALSE |
| 12 | 操作员闭锁（OperatorBIocked） | | TRUE | FALSE |

8. 数据变位时标

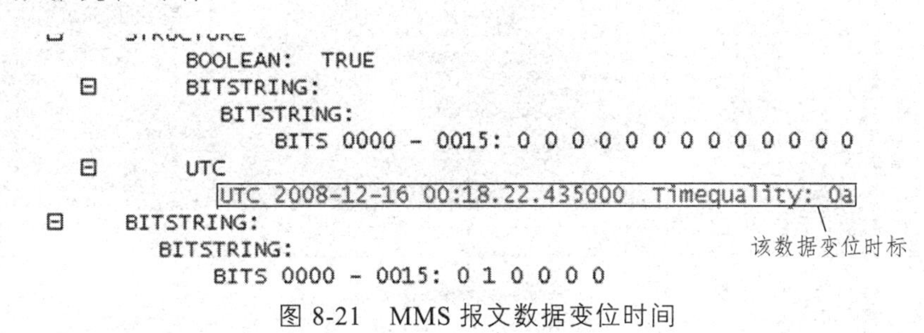


图 8-21 MMS 报文数据变位时间

9. 报文触发条件

```
        BITSTRING:
            BITS 0000 - 0015: 0 0 0 0 0 0 0 0 0 0 0 0 0
  ⊟     UTC
        UTC 2008-12-16 00:18.22.435000  Timequality: 0a
⊟   BITSTRING:
      BITSTRING:
        BITS 0000 - 0015: 0 1 0 0 0 0
```

触发条件，第二位为“1”，表示这帧报文是因数据变化上送的，每一位的作用会做详细说明

图 8-22 MMS 报文触发条件

在 IEC61850 规约中，对触发条件的定义如表 8-3 所示。

表 8-3 IEC61850 协议关于 MMS 报文触发条件的定义

| 位 0 | 保留 |
|---|---|
| 位 1 | 数据改变 |
| 位 2 | 品质改变 |
| 位 3 | 数据更新 |
| 位 4 | 完整性 |
| 位 5 | 总召唤 |

## 8.4 案例分析

**案例 1：保护动作 GOOSE 报文解读**

跳闸事件：

某日 15 时 19 分，500 kV**变 220 kV 堰松 4Q12 线遭雷击 C 相跳闸，第二套线路保护 PCS931 正确动作、重合成功。以下为 PCS931 保护装置出口 GOOSE 报文的解读。

报文解读：

PCS931 保护装置跳闸命令的发出和收回，重合闸命令的发出和收回，都是一个新事件的发生，都会触发 GOOSE 报文发送机制。图 8-23 所示为 PCS931 保护装置在整个保护动作阶段发送的 GOOSE 报文列表。

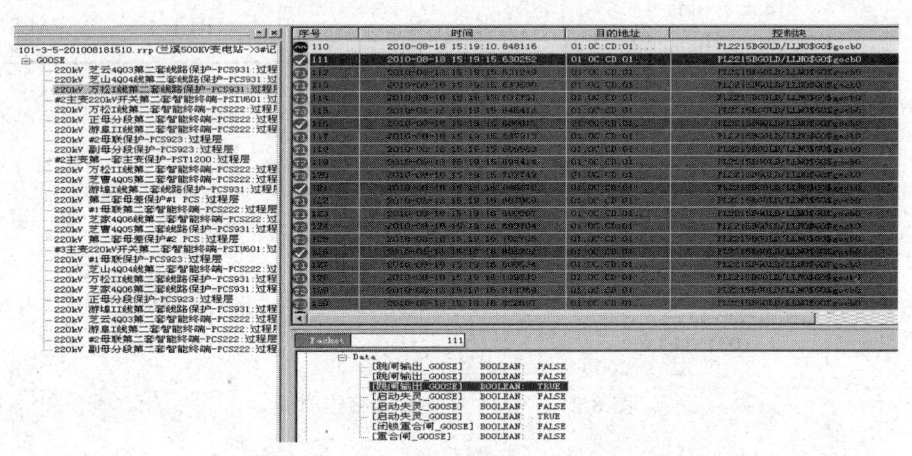


图 8-23 PCS931 保护装置 GOOSE 报文列表

（1）报文序号 110：PCS931 保护装置正常运行时的 GOOSE 心跳报文。

（2）报文序号 111：PCS931 保护装置 C 相跳闸出口的 GOOSE 报文，如图 8-24 所示。

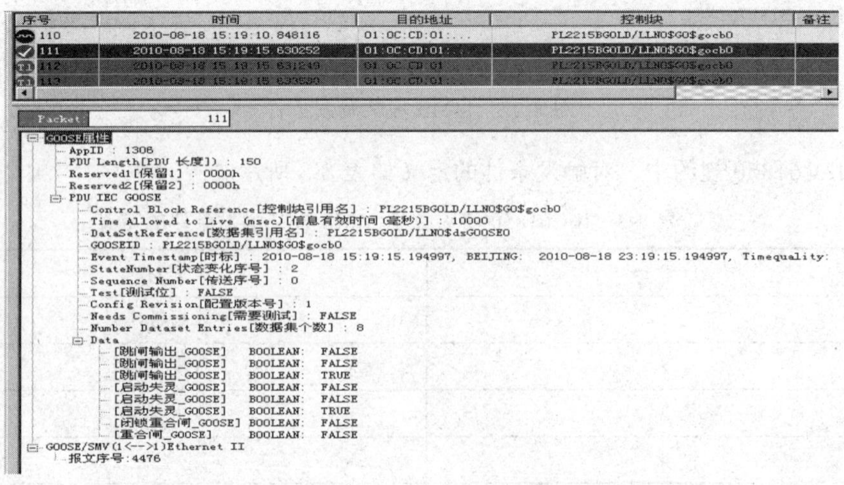


图 8-24 报文 111——C 相跳闸出口的 GOOSE 报文

报文状态号 StateNumber = 2，Data 数据集里面的成员发生了变化，跳闸输出（C 相）和启动失灵（C 相）的值变为“TRUE”，表示 PCS931 保护装置发出 C 相跳闸命令和 C 相启动失灵命令。

GOOSE 报文采用重传机制，以 2 ms，2 ms，4 ms，8 ms，5 s 间隔进行重发。其中，报文状态号 StateNumber 不变，传送序号 Sequence Number 从 0 依次增加,直至 Data 数据集里面的成员又发生变位。

（3）报文序号 116：PCS931 保护装置跳令返回的 GOOSE 报文，如图 8-25 所示。

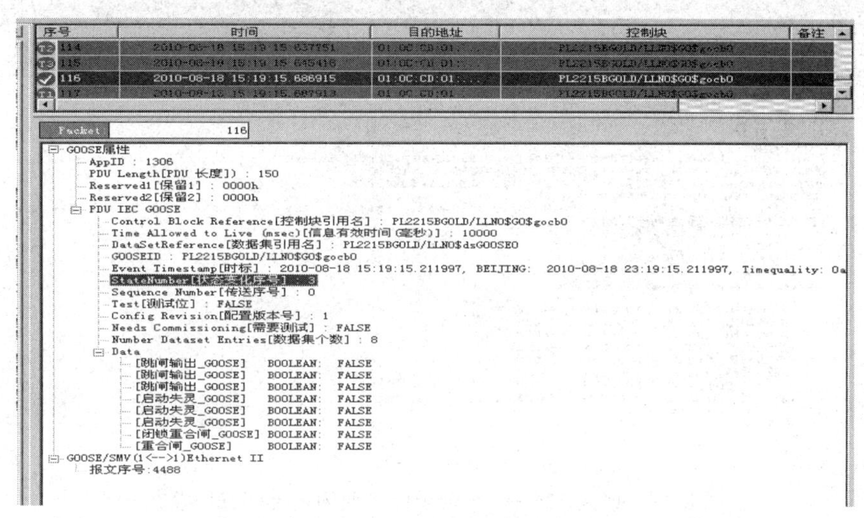


图 8-25 报文 116——跳令返回的 GOOSE 报文

报文状态号 StateNumber = 3，Data 数据集里面的成员发生了变化，跳闸输出（C 相）和启动失灵（C 相）的值从“TRUE”变为“FALSE”，表示 PCS931 保护装置保护返回。此时，故障电流已经清除。同理，报文以 2 ms，2 ms，4 ms，8 ms，5 s 间隔进行重发，直至 Data 数据集成员再发生变化。

（4）报文序号 121：PCS931 保护装置重合闸出口的 GOOSE 报文，如图 8-26 所示。

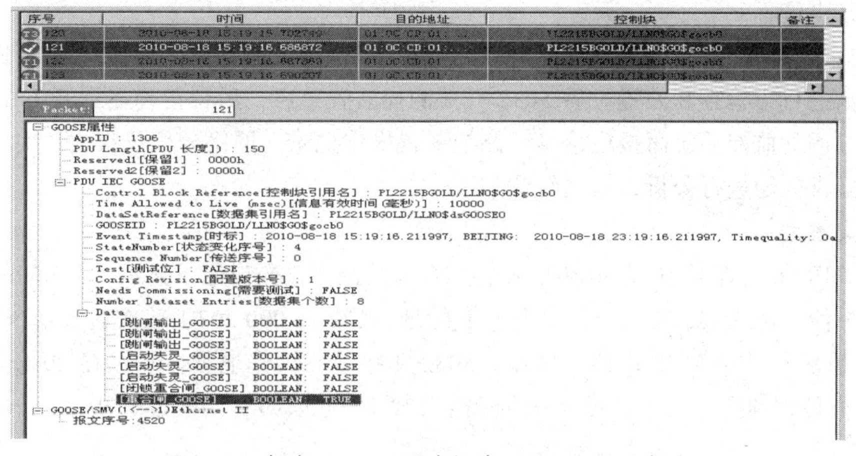


图 8-26 报文 121——重合闸出口的 GOOSE 报文

报文状态号 StateNumber = 4，Data 数据集里面的成员发生了变化，重合闸的值 从“FALSE”变为“TRUE”，表示 PCS931 保护装置发出重合闸脉冲信号。同理，报文以 2 ms，2 ms，4 ms，8 ms，5 s 间隔进行重发，直至 Data 数据集成员再发生变化。

（5）报文序号 126：PCS931 保护装置重合闸命令收回的 GOOSE 报文，如图 8-27 所示。

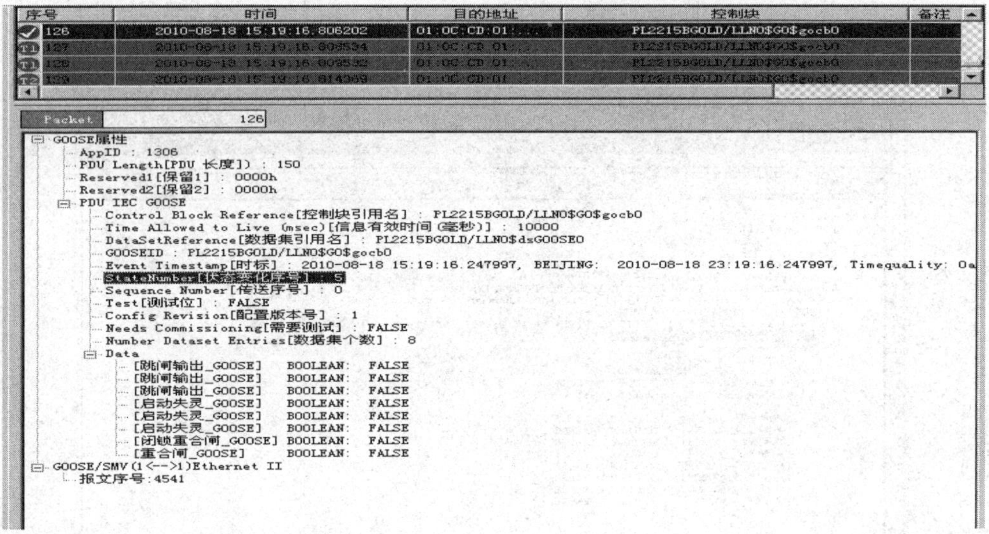

图 8-27　报文 126——重合闸命令收回的 GOOSE 报文

报文状态号 StateNumber = 4，Data 数据集里面的成员发生了变化，重合闸的值 从“TRUE”变为“FALSE”，表示 PCS931 保护装置收回重合闸脉冲信号，重合闸成功。

同理，报文以 2 ms，2 ms，4 ms，8 ms，5 s 间隔进行重发，直至 Data 数据集成员再发生变化。

**案例 2：遥控异常 GOOSE 报文解读**

异常事件：

某日，**调控中心在遥控分闸 500 kV**变 5032 开关时，提示操作失败。值班人员已对现场进行了检查和处置。后 5032 开关测控装置重启，后台正确显示开关在分闸位置。通过调阅监控系统简报窗信息、测控装置操作记录、网络分析仪报文，对 5032 开关遥控异常问题进行分析，报文解读如下。

报文解读：

（1）19:06 监控对 5032 遥控分操作。5032 测控装置操作记录显示，在 06 分 36 秒、08 分 03 秒、10 分 02 秒收到远动机（IP 地址：172.16.000.202）三次遥分指令。19 分 29 秒，值班人员对 5032 遥控分操作，5032 测控装置操作记录显示，在 29 分 14 秒、31 分 14 秒收到操作员工作站（IP 地址：172.16.000.181）两次遥分指令，如图 8-28 所示。

图 8-28　5032 测控装置操作记录

（2）通过网络分析仪可以看出，19:06:37（监控第一次遥控操作）时，5032 测控装置即发出 GOOSE 分闸命令（展宽 200 ms）到 5032 第一套智能终端（注：后几次遥控操作也发出 GOOSE 报文），报文如图 8-29 所示。

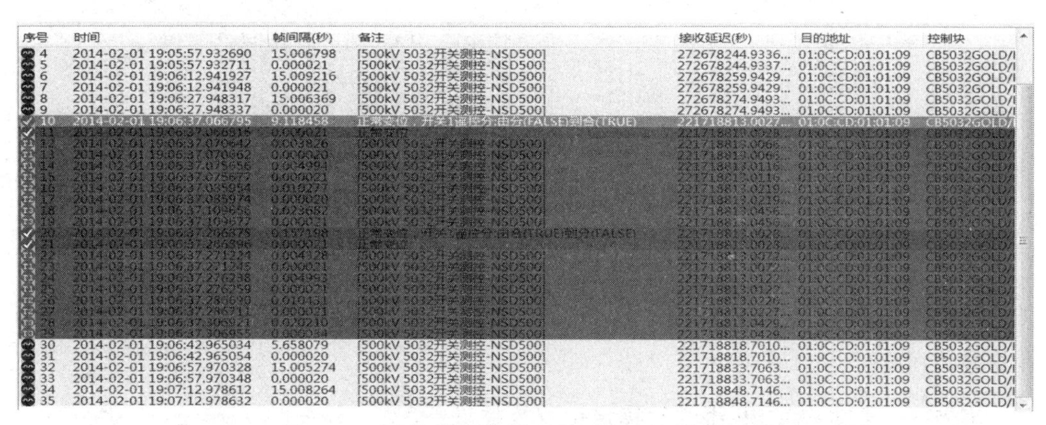

| 序号 | 时间 | 帧间隔(秒) | 备注 | 接收延迟(秒) | 目的地址 | 控制块 |
|---|---|---|---|---|---|---|
| 4 | 2014-02-01 19:05:57.932690 | 15.006798 | [500kV 5032开关测控-NSD500] | 272678244.9336... | 01:0C:CD:01:01:09 | CB5032GOLD/I |
| 5 | 2014-02-01 19:05:57.932711 | 0.000021 | [500kV 5032开关测控-NSD500] | 272678244.9337... | 01:0C:CD:01:01:09 | CB5032GOLD/I |
| 6 | 2014-02-01 19:06:12.941927 | 15.009216 | [500kV 5032开关测控-NSD500] | 272678259.9429... | 01:0C:CD:01:01:09 | CB5032GOLD/I |
| 7 | 2014-02-01 19:06:12.941948 | 0.000021 | [500kV 5032开关测控-NSD500] | 272678259.9429... | 01:0C:CD:01:01:09 | CB5032GOLD/I |
| 8 | 2014-02-01 19:06:27.948317 | 15.006369 | [500kV 5032开关测控-NSD500] | 272678274.9493... | 01:0C:CD:01:01:09 | CB5032GOLD/I |
| 9 | 2014-02-01 19:06:27.948337 | 0.000020 | [500kV 5032开关测控-NSD500] | 272678274.9493... | 01:0C:CD:01:01:09 | CB5032GOLD/I |
| 10 | 2014-02-01 19:06:37.066795 | 9.118458 | 正常变位，开关1遥控分:由分(FALSE)到合(TRUE) | 221718813.0027... | 01:0C:CD:01:01:09 | CB5032GOLD/I |
| 11 | 2014-02-01 19:06:37.066816 | 0.000021 | 正常变位 | 221718813.0028... | 01:0C:CD:01:01:09 | CB5032GOLD/I |
| 12 | 2014-02-01 19:06:37.070642 | 0.003826 | [500kV 5032开关测控-NSD500] | 221718813.0066... | 01:0C:CD:01:01:09 | CB5032GOLD/I |
| 13 | 2014-02-01 19:06:37.070662 | 0.000020 | [500kV 5032开关测控-NSD500] | 221718813.0066... | 01:0C:CD:01:01:09 | CB5032GOLD/I |
| 14 | 2014-02-01 19:06:37.075656 | 0.004994 | [500kV 5032开关测控-NSD500] | 221718813.0116... | 01:0C:CD:01:01:09 | CB5032GOLD/I |
| 15 | 2014-02-01 19:06:37.075677 | 0.000021 | [500kV 5032开关测控-NSD500] | 221718813.0116... | 01:0C:CD:01:01:09 | CB5032GOLD/I |
| 16 | 2014-02-01 19:06:37.085954 | 0.010277 | [500kV 5032开关测控-NSD500] | 221718813.0219... | 01:0C:CD:01:01:09 | CB5032GOLD/I |
| 17 | 2014-02-01 19:06:37.085974 | 0.000020 | [500kV 5032开关测控-NSD500] | 221718813.0219... | 01:0C:CD:01:01:09 | CB5032GOLD/I |
| 18 | 2014-02-01 19:06:37.109656 | 0.023682 | [500kV 5032开关测控-NSD500] | 221718813.0456... | 01:0C:CD:01:01:09 | CB5032GOLD/I |
| 19 | 2014-02-01 19:06:37.109677 | 0.000021 | [500kV 5032开关测控-NSD500] | 221718813.0456... | 01:0C:CD:01:01:09 | CB5032GOLD/I |
| 20 | 2014-02-01 19:06:37.266875 | 0.157198 | 正常变位，开关1遥控分:由合(TRUE)到分(FALSE) | 221718813.0028... | 01:0C:CD:01:01:09 | CB5032GOLD/I |
| 21 | 2014-02-01 19:06:37.266896 | 0.000021 | 正常变位 | 221718813.0028... | 01:0C:CD:01:01:09 | CB5032GOLD/I |
| 22 | 2014-02-01 19:06:37.271224 | 0.004128 | [500kV 5032开关测控-NSD500] | 221718813.0072... | 01:0C:CD:01:01:09 | CB5032GOLD/I |
| 23 | 2014-02-01 19:06:37.271245 | 0.000021 | [500kV 5032开关测控-NSD500] | 221718813.0072... | 01:0C:CD:01:01:09 | CB5032GOLD/I |
| 24 | 2014-02-01 19:06:37.276238 | 0.004993 | [500kV 5032开关测控-NSD500] | 221718813.0122... | 01:0C:CD:01:01:09 | CB5032GOLD/I |
| 25 | 2014-02-01 19:06:37.276259 | 0.000021 | [500kV 5032开关测控-NSD500] | 221718813.0122... | 01:0C:CD:01:01:09 | CB5032GOLD/I |
| 26 | 2014-02-01 19:06:37.286690 | 0.010431 | [500kV 5032开关测控-NSD500] | 221718813.0226... | 01:0C:CD:01:01:09 | CB5032GOLD/I |
| 27 | 2014-02-01 19:06:37.286711 | 0.000021 | [500kV 5032开关测控-NSD500] | 221718813.0227... | 01:0C:CD:01:01:09 | CB5032GOLD/I |
| 28 | 2014-02-01 19:06:37.306921 | 0.020210 | [500kV 5032开关测控-NSD500] | 221718813.0429... | 01:0C:CD:01:01:09 | CB5032GOLD/I |
| 29 | 2014-02-01 19:06:37.306955 | 0.000034 | [500kV 5032开关测控-NSD500] | 221718813.0429... | 01:0C:CD:01:01:09 | CB5032GOLD/I |
| 30 | 2014-02-01 19:06:42.965034 | 5.658079 | [500kV 5032开关测控-NSD500] | 221718818.7010... | 01:0C:CD:01:01:09 | CB5032GOLD/I |
| 31 | 2014-02-01 19:06:42.965054 | 0.000020 | [500kV 5032开关测控-NSD500] | 221718818.7010... | 01:0C:CD:01:01:09 | CB5032GOLD/I |
| 32 | 2014-02-01 19:06:57.970328 | 15.005274 | [500kV 5032开关测控-NSD500] | 221718833.7063... | 01:0C:CD:01:01:09 | CB5032GOLD/I |
| 33 | 2014-02-01 19:06:57.970348 | 0.000020 | [500kV 5032开关测控-NSD500] | 221718833.7063... | 01:0C:CD:01:01:09 | CB5032GOLD/I |
| 34 | 2014-02-01 19:07:12.978612 | 15.008264 | [500kV 5032开关测控-NSD500] | 221718848.7146... | 01:0C:CD:01:01:09 | CB5032GOLD/I |
| 35 | 2014-02-01 19:07:12.978632 | 0.000020 | [500kV 5032开关测控-NSD500] | 221718848.7146... | 01:0C:CD:01:01:09 | CB5032GOLD/I |

图 8-29　网络分析仪显示的 GOOSE 报文记录

由图 8-29 可以看出，5032 测控装置在 19:06:37:066 发出合闸脉冲，19:06:37:266 收回。

（3）5032 第一套智能终端接收到测控的遥分指令后，沟通 5032 开关分闸回路，开关分闸后，其位置信号通过智能终端上送。从网络分析仪截取的 5032 第一套智能终端 GOOSE 报文可以看出，5032 开关实际上已完成分闸，如图 8-30 所示。

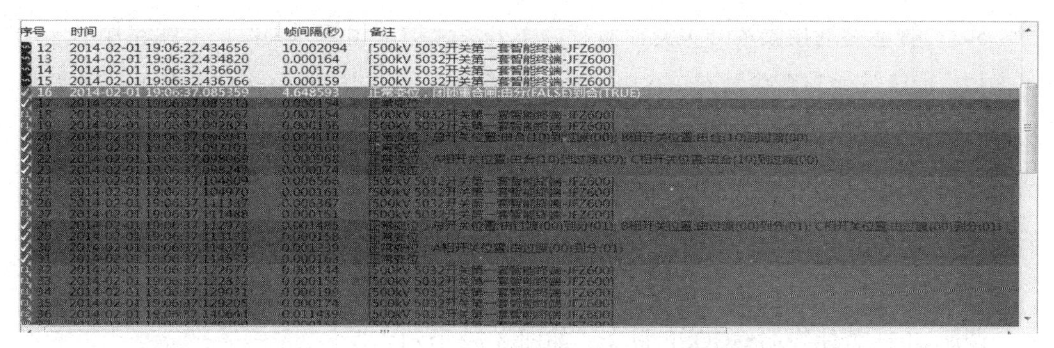

| 序号 | 时间 | 帧间隔(秒) | 备注 |
|---|---|---|---|
| 12 | 2014-02-01 19:06:22.434656 | 10.002094 | [500kV 5032开关第一套智能终端-JFZ600] |
| 13 | 2014-02-01 19:06:22.434820 | 0.000164 | [500kV 5032开关第一套智能终端-JFZ600] |
| 14 | 2014-02-01 19:06:32.436607 | 10.001787 | [500kV 5032开关第一套智能终端-JFZ600] |
| 15 | 2014-02-01 19:06:32.436766 | 0.000159 | [500kV 5032开关第一套智能终端-JFZ600] |
| 16 | 2014-02-01 19:06:37.085359 | 4.648593 | 正常变位，闭锁重合闸:由分(FALSE)到合(TRUE) |
| 17 | 2014-02-01 19:06:37.085513 | 0.000154 | 正常变位 |
| 18 | 2014-02-01 19:06:37.092667 | 0.007154 | [500kV 5032开关第一套智能终端-JFZ600] |
| 19 | 2014-02-01 19:06:37.092823 | 0.000156 | [500kV 5032开关第一套智能终端-JFZ600] |
| 20 | 2014-02-01 19:06:37.096941 | 0.004118 | 正常变位，总开关位置:由合(10)到过渡(00); B相开关位置:由合(10)到过渡(00) |
| 21 | 2014-02-01 19:06:37.097101 | 0.000160 | 正常变位 |
| 22 | 2014-02-01 19:06:37.098069 | 0.000968 | 正常变位，A相开关位置:由合(10)到过渡(00); C相开关位置:由合(10)到过渡(00) |
| 23 | 2014-02-01 19:06:37.098243 | 0.000174 | 正常变位 |
| 24 | 2014-02-01 19:06:37.104809 | 0.006566 | [500kV 5032开关第一套智能终端-JFZ600] |
| 25 | 2014-02-01 19:06:37.104970 | 0.000161 | [500kV 5032开关第一套智能终端-JFZ600] |
| 26 | 2014-02-01 19:06:37.111337 | 0.006367 | [500kV 5032开关第一套智能终端-JFZ600] |
| 27 | 2014-02-01 19:06:37.111488 | 0.000151 | [500kV 5032开关第一套智能终端-JFZ600] |
| 28 | 2014-02-01 19:06:37.112973 | 0.001485 | 正常变位，总开关位置:由过渡(00)到分(01); B相开关位置:由过渡(00)到分(01); C相开关位置:由过渡(00)到分(01) |
| 29 | 2014-02-01 19:06:37.113131 | 0.000158 | 正常变位 |
| 30 | 2014-02-01 19:06:37.114370 | 0.001239 | 正常变位，A相开关位置:由过渡(00)到分(01) |
| 31 | 2014-02-01 19:06:37.114533 | 0.000163 | 正常变位 |
| 32 | 2014-02-01 19:06:37.122677 | 0.008144 | [500kV 5032开关第一套智能终端-JFZ600] |
| 33 | 2014-02-01 19:06:37.122832 | 0.000155 | [500kV 5032开关第一套智能终端-JFZ600] |
| 34 | 2014-02-01 19:06:37.129031 | 0.006199 | [500kV 5032开关第一套智能终端-JFZ600] |
| 35 | 2014-02-01 19:06:37.129205 | 0.000174 | [500kV 5032开关第一套智能终端-JFZ600] |
| 36 | 2014-02-01 19:06:37.140644 | 0.011439 | [500kV 5032开关第一套智能终端-JFZ600] |

图 8-30　网络分析仪显示的 5032 开关第一套智能终端 GOOSE 报文记录

由图 8-30 可以看出，19:06:37:114 时，5032 开关分相及总位置在从 10（合位）到 01（分位）。

（4）测控装置未能正确判断 5032 开关位置，报“控制超时”信号，同时上送监控后台及远动的开关位置仍为合位状态。如图 8-31 所示，在 19:05:26 至 19:07:18 时间内，5032 测控装置（IP 地址：172.16.51.9）无开关位置遥信报文上送操作员工作站（IP 地址：172.16.000.181）。

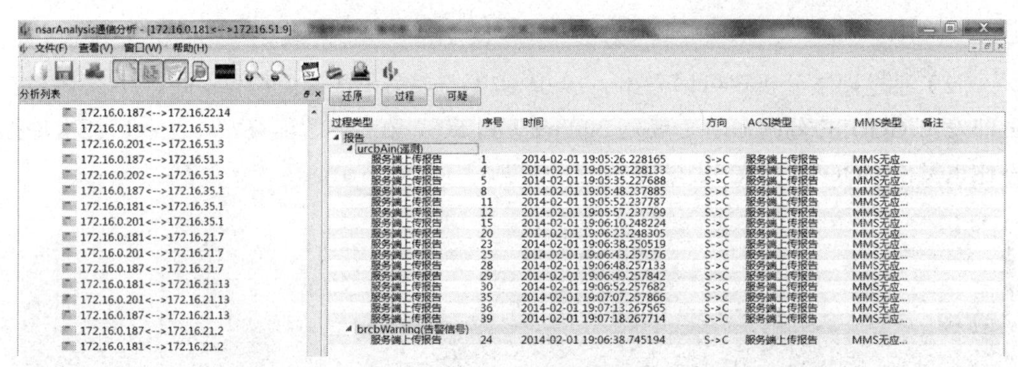


图 8-31　网络分析仪显示 5032 开关测控装置无变位信息报文

图 8-31 中，测控装置为服务器，监控后台或远动为客户端。

20:22 时，5032 开关测控装置重启后，5032 开关位置正确上送，测控装置及监控后台均显示在分位。

**案例 3：通过 GOOSE 报文解读定位测控故障**

异常事件：

某日，500 kV **变监控系统简报信息报：500 kV 5031 开关第二套开关保护 PCS921 5031 开关第一套智能终端装置告警。5031 开关间隔光字牌“JFZ600F 终端装置告警”亮。运行人员对 5031 开关第一套智能终端进行检查，发现面板上“总告警”“GO A/B 告警”LED 指示灯亮，不能复归，其他运行正常。

5031 智能终端接收本开关测控装置、本开关保护、相邻开关保护、线路保护、母差保护、远跳就地判别装置 GOOSE 报文，当任一 GOOSE 链路中断时，都会点亮“GO A/B 告警”指示灯。但是，监控后台并未提供更多的信息，甚至后台 GOOSE 链路监视图中也未发现 GOOSE 链路中断告警。以下通过报文分析解读定位 5031 测控装置发生的故障。

报文解读：

调阅 5031 智能终端 GOOSE 报文，如图 8-32 所示。

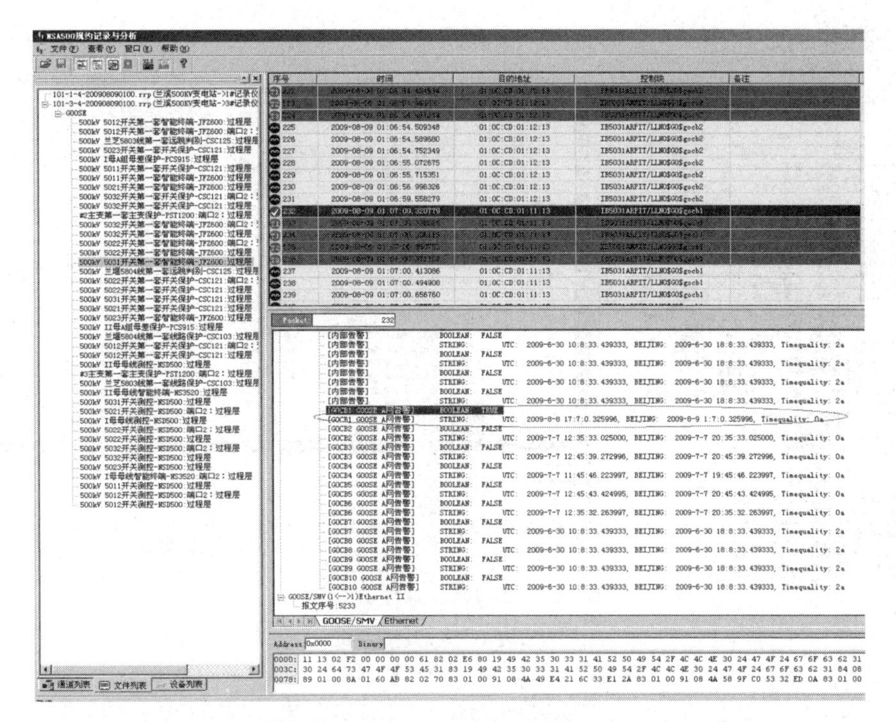

图 8-32　网络分析仪显示 5031 开关智能终端 GOOSE 报文

从 5031 第一套智能终端 GOOSE 报文中可以看出，01 点 07 分，“GOCB1 GOOSE A 网告警”动作，通过调阅 5031 开关第一套智能终端装置报文，可以确认装置告警是由内部“GOCB1 GOOSE A 网告警”事件触发，但无法判断 GOCB1 控制块对应的是保护发送报文还是测控发送报文。发现 5031 智能终端和测控装置 GOOSE 通信出现异常，但无法确认是智能终端问题或是测控装置问题。继续对网络分析仪报文进行分析，发现 5031 测控装置 GOOSE 心跳报文在 01 时 05 分消失，而智能终端的 GOOSE 心跳报文则正常。

从图 8-33 所示，5031 测控装置 GOOSE 报文中可以看出，01 点 06 分 20 秒，发最后一帧报文，之后便停发。至此，可基本判定 5031 智能终端告警的原因为“5031 测控装置 GOOSE 心跳报文停发，5031 智能终端收不到测控报文而发异常信号”，故障出现在 5031 测控装置上。

后经重启，5031 测控装置恢复正常运行，相关告警信号返回。

**案例 4：通过 GOOSE、MMS 报文解读定位监控系统故障**

异常事件：

某日，500 kV**变 220 kV 4Q15 线、4Q16 线停复役操作过程中，发现断路器远方操作时，监控及当地后台断路器状态变位延时，与一次设备及测控装置比较相差 4 ~ 5 min。在现场试验过程中，监控后台遥控命令下行正常，现场设备状态能实时变位，测控装置转发遥控命令及接收遥信变位能实时刷新；有几次发现监控后台遥信变位实时刷新，并有 SOE 记录；有几次发现监控后台遥信刷新有时间延时，延时时间在 4 ~ 12 min，无 SOE 记录。

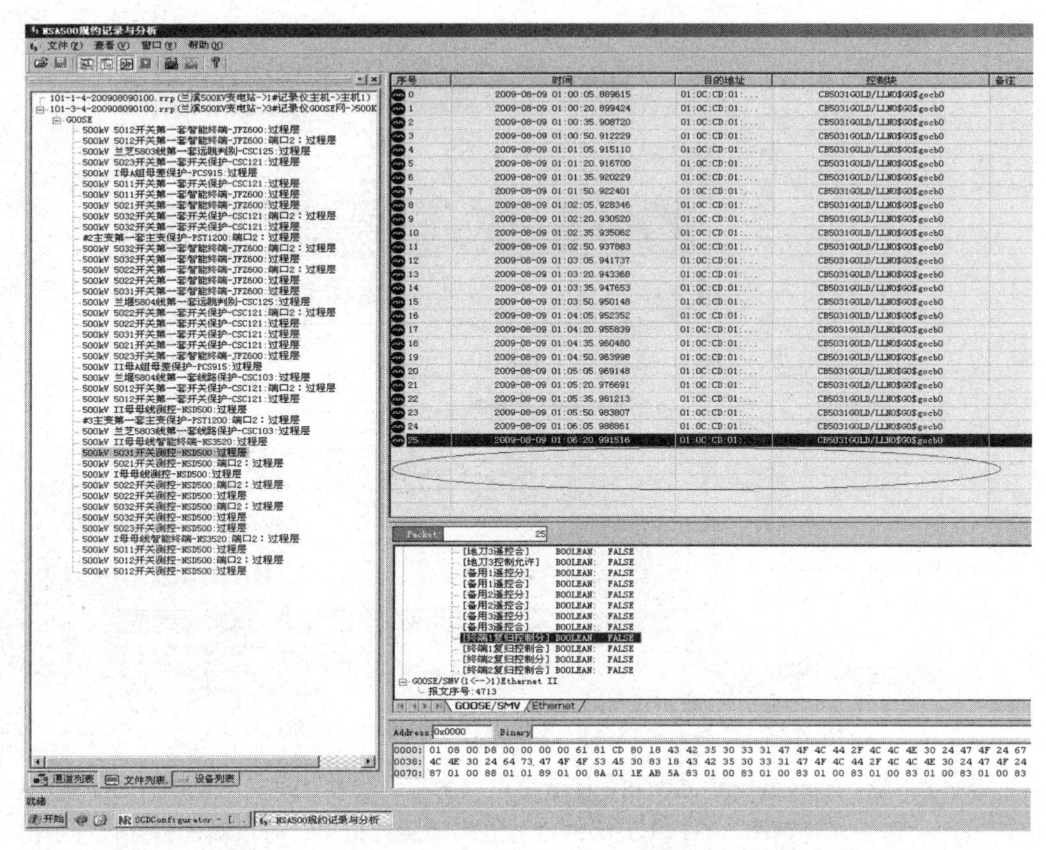


图 8-33　网络分析仪显示 5031 开关测控装置 GOOSE 报文

报文解读：

11 月 07 日 4Q15 复役操作，18:56:03 4Q15 断路器合闸（监控操作），19:00:45 监控后台刷新 4Q15 断路器状态。监控后台信息如图 8-34 所示。

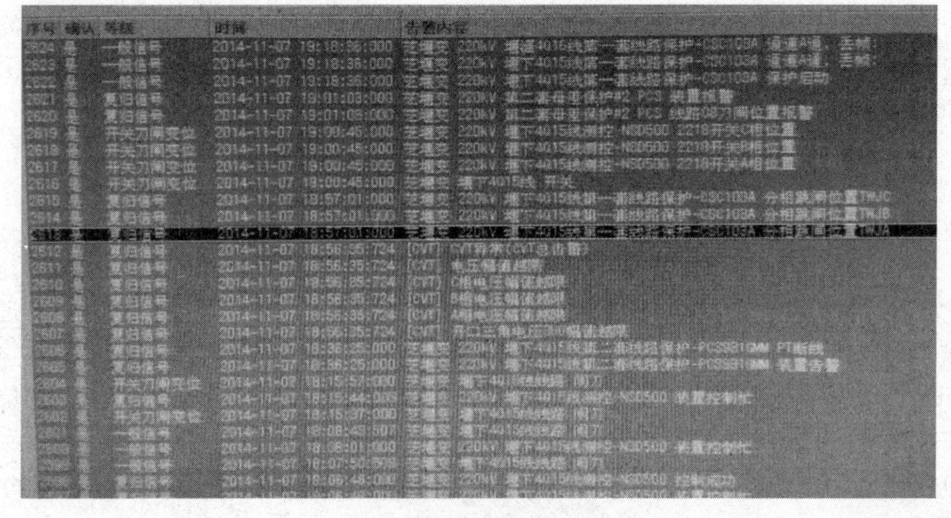

图 8-34　监控后台信息

告警窗显示，18:57:01 时，保护装置 TWJ 返回，说明此时开关已经合闸，19:00:45 时，后台刷新开关位置，相差 3 分 44 秒。该时间段内，告警窗无 SOE 事件记录。

网络分析仪报文分析如图 8-35 所示。

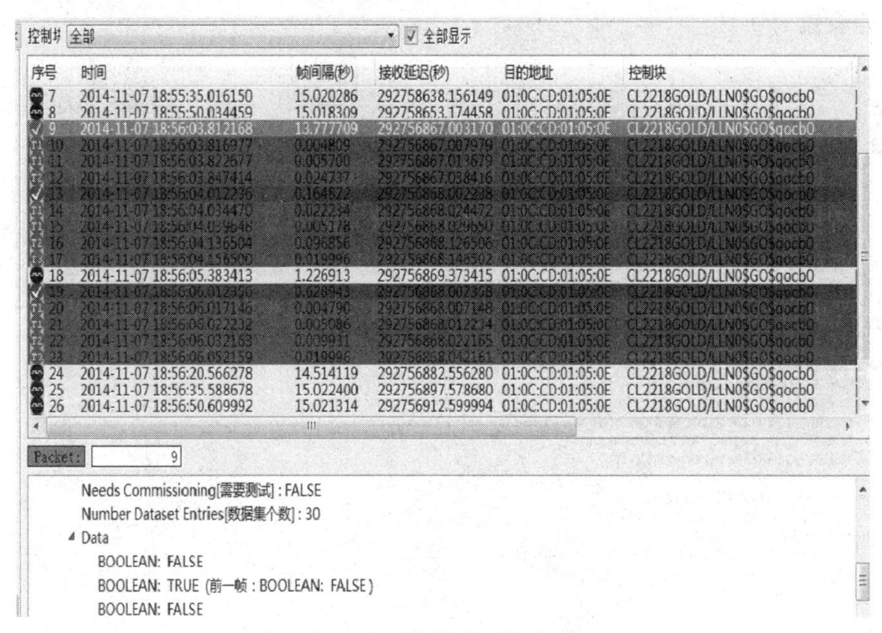


图 8-35　网络报文分析仪记录

4Q15 测控装置 GOOSE 报文显示，18 时 56 分 03 秒 812 毫秒，测控装置下发开关合闸命令（转发监控遥控命令），如图 8-35 所示。

4Q15 智能终端 GOOSE 报文显示，18 时 56 分 03 秒 902 毫秒，智能终端返回开关变位信息（表明现场开关合闸成功），如图 8-36 所示。

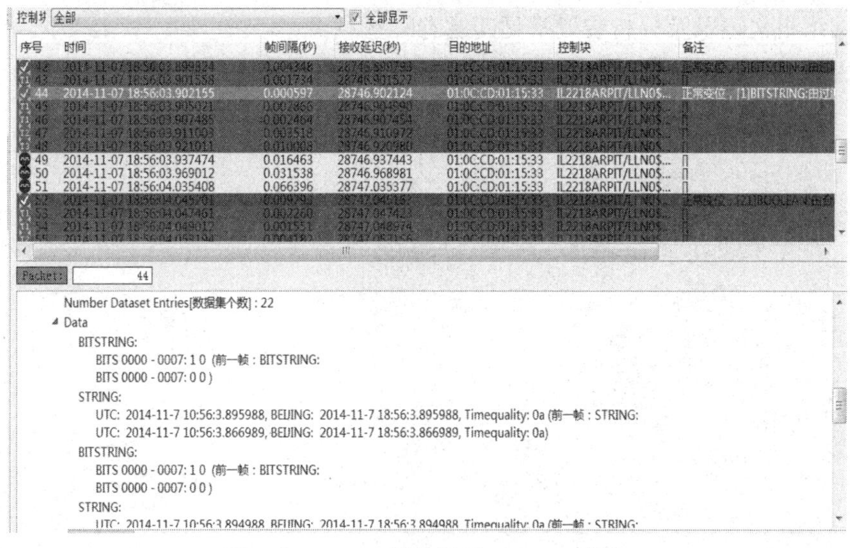


图 8-36　4Q15 测控装置 GOOSE 报文

通过 4Q15 测控装置与监控后台的 MMS 报文显示，18 时 56 分 07 秒，测控装置上送开关位置（变化量上送）给监控后台，但后台未刷新 SOE 信息，如图 8-37 所示。

后经专业人员和厂家确认，监控后台 SOE 丢失的原因为监控系统内存容量不足，优化进程设置后恢复。

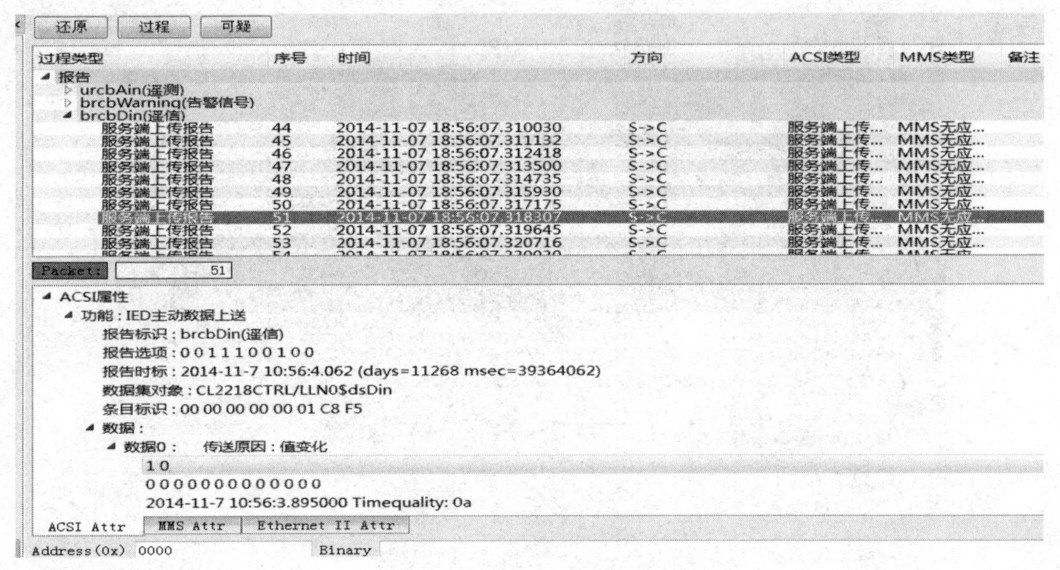


图 8-37　4Q15 MMS 报文

## 练习题

1. 网络报文记录的用途有哪些？
2. 网络报文记录分析必要性及其作用是什么？
3. 网络报文记录及分析装置的主要功能有哪些？
4. 网络报文记录及分析装置常见问题有哪些？
5. 比较 GOOSE 报文和 MMS 报文的区别与联系。

# 二次回路

常规变电站二次回路一般可分为控制回路、电流回路、电压回路以及信号回路等，各回路功能明确。二次回路应力求简单、可靠，尽量减少中间转接环节，避免寄生回路。本章将对这些回路的基本要求、内容及异常案例，分别予以阐述。

## 9.1 控制回路

### 9.1.1 断路器控制回路

断路器的控制回路设计时，应满足以下基本要求：

（1）应有对控制电源的监视回路。断路器的控制电源最为重要，一旦失去电源断路器便无法操作。因此，无论何种原因，当断路器控制电源消失时，应发出声、光信号，提示值班人员及时处理。对于遥控变电站，断路器控制电源消失时应发出遥信。

（2）应经常监视断路器跳闸、合闸回路的完好性。当跳闸或合闸回路故障时，应发出断路器控制回路断线信号。

（3）应有防止断路器“跳跃”的电气闭锁装置，发生“跳跃”对断路器是非常危险的，容易引起机构损伤，甚至引起断路器的爆炸，故必须采取闭锁措施。断路器的“跳跃”现象一般是在跳闸、合闸回路同时接通时才发生。“防跳”回路的设计应使得断路器出现“跳跃”时，将断路器闭锁到跳闸位置。

（4）跳闸、合闸命令应保持足够长的时间，并且当跳闸或合闸完成后，命令脉冲应能自动解除。因断路器的机构动作需要有一定的时间，跳合闸时主触头到达规定位置也要有一定的行程，这些加起来就是断路器的固有动作时间，以及灭弧时间。命令保持足够长的时间就是保障断路器能可靠地跳闸、合闸。为了加快断路器的动作，增加跳合闸线圈中电流的增长速度，要尽可能减小跳合闸线圈的电感量。为此，跳合闸线圈都是按短时带电设计的。因此，跳合闸操作完成后，必须自动断开跳合闸回路，否则跳闸或合闸线圈会烧坏。通常由断路器的辅助触点自动断开跳合闸回路。

（5）对于断路器的合闸、跳闸状态，应有明显的位置信号，故障自动跳闸、合闸时，应有明显的动作信号。

（6）断路器的操作动力消失或不足时（例如，弹簧机构的弹簧未拉紧，液压或气压机构的压力降低等），应闭锁断路器的动作，并发出信号。

（7）在满足上述的要求条件下，力求控制回路接线简单，采用的设备和使用的电缆最少。

### 9.1.2 隔离开关控制回路

变电站内隔离开关的控制是防误操作设计的重点，必须具有可靠的接线，几乎所有的隔离开关都设有防止误操作的回路。如倒闸操作，必须在母联断路器合闸的情况下，才能解除操作闭锁；带接地刀的隔离开关与接地刀闸有机械闭锁，回路中只有断路器处分闸位置，才能操作隔离开关等。对于重要的变电站，为了提高安全、可靠性，便于实现“五防”，较多地采用电动操作机构。

在 500 kV 变电站中，由于以下原因，隔离开关采用远方控制的较多。

（1）500 kV 变电站中的 500 kV 和 220 kV 配电装置距主控制室较远，如隔离开关采用就地操作，在倒闸操作过程中，操作人员走路较远，增加了倒闸操作时间，不利于运行中的正常操作和事故处理。

（2）500 kV 隔离开关操作功率大，靠人力操作不能保证隔离开关断开和合闸所需要的速度。现有的 500 kV 隔离开关，制造厂都配有电动操作机构，为实现远方控制提供了方便条件。

（3）采用带电动操作机构的隔离开关，远方控制容易实现安全闭锁，防止误操作。

（4）由于对隔离开关的位置信号、操作的自动记录、遥信等方面的要求，在隔离开关的操动机构和控制室之间已经敷设有联系电缆。在此基础之上再加控制回路，不会明显地增加电缆费用。隔离开关实现远方控制也提高了变电站的基础自动化水平，为变电站实现由计算机监控打下基础。

当前，变电站均采用了计算机监控系统，每一间隔内设备的控制，都与回路的测量、保护、信号密切联系，特别是中压系统，采用了控制、保护、测量、信号“四合一”的测控装置，大大简化了二次线的设计，提高了二次回路的可靠性，节省了大量二次电缆。

## 9.2 电流、电压回路

### 9.2.1 电流、电压互感器的配置

电流、电压互感器是继电保护、自动装置和测量仪表获取电气一次回路信息的传感器。正确地选择和配置电流、电压互感器对继电保护、自动装置和测量仪表的准确工作以及变电站的可靠运行十分重要。电流、电压互感器的配置是变电站电气主接线设计的内容之一，包括电流、电压互感器装设位置和数量的确定、特性要求、型式选择等。这些内容往往需要电气专业、二次专业和继电保护专业设计人员共同研究确定。

电流、电压互感器是高压电气设备，造价昂贵，在满足技术要求的条件下，应力求简化配置，减少用量，降低工程造价。

在做电流、电压互感器配置设计时应考虑以下问题：

（1）保护用电流互感器的配置，应使变电站内各主保护的保护区之间互相覆盖或衔接，消除保护死区。例如，一个半断路器接线，中间断路器回路供变压器差动保护和供线路主保护的电流互感器应交叉配置。目前，GIS 设备基本满足流变双侧布置的要求，消除了保护死区。

（2）大接地短路电流系统的 110 ~ 500 kV 各回路，应按三相式配置电流互感器;小接地短路电流系统一般按二相式配置电流互感器。当不能满足继电保护灵敏度要求或有其他特殊要求时，可采用三相式配置。

（3）500 kV 变电站内，主变、母线、线路等主设备差动保护要求各侧 CT 准确级一致，一般要求用 TPY 级，断路器保护用 P 级，测控及计量等回路用 0.2 级。

（4）电压互感器的配置，通常在母线、线路、主变三侧均设一组独立电压互感器。

### 9.2.2 电流互感器二次接线方式

电流互感器二次回路的接线方式，由测量仪表、继电保护及自动装置的要求以及电流互感器的配置情况而确定。在 220 ~ 500 kV 变电站中，电流互感器常见的接线方式有如下几种：

（1）单相式接线。这种接线主要用于变压器中性点和 6 ~ 10 kV 电缆线路的零序电流互感器，只反映单相或零序电流。

（2）两相星形接线。这种接线主要用于 6 ~ 10 kV 小电流接地系统的测量和保护回路接线，可以测量三相电流、有功功率、无功功率、电能等，能反映相间故障电流，不能完全反映接地故障。

（3）三相星形接线。这种接线用于 110 ~ 500 kV 直接接地系统的测量和保护回路接线，可以测量三相电流、有功功率、无功功率、电能等，反映相间及接地故障电流。

（4）和电流接线。这种接线用于一个半断路器接线，目前最新的九统一接线方式要求不再采用和电流接线方式，必须分电流接入线路保护。

1. 测量用电流互感器二次回路接线

同一个一次回路的各电流测量回路应串联在一起，供测量电流回路的电流互感器按不完全星形或完全星形方式接线。串联的顺序应考虑使电流回路的电缆最短。

测量仪表用的电流互感器二次侧中性点在配电装置处一点接地。220 ~ 500 kV 各回路的测量电流回路通常用一根专用电缆，由配电装置的电流互感器端子箱引至测量屏。

多种测量表计电流回路串联，要注意校验电流互感器的二次负担是否超过允许值，误差是否能满足串联中精度最高的表计要求。特别是在电流互感器的二次电流为 5 A，电流回路电缆较长的情况下，经常出现测量用电流互感器的二次负担超过允许值的情况。当出现这种情况时，可通过加大电流回路电缆截面或将电流互感器的二次额定电流改为 1 A 来解决。

2. 保护用电流互感器二次回路接线

保护用电流互感器的二次回路接线要根据继电保护装置的要求而确定。一般来说，过电流保护、阻抗保护、高频保护、母线差功保护、变压器差动保护的三角形侧电流互感器都采用星形或不完全星形接线。而变压器差动保护为了使各侧电流相位匹配，早期要求星形侧的电流互感器二次侧接成三角形以便滤除零序（目前主要通过保护装置软件进行零序滤除）。为提高主保护的可靠性，220 ~ 500 kV 线路主保护、220 ~ 500 kV 变压器差动保护、220 ~ 500 kV 母线保护都用单独的电流互感器或单独的电流互感器二次绕组供电，不与其他保护共用电流互感器的二次绕组。

通常不允许将测量仪表接在电流互感器的保护用二次绕组上。因保护用的二次绕组误差大，不能满足测量精度的要求，在短路情况下，因保护用的电流互感器不饱和，大的短路电流有可能使测量仪表损坏。

保护用电流互感器二次侧应设一个接地点，一般在现场端子相处接地。有几组电流互感器连接构成的保护电流互感器二次回路应在保护屏上设一个公用的接地点。

电流互感器二次回路一般不应设置切换回路，当确实需要切换时，应确保在切换时电流互感器二次回路不能开路。

### 9.2.3　电压互感器的二次回路

电压互感器二次回路接线方式与二次侧中性点接地方式、测量和保护电压回路供电方式以及电压互感器二次绕组的个数有关。

1. 电压互感器二次绕组接地方式

在 220 ~ 500 kV 变电站中，220 ~ 500 kV 系统为大接地短路电流系统，10 ~ 35 kV 为小接地短路电流系统。在 220 ~ 500 kV 变电站中各电压等级的电压互感器统一采用一种接地方式，均采用零相接地，并且全所各电压互感器二次回路共用一个零相电压小母线（YMN），在主控楼一点接地，在接地线上不应安装有可能断开的设备。当电压互感器离主控楼较远时，在变电站一次系统发生单相接地短路时，主控制室与电压互感器安装处的地电位差较大。为了电压互感器的安全，如认为有必要，可在配电装置处电压互感器二次绕组中性点加放电间隙或氧化锌阀片。

2. 电压回路常见接线方式

一般电压互感器提供两个主二次绕组可供接继电保护和测量仪表，一个剩余电压绕组可接成开口三角形，供接地保护和同步用。采用这种接线的电压互感器能使测量仪表与继电保护的电压回路彻底分开；可按各自回路的负荷大小准确度等级、电压降的允许值、保护设备以及回路的接线不同而采用不同的设计方案；消除了相互间的影响，提高了电压回路的可靠性。

此种接线可用于 220 ~ 500 kV 母线电压互感器、500 kV 线路及变压器专用的电压互感器。在采用一个半断路器接线情况下，线路专用电压互感器的两个主二次绕组，不能一个只接继电保护，一个只接测量仪表。为了满足继电保护双重化的要求，每一套线路主保护的电压回路要接一个电压互感器的主二次绕组，测量仪表接其中任一主二次绕组。虽然有一个二次主绕组既接继电保护，又接测量仪表，但在一般情况下一个安装单位的保护和测量回路负载较小，注意适当选择连接电缆截面，就可以满足电压回路压降要求。

## 9.3 信号回路

变电站内开关机构、变压器本体、保护装置等设备运行过程中，会产生大量正常、告警、事故等信号，其均需通过二次回路接入测控装置，由测控装置转送监控后台。例如保护动作、开关油压低、主变轻瓦斯动作等。

信号回路接线简单，一般由布置于测控装置屏内遥信电源提供回路电源，各发出信号的设备提供信号接点，一旦信号接点动作闭合，测控装置信号开入即接收到正电源从而产生相关信号。一般情况下，测控装置内部设置防抖延时，防止外部信号异常开入导致频繁变位。

## 9.4 二次回路相关反措要求

### 9.4.1 电缆屏蔽层接地

微机型继电保护装置之间、保护装置至开关场就地端子箱之间以及保护屏至监控设备之间所有二次回路的电缆均应使用屏蔽电缆。电缆的屏蔽层两端接地，严禁使用电缆内的备用芯线替代屏蔽层接地。

### 9.4.2 交直流电缆独立

交流电流和交流电压回路、不同交流电压回路、交流和直流回路、强电和弱电回路、来自电压互感器二次的四根引入线和电压互感器开口三角绕组的两根引入线均应使用各自独立的电缆。

### 9.4.3 保护跳闸回路独立

保护装置的跳闸回路和启动失灵回路均应使用各自独立的电缆。

### 9.4.4 互感器二次回路接地

电流互感器或电压互感器的二次回路，均必须且只能有一个接地点。当两个及以上电流（电压）互感器二次回路间有直接电气联系时，其二次回路接地点设置应符合以下要求：

（1）便于运行中的检修维护。

（2）互感器或保护设备的故障、异常、停运、检修、更换等均不得造成运行中的互感器二次回路失去接地。

### 9.4.5 中性点接地

未在开关场接地的电压互感器二次回路，宜在电压互感器端子箱处将每组二次回路中性点分别经放电间隙或氧化锌阀片接地，其击穿电压峰值应大于 $30 \cdot I_{max}$ V（Imax 为电网接地故障时通过变电站的可能最大接地电流有效值，单位符号为 kA）。应定期检查放电间隙或氧化锌阀片，防止造成电压二次回路出现多点接地。为保证接地可靠，各电压互感器的中性线不得接有可能断开的开关或熔断器等。

### 9.4.6 二次回路开关场接地

独立的、与其他互感器二次回路没有电气联系的电流互感器二次回路可在开关场一点接地，但应考虑将开关场不同点地电位引至同一保护柜时对二次回路绝缘的影响。

### 9.4.7 长电缆防误动措施

对经长电缆跳闸的回路，应采取防止长电缆分布电容影响和防止出口继电器误动的措施。

## 9.5 典型故障案例

**案例 1：低抗开关端子箱内接地线发热**

某 500 kV 变电站 35 千伏低抗开关端子箱内接地线发热。35 kV 低抗更换后启动，合上低抗开关后，运维人员检查发现开关端子箱有焦味，详细检查发现端子箱内接地线集中连接螺栓处有烧灼痕迹，红外测温发现螺栓处温度为 157 °C，钳形电流表测量接地线螺栓引下线（通过电缆沟接地扁铁接入主接地网）电流为 200 A 左右。

1. 原因分析

经现场检查，发现该端子箱内接地引下线、箱体外壳接地线、大地三者共同形成环路，且箱体外壳接地线实际入地点位于低抗本体下方，未就近接入电缆沟主地网，导致形成的环路较大，在低抗产生的强磁场的作用下形成大电流。同时由于端子箱内接地引下线截面面积较小，且未设置接地铜排，通过螺栓连接汇总后入地，不满足要求，导致接地引下线螺栓连接处出现发热烧灼现象。

2. 后续建议

（1）按照反措要求，解开端子箱原外壳接地线，不与主接地网连接，并埋入地下。

重新做箱体外壳接地线直接就近接入电缆沟内主地网。

（2）重新制作端子箱内接地线，增加接地铜排，并通过两根 50 mm$^2$ 接地线接入主接地网。

**案例 2：某 220 kV 开关异常分闸**

7 月 27 日 15 点 24 分 59 秒，某 500 kV 变电站 220 kV 开关 A、B 相分闸，15 点 25 分 03 秒，该 220 kV 线路第二套线路保护零序过流Ⅲ段动作，跳开 C 相。现场检查第一套线路保护未动作。

1. 原因分析

经现场检查，发现第一套线路保护至第二套保护操作箱的电缆存在破损，破损后造成 TJQ 继电器回路直接接地，因该变电站直流系统存在偏移，其负极电压为 –70 V 左右，导致接地后 TJQ 继电器两端承受 70 V 左右的电压。因跳 A、B 相所用继电器动作值低于 70 V，而跳 C 相继电器动作值高于 70 V，使得雁玉线开关只跳 A、B 相，C 相未跳开。同时，因三相不一致时间继电器时间特性发生偏移，未在整定延时 2.5 s 时动作跳开 C 相，由后备保护零序Ⅲ段在 4.4 s 延时后动作跳开，如图 9-1 所示。

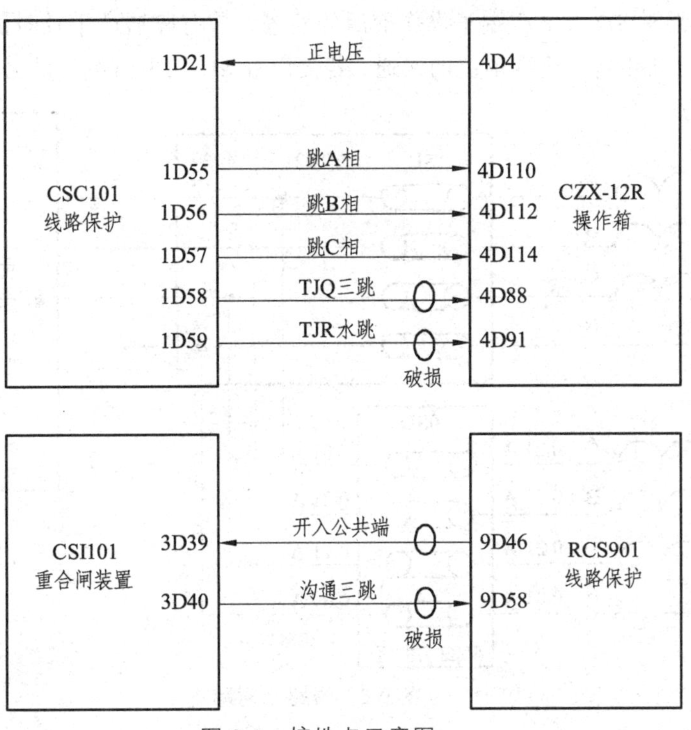


图 9-1　接地点示意图

2. 后续建议

（1）加强二次回路电缆的防护，特别是基建阶段电缆敷设时，提高施工工艺要求，避免破损电缆带病运行。

（2）验收及定期检修时，加强电缆绝缘的检测，通过电缆绝缘数据的变化，及早知道电缆绝缘情况，不满足绝缘数据要求时及时对电缆进行更换。

**案例 3：第一套线路保护 CT 异常告警**

某 500 kV 变电站 500 kV**线第一套线路保护 CT 异常告警，运行人员检查保护采样值发现 C 相电流明显偏小（A、B 相电流 0.28 A，C 相电流 0.17 A）。

1. 原因分析

检修人员现场检查发现该线路中开关汇控柜中“**线第一套保护电流切换端子 10SD”上 C 相和 N 相之间有短路（小铜丝连接），造成 C 相电流分流，引起 CT 异常告警。

经分析，该 SD 端子存在生产工艺粗糙、铜材质偏软，在操作过程中可旋出细小铜丝的安全隐患。在多次操作 SD 端子后，产生部分铜质碎屑造成 CN 间短路，如图 9-2 所示。

2. 后续建议

（1）加强对 SD 大电流端子操作前后的检查，若有碎屑产生及时清除。

（2）加强跟设计、运维单位的沟通，若无设置 SD 大电流端子的必要性，尽快拆除。

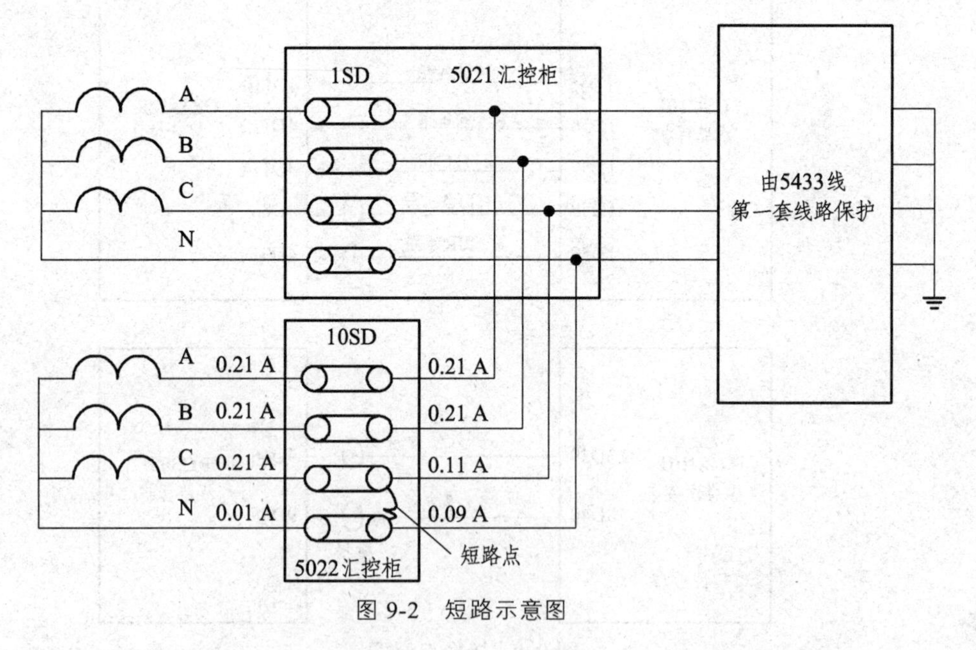


图 9-2　短路示意图

**案例 4：高抗 CT 极性接线错误**

某站高抗启动充电过程中，高抗保护 A 相差动保护动作，检查发现首端 A 相、B 相、C 相电流波形呈正序排列，波形正常，尾端 B 相、C 相电流相位正确，尾端 A 相电流相位与首端 A 相电流相位几乎相同。

1. 原因分析

检修人员现场检查发现该高抗尾端电流 A 相二次接线极性错误，导致首尾端电流相位一致，导致差动保护动作。

2. 后续建议

加强对电流互感器二次接线极性的检查，按图施工，并通过一次通流确保全回路接线的正确性。

**案例 5：CT 二次回路开路异常**

某站运维人员在进行继电保护电流回路专项检查时，发现 110 kV 母线第一套母差保护第一路支路电流端子排烧损。

1. 原因分析

检修人员现场检查，发现该支路 B 相电流端子存在虚接，导致 CT 开路。当合上 1133 开关后，该支路电流从 0 增加到 1200 A，电流端子开始发热，致使 B 相 CT 断线，B 相继续放电导致 C 相烧损 CT 断线，B、C 相同时放电致使相应端子排烧损。

2. 后续建议

（1）加强日常检修中对端子排连接片的检查，应在检修作业指导书中明确电流、电压、跳闸、电源等重要回路连接片检查项目。

（2）严控电流回路二次阻抗测试、二次回路导通、安措恢复等重要工序，至少有两人共同确认，杜绝接线、连片遗漏未恢复情况。

## 练习题

1. 为什么交直流回路不可以共用一条电缆？
2. 电流互感器和电压互感器在运行中要严防什么？为什么？
3. 反措要求保护电压切换箱隔离开关辅助触点应采用什么输入方式？

# 典型电源系统

变电站站用电源系统的作用是为站内低压设备提供所需的电源，可分为交流站用电、交流不间断电源（UPS）、直流系统和通信电源系统共 4 大类电源系统，每个系统采用不同方案设计，单独装配组屏。本章简单介绍各个系统的组成，并着重从两个较常出现故障的变电站直流系统和交流不间断电源（UPS）系统进行介绍分析。

## 10.1　变电站站用电源系统简介

变电站站用电能否安全、稳定、可靠运行，不但直接关系到站内用电的畅通，而且涉及电力系统能否正常运行。传统站用电源系统采用各子系统分散设计的形式，缺乏统一管理，使得资源配置不合理的问题日益突出，造成现代化程度不高、资源配置浪费、维护及售后服务困难等情况。但随着时代科技的发展，变电站交直流一体化电源系统成为站用电源系统的发展趋势，而该系统的应用使得站用电的可靠性能和不间断能力进一步提高。

### 10.1.1　变电站站用电源系统分类

1. 站用交流电源系统

向变压器风冷回路、照明、通风、空调、水泵等负荷供电的交流 380/220 V 系统，称为站用交流电源系统。500 kV 变电站采用两台所用变压器和一台所用备用变电器提供站用交流电源，系统采用单母分段接线，设中央 PC 段和 MCC 段配电盘。站用各交流负荷容量均不大，按照规程规定，采用塑壳断路器，就地手动控制。对站用交流系统的监控通常仅限于主进线开关、分段开关、需远控的电动机回路以及消防水泵断路器回路，对其他开关的状态不做监视。

2. 站用交流不间断电源系统

为监控系统、电能计量、数据网等重要负荷提供可靠地交流电源，称为交流不停电电源（UPS）。500 kV 变电站配置一套 400 V 交流不停电电源装置，主机冗余配置，不自带蓄电池组，直流电源由站用操作直流系统蓄电池供电。UPS 独立组屏，以通信串口经规约转换装置介入监控系统。

3. 操作直流电源系统

变电站中为控制、信号、保护、自动装置以及断路器等供电的直流电源系统，称为操作直流电源系统。操作直流系统电压可采用 220 V 或 110 V。采用两套阀控式密封铅酸蓄电池组，系统接线采用单母线分段。直流负荷采用辐射供电方式，在各继电保护小室设置直流分屏。操作直流电源系统设置独立的检测装置，采集直流系统的信息，并以串口形式和硬接线的形式与监控系统连接。

4. 通信直流电源系统

负责向变电站内的调度交换机、通信配线架、电力载波机等通信负荷供电的直流电源称为通信直流电源系统。通信直流系统电压等级一般为 48 V，500 kV 变电站通信直流电源系统配置两套互为备用的系统，每套系统均由一套高频开关电源及一组阀控式密封铅酸蓄电池组成。通信直流电源系统采用独立的检测装置，多以开关量形式向监控系统上传信息，也留有与监控系统的通信接口，但实时运行状态信息采集不全面。

### 10.1.2 变电站交直流一体化电源系统

变电站交直流一体化电源系统是将交流电源、直流电源、电力 UPS、通信用直流变换电源（DC/DC）及事故照明等装置组合为一体，共享直流电源的蓄电池组，并统一监控的成套设备。智能一体化电源系统采用智能模块化设计，由统一的微机监控系统监控：直流电源、电力 UPS 电源、交流电源、通信电源及事故照明的各种模拟信号和开关信号，由总监控单元统一状态显示和故障处理，并可根据蓄电池组的实际运行情况进行均充、浮充自动转换，完全实现电池智能管理，如图 10-1 所示。

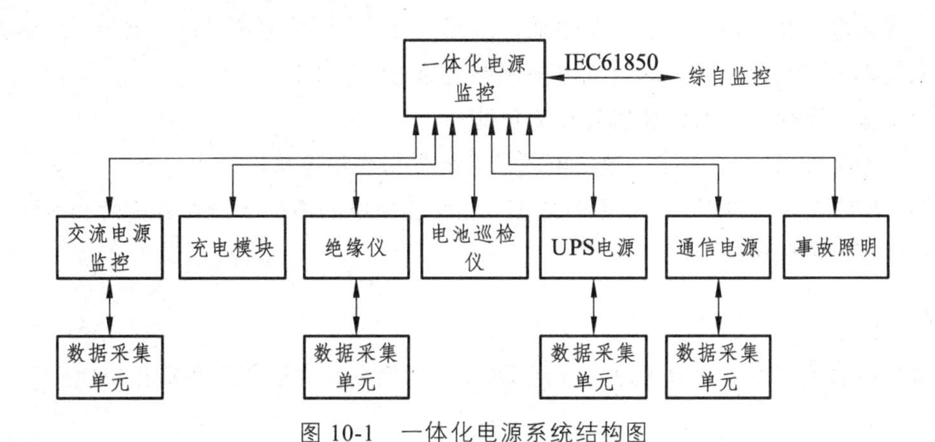


图 10-1 一体化电源系统结构图

1. 交、直流电输入

一体化电源系统的交、直流电的输入端是站用变，站用变的高压侧接在 10 kV 母线上，其主要作用之一就是将 10 kV 交流电压降为 380 V 交流电压（380 V 是线电压，相电压是 220 V），经一体化电源系统，供站内的交、直流负荷用。也就是说，变电站内，不管是照明、风机、五防等用的交流电，还是保护、测控装置等用的直流电，其源头都是经站用变降压后的 380 V 交流电。

2. 各组成部分联系

交流电源子系统的输入是站用变 380 V 交流电，然后为 UPS 电源子系统、直流电源子系统提供交流电源。同时，直流电源子系统为 UPS 电源子系统、通信电源子系统提供 220 V 直流电源。

3. 交流电源子系统

交流电源子系统在站用变和直流电源、UPS 电源、通信电源子系统之间起着承上启下的作用。交流电源子系统在屏柜组成上包含交流进线柜、交流馈线柜。

站用变降压后的两路 380 V 交流电分别接至交流进线柜，两路交流电源互为备用，通过站用交流电源备自投实现手动或自动切换。两路交流电源经 ATS 后接至 1、2 号交流馈线柜的母排上，之后经各路交流空开输出：一部分输出至照明、风机等一般交流负荷；一部分输出至 UPS 电源子系统，供调度数据网设备等重要交流负荷用；还有一部分输出至直流充电柜，供直流电源子系统用，直流电源子系统在后面会详细讲解。

4. UPS 电源子系统

从上面所述，UPS 电源子系统接收两方面的电源输入，一是来自交流电源子系统的交流输入，二是来自直流电源子系统的直流输入。

5. 直流电源子系统

直流子系统在屏柜组成上主要包括直流充电屏、直流馈电屏、蓄电池屏。在直流电源子系统将来自交流馈线柜的交流电整流成直流电，用于：

（1）输出至保护、测控装置等直流负荷。

（2）为 UPS 电源子系统、通信电源子系统提供直流电源。

（3）存储至蓄电池组，以备不时之需，在交流失电的情况下为直流负荷和重要交流负荷提供不间断电源。

6. 通信电源子系统

将来自直流馈电屏的直流电，经过 DC/DC 变换后，为通信设备提供电源。

## 10.2 直流电源系统

直流电源系统是发电厂和变电所的重要系统。发电厂及大、中型变电所的控制回路、保护装置、出口回路、信号回路包括事故照明都采用直流供电方式。直流电源系统就是给上述回路装置及动力设备提供直流电源的设备。

由此可见，直流电源系统的用电负荷极为重要，所以其必须保证在外部交流电中断的情况下，由蓄电池组继续可靠地为工作设备提供直流工作电源，保障系统设备正常运行。下面将介绍直流电源系统的相关知识。

### 10.2.1 直流电源系统的结构

直流电源系统主要由直流电源（充电装置、蓄电池组）、直流母线（合闸母线、控制母线）、直流馈线、监控系统（微机监控装置、绝缘监测装置）组成，并且可以根据具体情况装设放电装置、母线调压装置。直流电源系统的结构如图 10-2 所示。

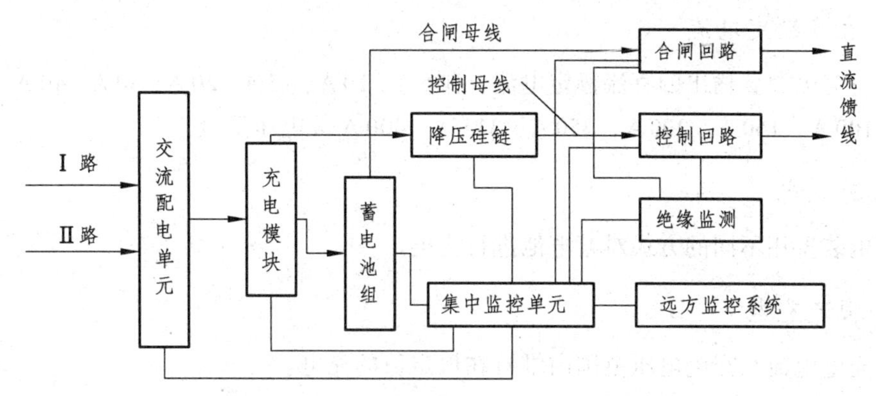


图 10-2 变电站直流电源系统的结构示意图

图中粗线为电缆线，细线为通信线。可以看出交流电通过充电模块整流，给蓄电池组充电，并给直流负荷供电。绝缘监测单元对直流回路的对地绝缘进行监测。集中监控单元相当于整个直流系统的大脑，通过通信线对各个单元进行监控和管理。

下面对各个单元的作用做简单介绍：

充电模块：将交流电整流成直流电，主要实现正常负荷供电及蓄电池的均/浮充电。

蓄电池组：将电能与化学能相互转化，平时处于浮充电备用状态，在交流电失电、事故状态、大电流启动等情况下，蓄电池是负荷的唯一直流电源供给源。

合闸母线：直流电源屏内供开关操作机构等动力负荷的直流母线。

控制母线：直流电源屏内供保护及自动控制装置、控制信号回路的直流母线。

控制母线与合闸母线的区别：控制母线提供持续的较小负荷的直流电源，一般为 220 V；合闸母线提供瞬时较大的电源，平时无负荷电流，合闸时电流较大，会造成母线电压的短时下降，一般为 240 V。

降压硅链：起到降压作用。

监控单元：对直流系统进行监控管理，包括蓄电池组充电方式的控制，对系统故障异常情况的显示及报警，对设备的遥信、遥测及遥控等。

绝缘监测：直流接地是直流系统最常见的故障。一点直流接地虽不影响系统的正常运行，但如果再有一点发生接地，就可能造成保护的误动、拒动。这就需要设置绝缘监测装置，在直流系统对地绝缘降低后，发出报警信号。

### 10.2.2 直流系统的主要参数

1. 直流标称电压

指直流系统中受电设备的直流额定电压，有 48 V、110 V、220 V 三个电压等级。

2. 直流额定电压

指供电设备的直流额定电压，一般指母线电压，有 50 V、115 V、230 V 三个电压等级。

3. 直流额定电流

指供充电装置输出的直流额定电流，有 5 A、10 A、15 A、20 A、30 A、40 A、50 A、80 A、100 A、160 A、200 A、250 A、315 A、400 A 等电压等级。

4. 充　电

充电装置用不同的方式对蓄电池进行充电。

5. 恒流充电

指充电电流在充电电压范围内维持在恒定值的充电。

6. 浮充电

指在充电装置的直流输出端始终并接着蓄电池和负载，以恒压充电方式工作。正常运行时，充电装置在承担负荷的同时向蓄电池补充充电，以补充蓄电池的自放电，使蓄电池以满容量的状态处于备用。

7. 恒压充电

指充电电压维持在恒定值的充电。

8. 限流恒压充电

指采用限制电流，电压维持在恒定值的充电。

9. 均衡充电

为补偿蓄电池在使用过程中产生的电压不均匀现象，使其恢复到规定的范围内而进行的充电，称为均衡充电。蓄电池事故放电后进行的补充充电，也称为均衡充电。

10. 蓄电池容量 C10

10 小时率额定容量，单位符号为 A · h。

11. 核对性放电

在正常运行中的蓄电池组，为了检验其实际容量，以规定的放电电流进行恒流放电，只要有单节电池达到了规定的放电终止电压，即停止放电，然后根据放电电流和放电时间，计算出蓄电池组的实际容量，称为核对性放电。

### 10.2.3 直流电源系统常用接线方式

直流系统电源接线应根据电力工程的规模和电源系统的容量来确定。按照各类容量的发电厂和各种电压等级的变电所的要求，直流系统主要有以下几种接线方式：一组充电机一组蓄电池单母线接线、二组充电机一组蓄电池单母分段接线、三组充电机二组蓄电池双母接线、三组充电机二组蓄电池双母接线。

目前 500 kV 及以上大型变电所发电厂均采用“三充两电”的接线方式，两段母线间设分段隔离开关，可以满足蓄电池各种工况运行的需要。满足两组蓄电池、两台高频开关电源或三台相控充电装置的配置要求，每组蓄电池和充电装置应分别接于一段直流母线上，第三台充电装置（如果有备用充电装置）可在两段母线之间切换，任一工作充电装置退出运行时，手动投入第三台充电装置。

## 10.3 变电站 UPS 系统

变电站交流不间断电源（UPS）系统作为站内自动化仪表、监控后台系统、远方通信系统等设备的恒压恒频不间断电源，其主要由 UPS 主机、旁路输入稳压柜、交流配电屏等构成。本小节主要介绍 UPS 的基本原理、UPS 单机和系统运行方式及性能等基本知识，并结合现行的规章制度介绍站用 UPS 的日常巡视、检修和故障处理要求，最后在此基础上介绍几种站用 UPS 装置典型故障分析及处理案例。

### 10.3.1 UPS 的分类

常见的 UPS 电源按照其工作原理的不同，可以分为如下三种：在线式、后备式、在线互动式。

1. 在线式

系统结构包括整流器、逆变器、隔离变压器、直流充电机、直流蓄电池、静态切换开关以及辅助监测和告警电路。在线式 UPS 系统工作稳定、结构复杂、价格昂贵，常用在对交流电源要求高的网络设备和计算机系统中，能够输出高品质正弦波，解决常见交流电源的浪涌、波形畸变、频率偏移等缺点。

2. 后备式

与在线式 UPS 相比，后备式 UPS 系统的特点是无整流器，经过逆变器的电源只有蓄电池，逆变器只有在市电不正常时才工作，且输出电压非正弦波而是简单的方波。该系统结构简单、成本较低，系统投入时间一般在 10 ms 左右，通常可以起到自动稳压、不间断供电等作用。

3. 在线互动式

在市电正常时该系统可直接为负载提供交流电，当市电电压波动时，将通过整流和逆变系统改善电源质量，当市电断电时，可以通过触发静态开关切换为直流电源逆变供电。整个系统输出为高品质正弦波，且切换时间低于 4 ms，具有较高的滤波、抗干扰能力、价格低等优点。

另外，按供电方式的差异，可将 UPS 分成单相输入单相出口型 UPS、三相输入单相出口型 UPS、三相输入三相出口型 UPS；按用处分成商业机、工业机、军工机（核级）；按有无隔离变压器可分成高频 UPS、工频 UPS；按整流器触发方式不同可分成 IGBT 变流、6 脉冲/12 脉冲变流器 UPS；按多个 UPS 连接方式差别分成简单串联热备份式、交叉串联热备份式、并联冗余式；按 UPS 输出功率不同可分为小功率（<6 kV·A）、中小功率（6 ~ 20 kV·A）、中大功率（20 ~ 60 kV·A）、大功率（>60 kV·A）。

## 10.3.2 UPS 的结构

变电站用交流不间断电源系统主要分为站用 UPS 主机柜、旁路稳压柜、交流配电屏，其结构如图 10-3 所示。该系统通过三路输入保证不间断供电，即交流电源旁路输入、主输入和直流电源输入（蓄电池）。

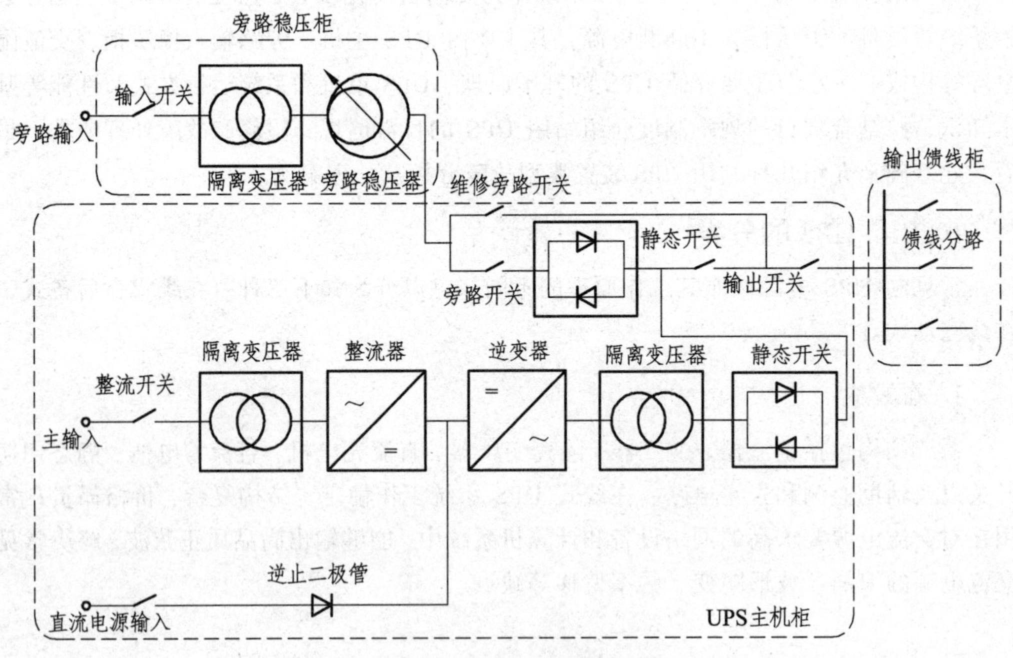

图 10-3 UPS 系统结构示意图

各部件的功能及作用如下：

整流器：将不稳定的输入电压整流成稳定的直流电作为逆变器的输入，且满足负载电流变化的影响。

逆变器：将直流电源或整流后的直流电逆变成功率大、电压稳定、可供负载使用的交流电。

直流电源：在 UPS 的主输入市电断电时，将直流电逆变成交流后向负载保持不间断供电，该设备主要为蓄电池储能，按照 USP 系统的持续放电时间确定其容量大小。

静态开关：在 UPS 逆变器无输出和过载时，通过触发脉冲自动切换旁路电源，在系统恢复正常后再切换到正常状态。该器件一般由晶闸管构成，切换时间小于 1/4 周波，即 5 ms。

隔离变压器：在主输入、旁路输入和逆变输出的交流回路中都有该装置，用于隔离电源与负载的电器联系。

旁路稳压器：该装置串接在旁路输入回路中，在旁路电源投入时起到隔离和稳压作用。

维修旁路开关：在对 UPS 主机进行维护检修时，通过手动合上该开关使得主机部分可以临时停电，实现对 UPS 的输出不停电维护。

### 10.3.3 站用 UPS 单机运行模式

UPS 共有 4 种运行模式，将 UPS 系统结构简化后其示意图如图 10-4 所示。

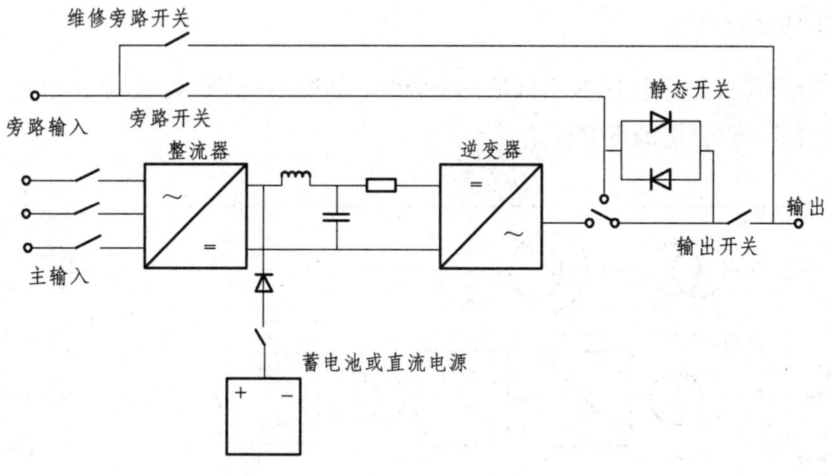


图 10-4　UPS 系统简化示意图

1. 正常运行模式

在主输入交流电源电压正常的情况下，通过图 10-4 中的整流和逆变电路后，其直接为重要负载提供不间断交流电源。

2. 蓄电池后备运行模式

在 UPS 正常运行时，交流电源经过整流后的直流电压稍微高于直流输入电压，由于逆止二极管的作用，蓄电池不需要放电。但在交流主输入断电、整理器出现故障时，

UPS 将工作于蓄电池放电的逆变状态。该过程为无切换开关的自动模式，所以切换时间为 0 ms；当主输入电压正常后，经过 0 ms 后又自动恢复整流状态。

3. 旁路运行模式

在交流主输入和直流电源同时失电以及逆变器故障时，通过静态开关自动切换为旁路运行，静态开关的切换时间应小于 4 ms，同时切断逆变输出回路。旁路输入电源可以为电网电压或冗余连接的在线逆变输出电源。对于过载引起的逆变器停止工作可通过重启解决，对于过热原因的停机在 UPS 温度低时自动恢复正常运行。

4. 维修旁路模式

在对 UPS 主机部分进行检修、蓄电池进行检查更换时，为了保证负载的不间断供电，通过手动合上维修旁路开关，将负载电流转移到维修旁路上，在将主输入开关、旁路输入开关、逆变输出开关手动分开以切断 UPS 带电部分，通过“先合后分”的方式实现 UPS 的安全隔离维护。

### 10.3.4 站用 UPS 系统运行方案

1. 单机运行系统

该运行方式只有一个 UPS 主机带一个旁路，如图 10-5 所示。该系统结构简单、元件少、价格低，但供电的可靠性差。

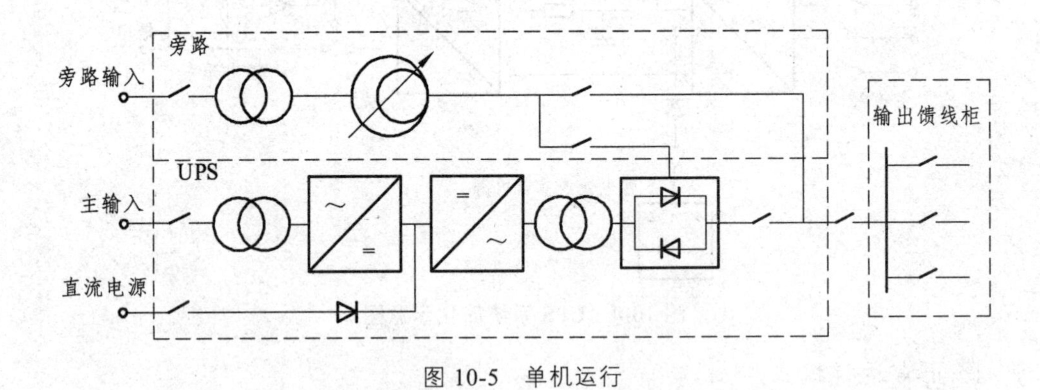


图 10-5　单机运行

2. 串联冗余系统

该运行方式是 UPS A 作为 UPS B 的旁路输入串联在一起，结构上比较简单实现，且对单机功率、容量和型号无特殊要求，如图 10-6 所示。该方式具有成本低、无额外控制及通信系统的需求。但该运行方式具有低利用率、主/从机切换时间最长可达 10 ms、双机老化不一致、扩展性低等缺点。

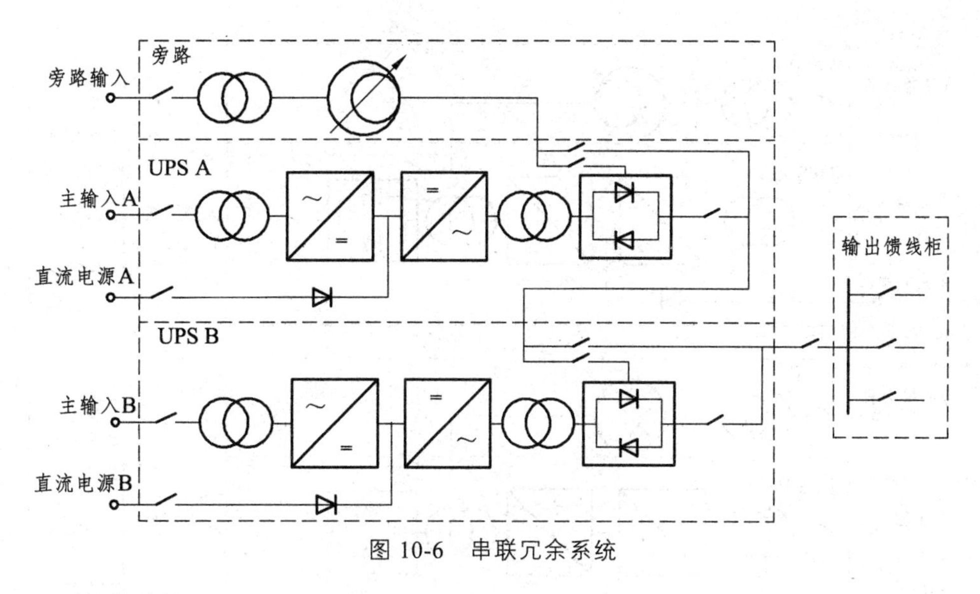


图 10-6　串联冗余系统

3. 并联系统

该运行方式采用将多台UPS主机的输出端子连接起来以达到多机并联运行的目的，如图 10-7 所示。负载由所并联的 UPS 共同分担，在其中一台设备故障时，不影响负载的正常供电。

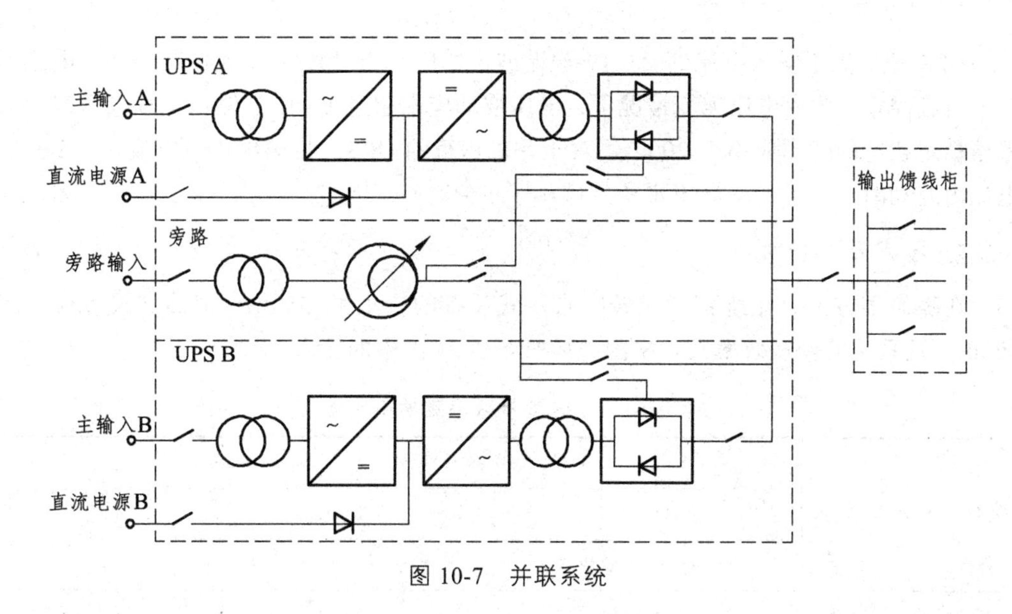


图 10-7　并联系统

4. 双重化冗余系统

该方式在结构上与并联系统相似，但更加复杂，如图 10-8 所示。各 UPS 主机之间无主次之分，UPS 装置型号及输出功率要求较高，需要设置并机和控制器件。在正常运行时独自承担负载，在其中一台故障时可通过母联开关转移负荷。该系统具有扩展性强、保护等级高、供电可靠性强等优点。

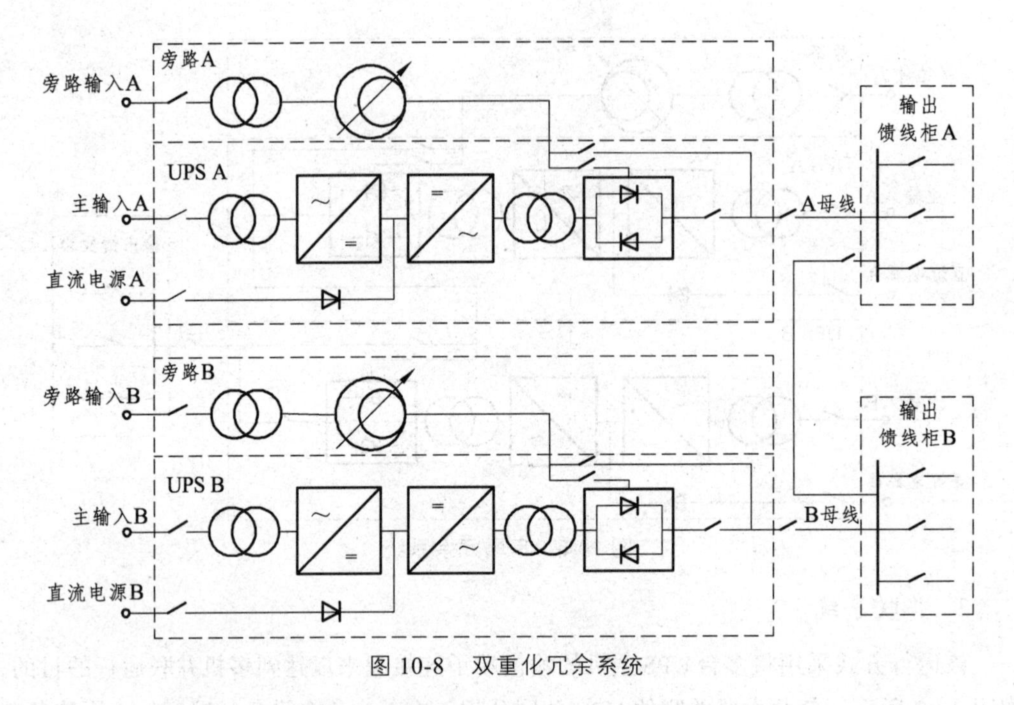


图 10-8 双重化冗余系统

### 10.3.5 站用 UPS 单机性能要求

1. 电压电流相关参数

UPS 的交流主输入电流的 2～19 次谐波占比应小于 30%，输入负载突变、电压不变和负载固定、输入电压突变情况下，电压波动应不超过 ± 10%，输出负载电压突变调整至稳定状态的时间应小于 20 ms。对于并机运行的 UPS，其输出负载电流在 1/2 额定电流内波动时，主机的均流不平衡度应小于 ± 5%。

2. 噪声及变换效率

在噪声值方面，系统正常运转时自冷式设备的应小于 55 dB，风冷式设备应小于 60 dB，且系统的变换效率及功率因数应符合表 10-1 中的要求。

表 10-1 UPS 变换效率及功率因数

| 额定输出功率大小 | UPS 的变换效率% | | UPS 输入功率因数 |
|---|---|---|---|
| | 高频机 | 工频机 | |
| | 交流输入逆变供电 | 交流输入逆变供电 | |
| 3 kV · A 以上 | ≥90 | ≥80 | ≥0.9 |
| 3 kV · A 及以下 | ≥85 | ≥75 | ≥0.9 |

3. 装置保护功能

（1）在输入过压的情况下，应配置过压自动切换输入或关机保护功能，输入正常电压后，应具有自动恢复到原工况的能力。

（2）在输入欠压的情况下，应配置欠压自动切换输入或保护功能，输入正常电压后，应具有自动恢复到原工况的能力。

（3）在输出功率为 1.05 ~ 1.25 倍额定功率、延时 10 min 后应自动切换至旁路运行，输出正常后，应具有自动恢复到原工况的能力。

（4）在输出功率为 1.25 ~ 1.5 倍额定功率、延时 1 min 后应自动切换至旁路运行，输出正常后，应具有自动恢复到原工况的能力。

（5）在输出功率大于 1.5 倍额定功率或短路时，应能立即自动切换至旁路运行，旁路开关过载能力应能够使配电开关脱扣（脱扣电流小于装置 0.5 倍额定电流），输出正常后，应具有自动恢复到原工况的能力。

4. 不同模式切换时间

在输入额定电压、输出额定阻性负载情况下，进行人为模式切换试验，装置的切换时间应满足表 10-2 中要求。

表 10-2　UPS 模式切换总时间

<table>
<tr><td rowspan="6">切换时间</td><td rowspan="2">冷备用模式</td><td>逆变输出→旁路输出</td><td>≤4 ms</td></tr>
<tr><td>旁路输出→逆变输出</td><td>≤10 ms</td></tr>
<tr><td rowspan="2">双变换模式</td><td>交流供电↔直流供电</td><td>0</td></tr>
<tr><td>旁路输出↔逆变输出</td><td>≤4 ms</td></tr>
<tr><td rowspan="2">冗余备份模式</td><td>串联冗余，主机↔从机</td><td rowspan="2">≤4 ms</td></tr>
<tr><td>并联冗余，双机相互切换</td></tr>
</table>

### 10.3.6　站用 UPS 系统配置原则

1. 电源要求

（1）UPS 电源系统应采取交流输入、输出及直流输入的三端电气隔离措施，即应在交流电源的输入和输出端应各配置一台隔离变压器，直流输入端应装设逆止二极管防止反充电。

（2）UPS 电源系统的交流主输入宜采取三相三线制的 380 V 电源，容量不大于 10 kV · A 的系统可采取单相输入的 220 V 电源。

（3）UPS 电源系统输出为单相时，宜采取二相二线制的 380 V 旁路输入，宜可采取单相 220 V 输入，同时负载及电源应采用两极断路器；UPS 电源系统为三相输出时，宜采取三相四线制的 380 V 旁路输入，同时三相负载及电源应采用四极断路器。

（4）UPS 电源系统的配电采用 TN-S 方式，且计算机监控系统有独立接地网的情况下，UPS 电源系统与计算机监控系统接地网宜连接在一起，按照计算机监控系统的要求规定接地电阻的大小。

（5）UPS 电源系统在其输入端宜设置具有指示功能的浪涌保护器[标称放电电流大于 10 kA（8/20μs）]，且装在相对地和中性线对地上。为了防止浪涌保护器损坏或者方便更换，宜串联合适的联动空气开关。

（6）站用 UPS 电源系统应采取双机冗余供电系统，由两台单独组屏的 UPS 电源组成，为了便于散热其前后门应采用网格式。

2. 负荷分配原则

在变电站内，一般由站用 UPS 供电的相关装置如下：变电站自动化系统计算机及交换机设备、调度数据网设备及二次安全防护设备、电能量计量系统、卫星同步时钟装置、保护及故障信息管理机、变压器冷却控制、火灾报警控制、门禁系统、变电站视频监控等不能中断供电电源的重要生产设备。

严禁空调、照明等负荷从自动化系统专用 UPS 电源获取供电。为提高自动化系统运行可靠性，自动化设备应优先使用直流电源。变电站汇聚点路由器应优先使用直流电源，严禁汇聚点路由器直接使用交流电源。各种装置接入 UPS 应遵循以下原则：

（1）应按负载均分原则，对 UPS 电源系统的两段交流配电母线上的设备进行分配。

（2）采用两路交流电源供电的装置，应分别接入 UPS 电源系统的两段交流配电母线上。

（3）采用单电源冗余供电的装置，也应分别接入 UPS 电源系统的两段交流配电母线上。

（4）采用单电源非冗余供电的装置，应按负载均分原则，将其分配在 UPS 电源系统的两段交流配电母线上。

（5）UPS 电源系统所接负载，应按照馈线开关与设备一对一的原则接线，不允许共用开关。

（6）变电站自动化系统相关装置的配置原则：

① 调度数据网接入路由器、汇聚点路由器、纵向认证装置、电能量采集终端等双电源装置，其输入应分别接入 UPS 电源系统的两段交流配电母线上。

② 变电站自动化系统远动设备、变电站自动化系统交换机及工作站等单电源冗余配置的装置，其输入应分别接入 UPS 电源系统的两段交流配电母线上。

③ 调度数据网交换机、保护及故障管理机、变压器冷却控制器、防火墙、卫星同步时钟装置、视频监控、火灾报警、门禁系统等单电源非冗余配置的设备，应按负载均分原则，将其分配在 UPS 电源系统的两段交流配电母线上。

3. UPS 电源容量配置原则

（1）单台 UPS 电源系统的额定输出功率应大于所带负载总功率的 1.2 倍。

（2）UPS 电源系统的容量应不小于负载的最大启动电流。

（3）500 kV、220 kV、110 kV 智能变电站每台 UPS 电源容量宜按 15 kV · A、10 kV · A、8 kV · A 选取；500 kV、220 kV、110 kV 变电站每台 UPS 电源容量宜按 10 kV · A、8 kV · A、5 kV · A 选取。

4. 电网重大反事故措施相关要求

（1）站用交流母线分段的，每套站用交流不间断电源装置的交流主输入、交流旁路输入电源应取自不同段的站用交流母线。两套配置的站用交流不间断电源装置交流主输入应取自不同段的站用交流母线，直流输入应取自不同段的直流电源母线。

（2）站用交流不间断电源装置交流主输入、交流旁路输入及不间断电源输出均应有工频隔离变压器，直流输入应装设逆止二极管。

（3）双机单母线分段接线方式的站用交流不间断电源装置，分段断路器应具有防止两段母线带电时闭合分段断路器的防误操作措施，手动维修旁路断路器应具有防误操作的闭锁措施。

（4）正常运行中，禁止两台不具备并联运行功能的站用交流不间断电源装置并列运行。

（5）为保证继电保护相关辅助设备（如交换机、光电转换器等）的供电可靠性，宜采用直流电源供电。因硬件条件限制只能交流供电的，电源应取自站用不间断电源。

### 10.3.7 站用 UPS 日常巡视与检修

1. 日常巡视

（1）巡检人员应记录 UPS 的运行状态，包括输入输出参数、装置的红外测温状况等。

（2）检查 UPS 的运行工况及信号指示是否正常。

（3）检查 UPS 的负载出线端子及引线连接、锈蚀情况。

（4）UPS 主机应保持清洁，UPS 风扇是否正常运转、输出部分温度是否过高；柜门的网格处是否通畅，杂音是否过大。

2. UPS 电源检修

（1）检修周期：正常情况每年 1 次，或结合日常维护检修。

（2）检修项目包括：参数测量、切换模块检验、控制系统检验等；检修应有检修实验记录。

（3）参数测量主要为输入和输出电压大小、频率、电流谐波含量、整机运行效率及功率因数，各项数据及波形应符合现场要求。

（4）在对交流主输入的自动切换装置试验时，为保证切换动作的准确性，应采取交替断开两路主输入电源的方式进行。

（5）在对 UPS 电源进行（4）中所示自动切换装置试验时，亦应检验逆变器是否工作正常，试验时应按规定操作进行，在无交流输入时，逆变器输出电源电压应符合要求。

（6）UPS 控制系统检修应做如下检查：

① 检查控制系统的各项指示灯是否正常，是否符合现场实际情况，且显示屏是否正常亮。

② 检查控制系统内部有无响声、过热等不正常现象。

③ 检查控制系统各按键情况，并通过按键查看系统运行参数，校验按钮和系统运行情况。

（7）采用并联冗余的UPS交流供电装置，应检查各装置是否按照负载均分原则分配。

### 10.3.8 UPS故障处理

在遇到UPS出现异常运行情况时，应首先通过控制系统查看故障信息，根据指示灯以及显示屏故障信息提示，并参照表10-3进行相关处理。

表10-3 UPS系统常见故障表

| 序号 | 报警显示 | 处理方法 |
|---|---|---|
| 1 | UPS电源不工作 | 检查交流输入及直流电源情况，判断是控制系统故障还是蓄电池等其他硬件故障 |
| 2 | 输入电源故障 | 检查输入交流电压状态，如果无异常，应观察输入电源开关是否故障 |
| 3 | 过流或短路 | 检查负载运行情况，查看配电开关是否正常 |
| 4 | 过载 | 检查并断开持续过载的装置，待修复后重新连接 |
| 5 | 过温 | 利用红外测温仪查找发热点，对连接不良端子进行重新紧固 |
| 6 | 整流器故障 | 更换故障模块 |
| 7 | 逆变器故障 | 更换故障模块 |
| 8 | 不同步 | 观察交流主输入电压频率是否异常 |
| 9 | 电池电压低 | 检查电池组总电压及单体电压是否异常，对故障单体电池进行及时更换 |

## 10.4 典型故障分析及处理

**案例1：变电站直流系统蓄电池组维护不到位**

故障现象：

××年××月台风登陆期间，某220 kV变电站110 kVⅠ、Ⅱ母线，以及4座110 kV变电站发生失压事件，事件后果达到二级电力安全事件标准。

原因分析：

经现场检查，故障原因为蓄电池组失效，保护装置控制电源和操作电源不在同一母线。查看蓄电池故障和维护记录，发现如下情况：

前一年12月，#2蓄电池组#38、#42电池因外壳轻微裂纹退出运行。

当年6月，继保班组在专业巡视中发现#2蓄电池组#31、#45、#48等3只蓄电池外壳有裂纹，未做进一步测试，仅报一般缺陷（蓄电池外壳破损缺陷应为重大缺陷）。因无备用蓄电池，未进一步开展消缺工作，#2蓄电池组仍带缺陷运行。

6月，变电运行人员测量#1蓄电池组3只蓄电池（#7、#29、#48）电压为0 V，未按紧急缺陷立即上报（11 月 6 日#1 蓄电池组核容结果正常，退出的蓄电池核容结果也正常，表明变电运行人员测量方法不正确）。

10 月 5 日，运行人员发现#2 蓄电池组#18、#27 等 2 只蓄电池组外壳爆裂（见图 10-9），仅按一般缺陷上报（实际属重大缺陷），延误了缺陷处理。

另外，反措执行不到位，未取消低压脱扣。西安事故之前，要求对全部变电站开展站用变低压侧 380 V 开关隐患排查，对具有低压脱扣功能的 380 V 开关要采取可靠措施，取消低压脱扣功能，但此变电站仍未按时限要求完成整改，导致站用交流 380 VⅡ段母线失压。

图 10-9　蓄电池组外壳爆裂

建议与总结：

本次事故中，保护电源与操作电源仍接在不同直流母线上，落实反措不到位，专业管理部门应当及时推进反措执行情况；在发现缺陷后，未能及时处理，缺陷管理未能有效闭环，应当及时消除缺陷防止事故扩大。

**案例 2：变电站直流系统自动切换开关故障导致全站失压**

故障现象：

某 110 kV 变电站一条 10 kV 线路三相短路，引起 10 kV Ⅰ母电压降低，造成#1 站用变 380 V 输出电压降低，#2 直流系统充电机模块欠电压保护动作全部退出运行，同时#2 蓄电池组故障无输出，造成#2 直流母线失压，影响由#2 直流母线供电的 110 kV 备自投装置、#1 及#2 主变差动及两侧后备保护装置及所有保护测控一体化装置失电无法动作，造成全站失压。

原因分析：

事故原因为#2 段直流系统失电，#2 直流系统的交流输入为#1 站用变，事故发生时#1 站用变失电且交流切换装置不能正常切换至#2 站用变，造成#2 直流系统交流输入失电，同时蓄电池组已经彻底损坏，进而造成重要负荷装置等设备停电，直至变电站失电。

建议与总结：

日常巡视和维护不到位，直流系统交流切换装置不能正常切换，没有及时发现并消缺，同时暴露出未认真执行蓄电池组定期核对性充放电的问题，今后应严格按照直流系统日常运行维护规定，落实相关人员责任，将蓄电池和直流装置运维工作做细做实。

**案例 3：交直流电源回路空端子间隔不足**

故障现象：

保护屏柜打印机电源与直流电源仅间隔 1 个空端子，间隔不足，且打印机交流电源未接于端子排底部，如图 10-10 所示。

图 10-10　交直流电源回路空端子间隔不足

装置本体—屏内接线—各保护屏打印机电源接于端子排底部，与保护直流回路以适量空端子隔离，其火线、零线色标醒目，严格防止其零线与电缆屏蔽层连接。

整改措施：

调整打印机电源线接线位置。

**案例 4：某 220 kV 母线保护直流回路设计错误**

故障现象：

某 220 kV 母线保护在直流屏上的空开为分段输入，而直流一、二段电源在保护屏内通过连片短接，造成两段直流长期并列运行，如图 10-11 所示。

图 10-11　端子排通过连片短接

图 10-12　220 kV 母线保护直流屏上电源空开

现规程是电网重大反事故措施，15717.1 对于采用近后备原则进行双重化配置的保护装置，每套保护装置点由不同的电源供电，并分别设有专用的直流熔断器或自动开关。

整改措施：

改拆除多余直流电源回路连片。

**案例 5：110 kV 某变电站站用交流电源系统馈线支路故障**

故障现象：

110 kV 某变电站发生站用变馈线支路 ABC 相间短路，馈线开关不跳闸，站用交流进线开关不跳闸，站用变过流保护越级动作，不闭锁 380 V 备自投动作切换，造成全站站用交流电源失电。

原因分析：

馈线支路故障发生时，站用变先于馈线开关动作，Ⅰ段母线失电，但故障点未排除，ATS 切换#2 站用变保护动作后，Ⅱ段母线也失电，站用电源系统结构如图 10-13 所示。开关在 ABC 相间短路故障后热磁保护动作曲线与站变保护没有配合，无法及时隔离故障；站变过流保护越级动作跳闸后，380 V 备自投切换扩大了事故范围。

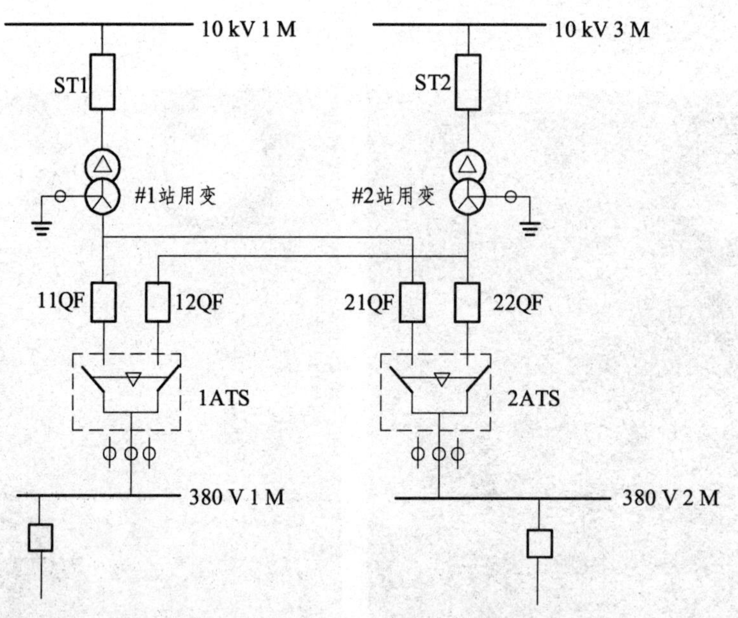


图 10-13　110 kV 某变电站站用电源系统结构图

解决方案：

（1）在一次系统加装保护 CT，同时在控制算法中改进控制策略，采取过流保护和零序保护先于变压器保护动作，及时能够跳开交流电源的进线开关或闭锁装置的 ATS 开关，CT 装设位置、保护动作值及动作时间如图 10-14 所示。

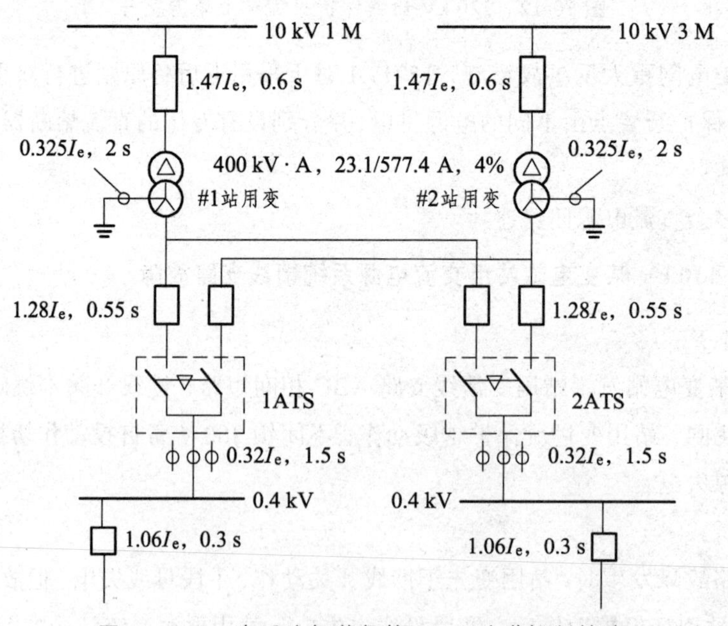


图 10-14　一次系统加装保护 CT 及改进控制策略

（2）除了上面提到的方案，可以考虑加入站用变保护闭锁 ATS 信号作为站用变保护的一部分，在馈线支路故障时及时闭锁 ATS，防止事故的扩大，如图 10-15 所示。

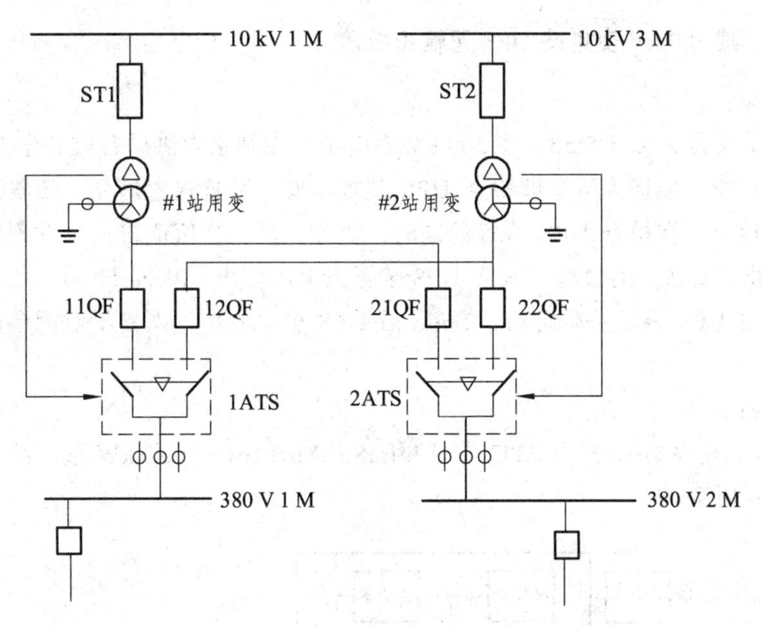


图 10-15　加入站用变保护闭锁 ATS 信号

建议与总结：

在对站用交流电源系统进行设计时，应严格按照空气开关的级差配合关系继续配置，严禁上级空开偷跳扩大停电范围现象出现，加强设备新投验收和运行维护，对不满足现场实际要求的设备或保护逻辑，应及时整改到位，以防事故的连锁反应发生。

**案例 6：某变电站 UPS 控制模块故障**

故障现象：

××年××月××日 6:10，自动化值班系统报某变一、二平面通信中断，工况退出，检查调度数据网络、加密认证装置均离线，通知监控安排变电站现场值守，并告检修立即组织抢修。

原因分析：

据现象分析应是站内电源失电或者光纤通信中断。变电站运维人员到达后，经检查确认为不停电电源 UPS 异常，该装置无输出且重启无效，各输入电源状态正常，初步判断为 UPS 控制模块故障，且一、二平面数据路由均挂在同一 UPS 电源上。

处理过程：

10:00，变电站检修人员带备件到达后更换 UPS 控制模块，重启成功，调度数据网路由器、加密认证装置等设备恢复供电后厂站一、二平面通信恢复，完成消缺。

建议与总结：

近几点年由于不断提高的管理与技术要求，变电站内网络类设备成倍增加，变电站端不停电电源 UPS 的负荷加大并且影响范围扩大，需要结合建设改造及时改进，采用更合理的 UPS 运行方式为负载供电。

**案例 7：某 500 kV 变电站 UPS 无输出故障**

故障现象：

××年××月××日 8:55，某 500 kV 变电站主控制室内供后台监控电源的 UPS 装置发出报警声响，值班人员立即检查 UPS 装置，发现装置报警灯亮，装置显示“输入电源越限”信号，在检查 UPS 装置的同时，监盘人员（当值值班员）发现后台监控机黑屏，装置指示灯灭，通过检查发现 UPS 装置无电源输出。08 时 58 分，值班人员按照说明书步骤将 UPS 装置手动启动，2 min 后 UPS 启动成功，恢复了对后台监控主机的供电。

原因分析：

该 500 kV 变电站 UPS 为 APC 公司 InfraStruXureTpye B 20 kW 型产品，配置示意图如图 10-16 所示。

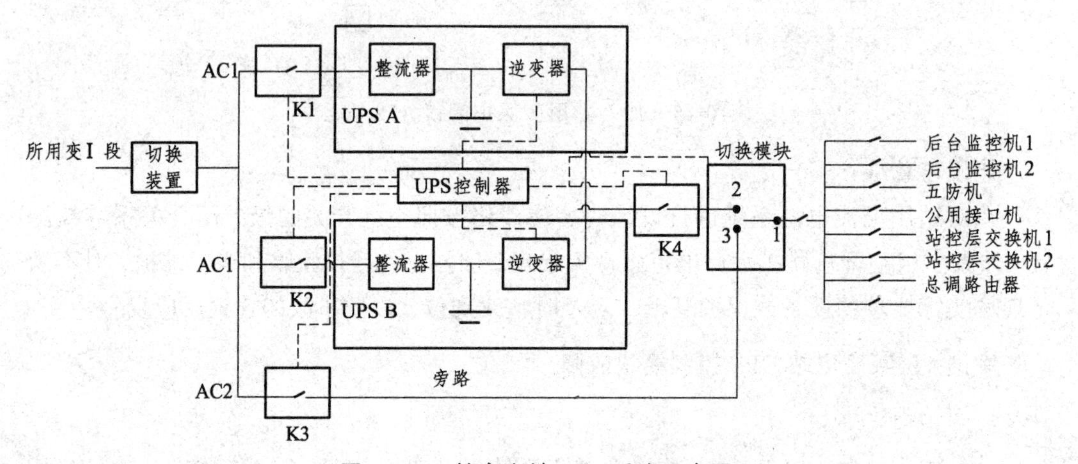


图 10-16　某变电站 UPS 系统示意图

按照图 10-16 所示，该装置的工作原理为：交流输入电源为所用变 I 段，经过切换后分为 AC1 和 AC2 两路，AC1 经 K1、K2 分别接入 UPS A、UPS B 的交流主输入模块，AC2 接入旁路检修电源模块，K3、K4 分别为旁路开关和交流总输出开关，通过 UPS 控制器切换整个系统的输入和输出。

UPS 控制器的主要功能为监控 UPS 装置的运行状态，UPS 控制器控制范围有 K1、K2、K3、K4、UPS A 模块、UPS B 模块、切换模块，可根据需要对 UPS 输入、输出进行控制，各项操作均通过 UPS 控制器程序在系统内部实现。

正常运行时，旁路检修开关 K3 在打开位置，当模块 A 工作时，K1 合上，K2 打开；当模块 A 异常时，由控制器控制，K2 合上，K1 打开，改由模块 2 供电。

UPS 电源系统现场检查：

（1）检查 UPS 外观无异常，检查外部 UPS 输入回路及空气开关正常，输出各个回路及空气开关正常，未发现输入输出回路有短路、放电迹象，回路端子连接可靠。

（2）模拟 UPS 装置故障切换试验。

对 UPS1、UPS2 两路电源模块分别模拟故障进行 3 次切换试验，UPS1、UP2 切换时间正常，监控系统负荷无异常。

（3）检查 UPS 告警日志，发现大量“输入电压低告警”事项。

（4）检查 UPS 控制器“输入电压低告警”定值，发现 UPS 控制器定值设置为 208 V，在站用电电压低于 208 V 的情况下，UPS 控制器发出“输入电压低告警”事项。

（5）现场将 UPS 输入相电压模拟在 206 ~ 208 V 范围时，发现每当电压低于 208 V 时 UPS 控制器将发出“输入电压低告警”事项，电压恢复至 208 V 以上时，UPS 控制器“输入电压低告警”事项消除，经多次试验，当不断模拟输入相电压在 206 ~ 208 V 波动时，UPS 控制器不断发出“输入电压低告警”事项。

（6）调取报警期间 35 kV 母线电压，分析整点电压值，发现在 12 月 18 日 09:00 左右，35 kV 母线电压达到最低，站用电系统电压也低至 206 V，而 UPS 电压报警门槛值为 208 V，UPS 控制器发出“输入电压低报警”。

通过调查现场和当时输出断电情况看，可以排除外部因素导致 UPS 输出失电的可能。在 UPS 输出失电前，由于低压电抗器的投入，引自站用电的 UPS 输入相电压在 206 ~ 209 V 波动，已低于报警门槛值 208 V，装置发出告警信号“输入电源报警”，UPS 控制器“FAULT”灯亮。由于站用电压在 206 ~ 209 V 波动，不断致使 UPS 控制器重复判断“输入电源报警”，并形成大量告警日志，因此可判断 UPS 电源失电与 UPS 控制器有很大关系，不排除 UPS 控制器因异常告警导致控制器异常，引起 UPS 输出中断的可能。

通过厂家技术人员现场调取 UPS 控制器的信息并进行相关检查，在大量的报警事项反复写入 UPS 控制器内存的过程中，占用了控制器中大量的内存，使得控制器发生死机故障，闭锁了整个电源系统的输出。

建议与总结：

一方面，该站 UPS 电源系统在设计时未考虑程序与内存的兼容问题，需要在后续改造中提高对 UPS 各种软件故障的模拟。另一方面，500 kV 变电站应采双机冗余供电系统供电，但现场为以前 UPS 系统结构方式，将 UPS 电源具备的双电源模块认为是 UPS 冗余系统，未将其列入存在的隐患及时上报。虽然该单位对 500 kV 变电站 UPS 系统制定了改造计划，但在改造前未针对规范配置要求采取临时处置措施，应对 UPS 失电后可能导致监控系统通信中断制定相关预案及处置措施。

**案例 8：某变电站 UPS 系统意外停机故障**

故障现象：

某日，变电站检修人员在进行蓄电池核对性充放电工作时，将直流电源断开进行放电，UPS 工作正常。现场作业人员工作完毕恢复送电的过程中，检查完 UPS 将其前盖板扣上时，装置瞬间输出中断，检查装置参数发现，交流主输入正常、直流输入和旁路交流电源断开且逆变器无输出，故障报警灯亮且发出声响，对装置进行复位和重启操作无效。为保证负载正常运行，将 UPS 手动置于旁路状态。

原因分析：

通过报警状态和装置检查发现，该装置的紧急关断端口的控制短接线开路，致使该元件不正常动作。该元件的作用为在紧急情况下通过后台操作关停 UPS 电源，后台与控制端口连接。在端口开断时，控制系统将彻底封闭 UPS 输出，停止向负载供电。为了将设备恢复正常运行，通过修复端口连接引线并手动开机。现场操作人员在查找控制端子开断时，发现端口连接时使用的是一个塑料挂钩且已老化，在经过振动后将该处接线以外掉落，导致 UPS 输出中断故障的发生。

建议与总结：

在将现场掉落的短接线接上并复位 UPS 主机后，系统恢复正常运行。此次故障说明运行中的设备存在一定的老旧安全隐患，对塑料、尼龙等现场已老化的附件应加强管理。对其他设备进行深入排查后，发现有三台存在问题的装置，均进行了消缺处理。

**案例 9：某 35 kV 终端变电站 UPS 故障**

故障现象：

某 35 kV 终端变电站内二次装置均运行于 UPS 系统提供的交流电源，××年××月××日 23 时 35 分，35 kV 某出线 C 相接地；23 时 40 分，该线 B、C 相相间三段过流保护动作；23 时 40 分，该线路断路器分闸失败；23 时 40 分与上一级变电站连接的 35 kV 进线 B、C 相相间三段过流保护动作。

原因分析：

经过检查 UPS 装置各部件，发现 UPS 的整流器部分器件故障，无法为直流电池正常充电，导致 UPS 的直流输入端的电池放电容量非常低，在切换为逆变输出模式后，无法为断路器跳闸线圈提供足够电压，为本次事故的主要原因。

具体分析如下：在该变电站 35 kV 某出线发生 C 相的接地故障情况时，由于站用变所接的 UPS 装置的输入恰巧在 C 相上，在系统 C 向故障导致低压侧 C 相电压偏低时，使得 UPS 的交流主输入电压变化较大，将 UPS 电源主输入切换为逆变输出供电工况；日常运检中蓄电池未进行正常维护，其在很短的时间内放电完毕，使得整个 UPS 电源系统处于输出不稳定状态；在 UPS 输出电源异常的情况下，线路故障已从单相接地变成相间故障，保护虽然正常动作，但因交流供电电压低于线圈最小动作电压，而无法将断路器正常跳开。由于本站保护未动作，而扩大到上级线路保护动作跳闸，造成了该站全站失压。

建议与总结：

通过上述分析可知，站用 UPS 交流不间断电源系统中的各部件未正常维护，直接导致了断路器无法跳开和全站失压。由于该站为 UPS 带全部二次装置的方式，全站的正常运行取决于 UPS 的工作状态，因此在日常运检和改造中应将 UPS 电源系统作为重点工作实施。

**案例 10：某 500 kV 变电站 UPS 装置自动切换开关故障**

故障现象：

××年××月××日，运行人员报 500 kV 甲变电站内 UPS 电源出现短暂故障，导致站内 6 台接在 UPS 电源的机器无法正常启动。运行人员现场检查时，UPS 电源供电已恢复正常，UPS 电源柜输入输出所有空开、UPS 电源主机、RSTS（静态切换开关）均正常，此突然断电故障已无规律发生多次。

存在的问题及分析：

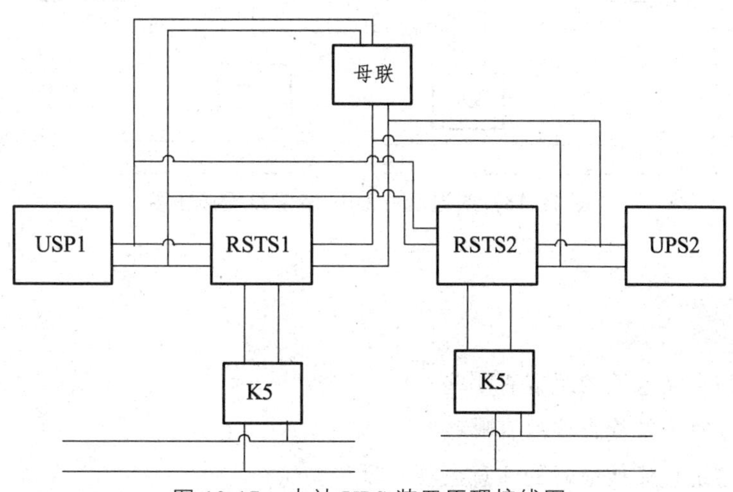


图 10-17　本站 UPS 装置原理接线图

本变电站 UPS 电源系统如图 10-17 所示，采用双 UPS 电源 + 双 RSTS 配置，组成 2 台 UPS 电源互为备份给负载供电。RSTS 为静态切换开关，且 RSTS1 的主供电源为 UPS1，UPS2 作为后备电源接入 RSTS1；RSTS2 的主供电源为 UPS2，UPS1 作为后备电源接入 RSTS2；输出开关为 K5。当任一 UPS 电源系统出现故障时，RSTS 都能实现切换，维持对负载的持续供电。

负载间歇性断电，首先排查外围因素，经现场勘查和工程人员确认，现场电压相对稳定，不存在设备过压和过流保护等因素；其次，UPS 电源本身带自动旁路功能，如果 UPS 电源主机发生保护或者故障，设备会自动转为旁路给负载供电，均不会造成负载断电，所以初步判断为 RSTS 设备故障。因为 RSTS 设备功能和 ATS 双电源切换功能相同，只是 RSTS 切换时间正常时只有 5 ms 左右，比 ATS 切换速度快。综合现场情况，分析认为很有可能是 RSTS 损坏或误切造成负载短时间断电。

经维保厂家建议，对原 UPS 系统进行改造，将 RSTS 设备断开，直接将负载接到对应的 UPS 电源输出，并在 2 台 UPS 交流输出间加装母联开关，应急情况下，任何一个 UPS 故障后，均可通过母联开关进行切换负载。改造后其接线如图 10-18 所示。

措施及建议：

500 kV 甲变 UPS 装置于××年××月投运，为金宏威的设备，型号为

IPower-10KVA/110-G，目前该厂家已倒闭。另发现 UPS 所接负载不够均衡，6 台机器均挂在同一 UPS 下。今后应更加注重 UPS 装置的验收环节，以保证 UPS 系统以合理的运行方式投运。

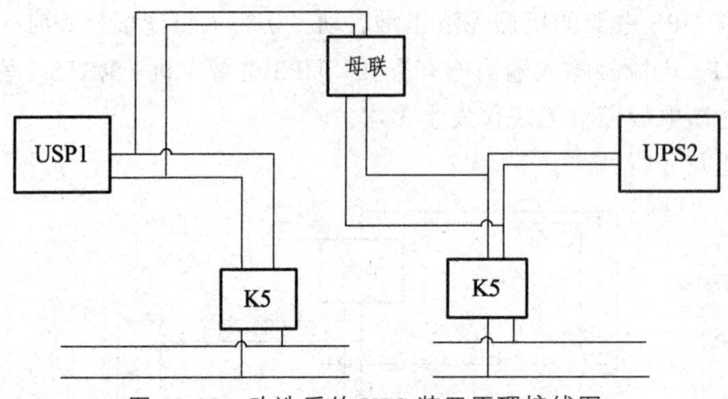


图 10-18　改造后的 UPS 装置原理接线图

## 练习题

1. 变电站直流系统的组成有哪些？
2. 蓄电池室正常检查项目有哪些？
3. 查找系统直流接地时的注意事项有哪些？
4. 写出蓄电池的电动势和端电压的关系式。
5. 低压交直流回路能否共用一条电缆，为什么？
6. 何谓蓄电池的自放电，它有何危害？
7. 以浮充电运行的酸性蓄电池组在做定期充放电时，应注意哪些问题？
8. 站用交流电源系统例行巡视有哪些项目？
9. 站用交流电源系统运行的一般规定是什么？
10. 简述 UPS 电源的主要功能。
11. 简述 UPS 电源具有哪些保护功能。
12. 简述 UPS 电源输出故障后的处理方法和原则。
13. 如何判断 UPS 电源的过载能力？
14. 请论述 UPS 电源系统验收时，应测试和检查的项目有哪些？

# 11

# 远动 DL/T634.5104 通信规约

本章介绍 DL/T634.5104 通信规约的报文结构、信息表示方式与传输过程，着重说明通信规约控制参数的含义及作用。结合故障案例分析，介绍调度自动化系统远动通信常见的故障及主要原因，帮助学员深入了解 DL/T634.5104 通信规约知识与实际应用状况。

## 11.1 概　述

DL/T634.5104 通信规约在电力、铁路、石油化工等行业调度自动化系统数据传输中广泛应用，它是等同采用国际标准 IEC60870-5-104 形成的我国电力行业标准。IEC60870-5-104 是 IEC608705-5 标准系列中的 4 个配套标准之一，其标准名称是“采用标准传输协议子集的 IEC60870-5-101 网络访问”，IEC60870-5-101 标准名称是“基本远动任务配套标准”。IEC60870-5-104 与 IEC60870-5-101 规约主要应用在厂站与主站之间的远动通信，它们之间有着密切的技术关系。IEC60870-5-101 规约基于 RS232 串口链路通信，采用主从式“一问一答”的数据交互方式。IEC60870-5-104 规约基于以太网通信，采用平衡式主动上送的数据交互方式。2002 年，我国等同采用 IEC60870-5-104:2000 标准，颁布 DL/T634.5104—2002《远动设备与系统　第 5-104 部分：传输规约》。

## 11.2 DL/T634.5104 规约帧结构

DL/T634.5104 通信规约有三种帧格式：U 帧，S 帧，I 帧。

U 帧称无编号帧，区别于含发送接、收序号的 I 帧、S 帧。U 帧主要有三个作用：启动数据传输 STARTDT、停止数据传输 STOPDT、链路测试 TEST，所以也称控制帧。报文帧由 6 个字节组成：68 04（控制字节）00 00 00。控制字节含义如图 11-1 所示。

| TEST<br>激活 | TEST<br>确认 | STOPDT<br>激活 | STOPDT<br>确认 | STARTDT<br>激活 | STARTDT<br>确认 | 1 | 1 |
|---|---|---|---|---|---|---|---|

图 11-1　帧控制字节含义

典型报文有：

68 04 07 00 00 00——启动传输激活；

68 04 0B 00 00 00——启动传输确认；

68 04 13 00 00 00——停止传输激活；

68 04 23 00 00 00——停止传输确认；

68 04 43 00 00 00——链路测试激活；

68 04 83 00 00 00——链路测试确认。

字节的最低位是帧类别标志，为 0 则为 I 帧，否则就是 U 或 S 帧。U 和 S 帧通过次低位来分辨，为 0 是 S 帧，为 1 是 U 帧，因此 U 帧的控制字节（第三字节）低两位是 11。

S 帧称为监视帧，主要作用：带接受序号确认已收到的信息。报文帧由 6 个字节组成：68 04 01 00 接收序号（低）接收序号（高）。

I 帧称为信息帧，主要传输自动化信息与控制命令等，带有发送序号与接收序号。序号确认是通信规约中主要的差错控制机制，通过序号确认传递报文帧发送与接收的情况，出现异常则按照“出错重发”机制补传报文。远动的遥测、遥信、遥控、总召唤、对时等完全依靠 I 帧来传输。I 帧的报文结构为：

APDU（应用协议数据单元）= APCI（应用协议控制信息）+ ASDU（应用服务数据单元）

APCI 由 6 个字节组成：68—长度—发送序号（低）—发送序号（高）—接收序号（低）—接收序号（高）。因为 APCI 第三字节的最低位用作“帧类别”识别标志，因此序号值统一由 15 位来表示，这就是为什么实际值要除 2。ASDU 是可变长的，包含的自动化信息越多则报文越长，但不能超过 249 字节。ASDU 由两部分组成：数据单元标识 + 信息体。数据单元标识固定为 6 字节，信息体是可变长的，具体结构如图 11-2 所示。

<table>
<tr><td colspan="8">ASDU</td></tr>
<tr><td colspan="4">数据单元标识</td><td colspan="4">信息体</td></tr>
<tr><td>1 字节</td><td>1 字节</td><td>2 字节</td><td>2 字节</td><td>3 字节</td><td colspan="3">（字节可变）</td></tr>
<tr><td>类型标识</td><td>可变结构限定词</td><td>传送原因</td><td>ASDU 地址</td><td>信息地址</td><td>值（品质）</td><td>时标</td><td>（信息重复）</td></tr>
</table>

图 11-2　ASDU 结构

## 11.3　DL/T634.5104 规约信息表示

报文帧的 ASDU 是描述信息内容的。数据单元标识描述该帧报文包含信息类型、数量、如何排序以及传送原因与发送方的设备地址信息。信息体描述的是具体的信息序号、值及品质、时标等内容。如有多个信息则依序重复，重复方式遵守可变结构限定词字节高位约定的规则。具体如下：

类型标识：1 个字节。用不同的值对应不同的信息类型，例如 1 是单点遥信，3 是双点遥信，1EH 是带 7 字节时标的单点遥信，0DH 是浮点数遥测值，2DH 是单点遥控命令等。

可变结构限定词：1 个字节。有两个含义，字节最高位 SQ 指明后续信息元素的寻址方法：0 表示多个信息元素按单个元素地址寻址，即每个信息都标有地址；1 表示一组信息元素按顺序方式寻址，第一个元素有地址，后续元素依序寻址。字节低 7 位值表示报文帧中信息元素的数目。

传送原因：2 个字节。低字节值对应不同的发送原因，描述是什么原因触发信息发送。典型的有：3 对应“突发”，14H 对应“响应总召唤”，6、7、8、9、0 AH 对应命令过程的激活、激活确认、停止激活、停止激活确认、结束等。高字节是给网络号预留的，目前应用中默认为 00。

ASDU 地址：2 个字节。ASDU 地址是 DL/T634.5104 通信服务端设备地址信息，一般是厂站端远动装置或数据通信网关机地址，低字节是设备地址，高字节是给网络号预留的，目前应用中默认为 00。

信息序号：2 个字节。作为按区间标注信息的序号，在调控信息表中是唯一的 ID，一个序号对应一条具体的调控信息。1H ~ 1000H 标注遥信信息，1001H ~ 4000H 标注继电保护信息，4001H ~ 5000H 标注遥测信息，6001H ~ 6200H 标注遥控信息。

值及品质位：描述信息的具体赋值以及品质。不同类型信息值及品质占用字节数不同，例如：遥信值与品质位共用 1 个字节；遥测浮点数 32.23 格式遥测值占 4 个字节，品质占 1 个字节，共 5 个字节；遥控命令字占 1 个字节，包含选择/执行、控制值、输出脉冲类型等信息。

时标：标注信息变化时的时间，典型有 7 字节时标、4 字节时标等。

## 11.4 DL/T634.5104 规约传输过程

DL/T634.5104 规约远动通信主要环节有：链路建立—启动数据传输—总召唤—变化数据传输—遥控命令交互等，包括远动通信初始化阶段，数据正常传输阶段，以及通信过程出现“超时”的链路管理等。实际应用中，远动通信缺陷往往发生在初始化阶段，或对通信出现“超时”的处理方式不合理，导致远动传输异常。

远动传输初始化阶段主要完成主厂站之间远动数据同步。远动 TCP 链路建立，即“三次握手”成功建立 TCP 链路后，首先由主站前置机（客户端）激活启动数据传输，并需得到远动装置（服务端）的确认。应用层具体交互报文如下：

主站至厂站：68 04 07 00 00 00

厂站至主站：68 04 0B 00 00 00

初始化阶段重要的步骤是先要实现主厂站之间的数据同步，即刷新主站端对应厂站画面的开关、刀闸位置与测量数据，这是由总召唤命令与响应总召唤过程来完成的。总召唤命令也是先由主站前置机激活，并需得到远动装置确认。应用层具体交互报文如下：

主站至厂站：68 0E 00 00 12 00 64 01 06 XX 00 00 00 00 14

厂站至主站：68 0E 12 00 02 00 64 01 07 XX 00 00 00 00 14

厂站肯定确认主站的总召唤命令后，就可以连续发送全遥信、全遥测报文，传输原因是“响应总召唤”，以尽快完成主厂站间的远动数据同步。主站端收到响应总召唤的遥信报文，仅刷新画面开关、刀闸位置及光字牌等图符状态，但不应在告警窗口显示；只更新实时数据库遥信对应状态，但不计入遥信变位历史记录库。

全站的遥信、遥测信息量巨大，为提高远动报文传输效率，通信规约提供了“带变位检测的成组遥信”类型、SQ“序列寻址”标志等处理机制，可以由较少的字节来表达更多的信息。实际应用中，采用“SQ 序列寻址”的方式较为普遍，但对于“成组遥信”数据类型应用很少，大都采用“单点遥信”的数据类型，遥信编码效率大为降低。究其原因，一是程序处理上简化了遥信类型，减少复杂度；二是认为以太网传输速度快，即使信息编码效率低，增加了报文帧数量，对报文传输时间、数据刷新影响不大。数据传输完整、可靠、高效始终是通信规约设计遵循的原则，也是实际应用追求的目标。至于实际工程中，程序复杂与传输效率两者的取舍，仁者见仁，智者见智，还应视具体应用效果而定，以适合程度为选择依据。

总召唤完成后，进入正常数据传输阶段。遵循变化数据传输规则，即有数据更新或状态变动才传输，未变化的信息不再重复传输，也就是传输的都是“新数据”，避免重复传输旧信息，既没意义还浪费信道与 CPU 处理资源。实际应用中，有些用户考虑可能存在遥信信息丢失不全的现象，往往会增加总召唤来补传全遥信，其必要性有待商榷。DL/T634.5104 规约采用平衡时主动上送方式，在 $K$、$W$ 参数的协调下有序地传输变化遥测、遥信。

遥控命令主要有两种方式：① 先选择后执行命令 SBO；② 直接控制命令 DO。实际应用中的断路器、刀闸、软压板控制操作采用 SBO 方式。遥控命令帧报文需要关注传送原因与命令字中的信息。原因字节最高位 T 测试位：1 表示试验，0 表示实际控制。T 测试位实际应用较少，默认为 0。次高位 P/N 很重要，0 表示肯定，1 表示否定。遥控的确认报文中该位置 1，则表示遥控条件不具备，或遥控失败。

## 11.5 DL/T634.5104 规约控制信息

### 11.5.1 差错控制与发送、接收序号

差错控制目的是防止报文丢失和报文重复传送。远动 104 通信双方通过对序列号的验证来实现“防止报文丢失和报文重复传送”功能。发送和接收两个序列号在每个报文和每个方向上都应按顺序加 1，发送方增加发送序列号而接收方增加接收序列号。接收方可以将连续接收的最后一个正确报文序列号返回，作为对所有小于或等于该号的报文的有效确认。报文序号的确认是至关重要的，根据附加在报文上的接受序号，确认传输

到对方正确报文的条数，确认有无报文丢失。如果序号不正确，则认为报文丢失，要重新传输丢失的报文。

发送、接收序号变化的一般规则有：

（1）仅I帧续序号累加。

（2）接收序号是“期望序号”，是实际接收到的序号+1。

（3）U启动数据传输后，发送、接收序号均清零。

（4）序号从零开始计数。

（5）报文中的序号值是实际的2倍，计数实际值应除2。

### 11.5.2 流量控制与*K*、*W*参数

流量控制能控制发送端的发送速度，使接收端来得及接收。由收方控制发方的数据流量，仍是计算机网络中流量控制的一个基本方法。

DL/T634.5104有相关的两个参数：

*K*：未被确认的I帧格式ASDU的最大数目，推荐值为12；

*W*：最迟确认的APDU的最大数目，推荐值为8。

发送12个APDU且未收到确认报文，应终止传输；收到8个APDU则要回应发送方确认报文，因此要分别对发送、接收报文进行计数。对于发送方，当12条报文发送后没有收到确认的S格式报文或者I格式报文（包含对方接受报文数目信息），就停止发送，等待到定时器（$t_1$）时间到，则断开链接并进行重连。接收方在无信息回应对方的情况下，收到8条报文后也应立即发送S格式的报文回应对方，以防对方断开链接。*K*、*W*参数还具有提高数据传输有效性、减少资源占用的重要作用。

### 11.5.3 链路管理与超时参数

链路管理主要包含以下内容：

（1）网络链路建立。主站前置机（客户端）与厂站远动装置（服务端）之间进行远动数据传输之前，必须先建立TCP连接。TCP的连接建立是基于客户/服务器模式的，远动装置处于等待状态，监听外来的TCP连接指示，由主站前置机主动发起TCP连接请求。远动装置针对外来的TCP连接指示，要进行访问权限合法性的检查，因此“允许连接的主站地址”是远动装置通信的必要参数。TCP连接过程也称“三次握手”，一条TCP链路由“客户端IP地址、TCP端口号+加上服务端IP地址、TCP端口号”组成。厂站端远动通信TCP端口号属于熟知类端口，规定是2404；主站端前置机发起连接的TCP端口号是一般类型，随机产生。远动通信TCP链路中断后重连，服务端TCP端口号不改变，固定为2404；而客户端TCP端口号会改变，IP地址与不同TCP端口号的组合，表示不同的TCP链路被建立。

（2）链路管理包括以太网 TCP 链路的建立、维持与释放。在远动数据传输过程当中，通过监管通信情况，适时采取一些措施，维持通信链路的正常。104 规约规定的措施主要有两类，一类是链路维持措施，另一类是链路主动断开重连，上述措施通过远动传输超时处理机制来实现。DL/T634.5104 远动规约对有关链路超时的处理机制进行了规定，如表 11-1 所示。

表 11-1 远动传输超时处理定义

| 参数 | 默认值 | 处理说明 |
| --- | --- | --- |
| $t_0$ | 30 s | 建立连接的超时，主动打开建立连接 TCP |
| $t_1$ | 15 s | 发送或测试 APDU 的超时：关闭 TCP 连接，再主动打开建立连接 TCP |
| $t_2$ | 10 s | 无数据报文时确认的超时，$t_2 < t_1$；发 S 帧确认 |
| $t_3$ | 20 s | 长期空闲状态下发送测试帧的超时，$t_3 > t_1$；发 U-TEST 帧 |

## 11.6 DL/T634.5104 传输其他规则

### 11.6.1 缓冲区 SOE 信息补传机制

实际应用中规定，远动通信断链后再链接并启动数据传输时，一般要求补传缓冲区中未上传的 SOE 信号（不传 COS 变位遥信），目的是将远动通道中断期间变电站内发生的重要事件信号补传到调度端。补传信号仅限 SOE，只会在告警窗显示；不传 COS 变位遥信即不会关联画面开关、刀闸位置与光字牌，以免变位闪烁影响正常监控。

### 11.6.2 通信过程异常处理机制

通信过程出现异常，经超时机制作用一般会关闭 TCP 连接，再通过“三次握手”重新建立 TCP 链路。一旦 TCP 连接得以重新建立，并且进入了正常的通信状态，被控站无须继续尚未完成的应用过程，但是必须重传所有尚未获得控制站确认及其此后新出现的变位事件顺序记录 SOE。控制站必须启动一次总召唤，并重新启动尚未完成的应用过程，一切从头开始。

### 11.6.3 遥控命令标志建立机制

（1）远动传输初始化过程完整性对遥控功能的影响。在主、厂站远动传输初始化总召唤完成之后，确保主厂站之间信息同步，远动装置遥控相关参数才有效，建立允许遥控标志，激活遥控功能。

（2）远动传输初始化通信规则。初始化阶段的传输控制时序，特别是总召唤激活机制，以及在总召唤期间变化遥测、变位遥信与遥控命令的处理方式需要进一步明确。

（3）遥控命令交互过程的完整性判别。完整过程应包括：遥控选择及返回确认；遥控执行及返回确认；遥控结束与遥控对象变位信号报告。

## 11.7　DL/T634.5104 规约典型案例分析

**案例 1：事故总信号告警误发缺陷原因分析**

1. 现象描述

调度端自动化值班员告知 XX 年 X 月 XX 日上午 9 时 54 分，主站系统出现 XX 变 #1 主变 5011 开关、5012 开关分合闸以及全站事故总等信号，触发智能告警处理模块，实际是误告警。

2. 现场检查

调阅变电站 EPA（远动通信监测记录分析设备）记录的历史报文，检查事件发生前后远动通信情况。在该变电站远动装置与多个主站通信的链路中发现只有一个链路上出现事故总信号等报文。事故相关信息均为两周前主变停役检修，保护试验产生的信号，初步判断是远动通道重新链接后补送的缓冲区 SOE 信息。

3. 原因分析

误遥信传送的链路为#1 远动机（X.X.87.4）与调度端前置机（X.X.13.2）的通信，远动通道连接如图 11-3 所示。

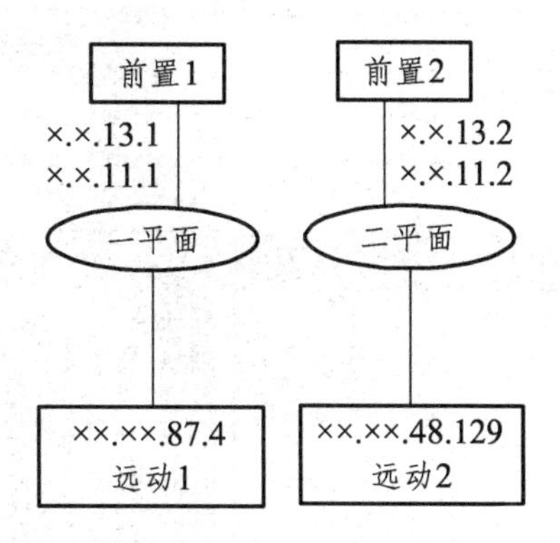


图 11-3　远动装置与主站前置机通信网络连接图

调阅当日 9 时前后远动通信报文，异常事件发生前远动机（X.X.87.4）与主站前置机（X.X.13.1）之间通信正常。9:54:48 主站前置机（10.30.13.2）发起与#1 远动机（X.X.87.4）的 TCP 链接，并启动远动数据传输。通信过程如下：

（1）9:54:48.719，#1 远动机确认 U 帧后，先送 4 帧浮点数（原因为突发、自发），如图 11-4 所示。

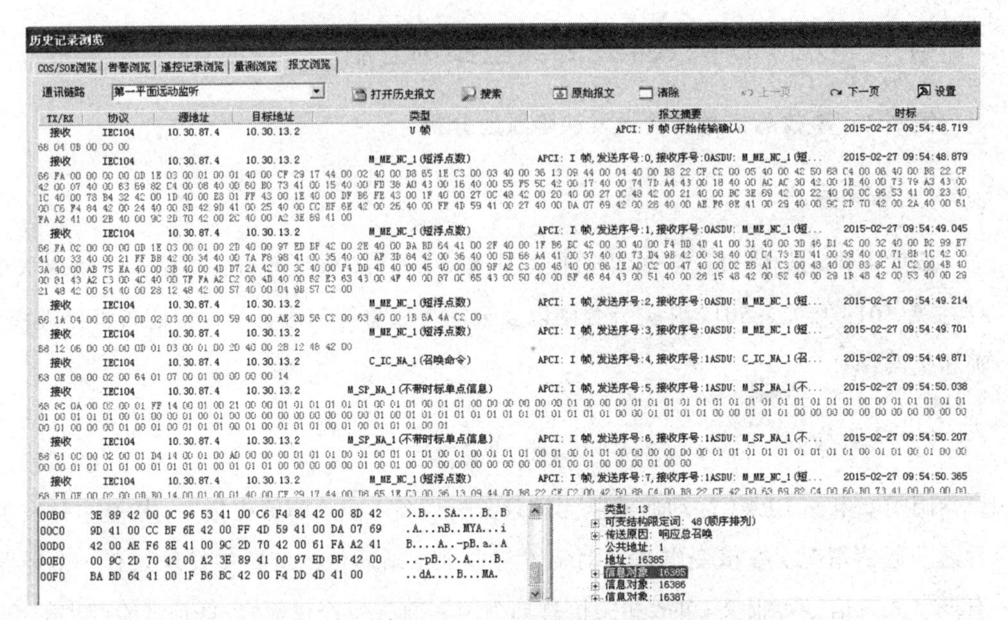


图 11-4　XX 变#1 远动装置与主站前置机 2 远动传输初始过程

（2）9:54:49.871，#1 远动机响应主站前置机（10.30.13.2）总召唤，以单点遥信方式上送成组遥信状态（共两帧，YX33-243），遥信状态正确，如图 11-5 所示，以浮点数方式上送遥测量（共三帧，遥测 16385～16489）；9:54:50.860，总召唤结束。

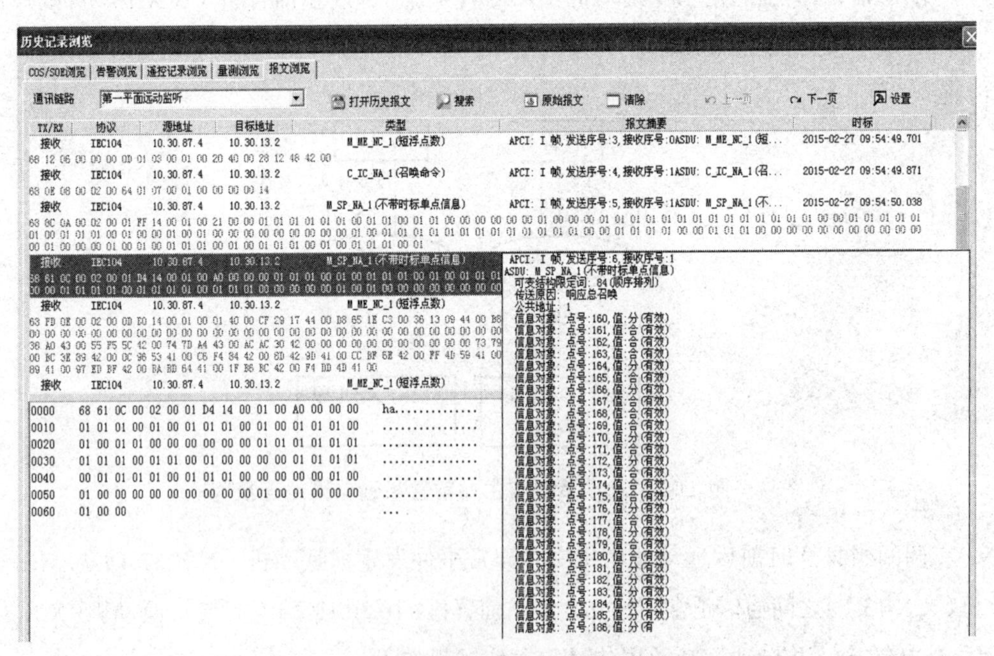


图 11-5　XX 变#1 远动装置响应总召唤传输的单点遥信信息

（3）9:54:51.020，#1 远动机开始补送缓冲区 SOE 信息，内容为 2 月 12～13 日期间无功设备投切与#1 主变停电校验期间的试验信号，如图 11-6 所示。

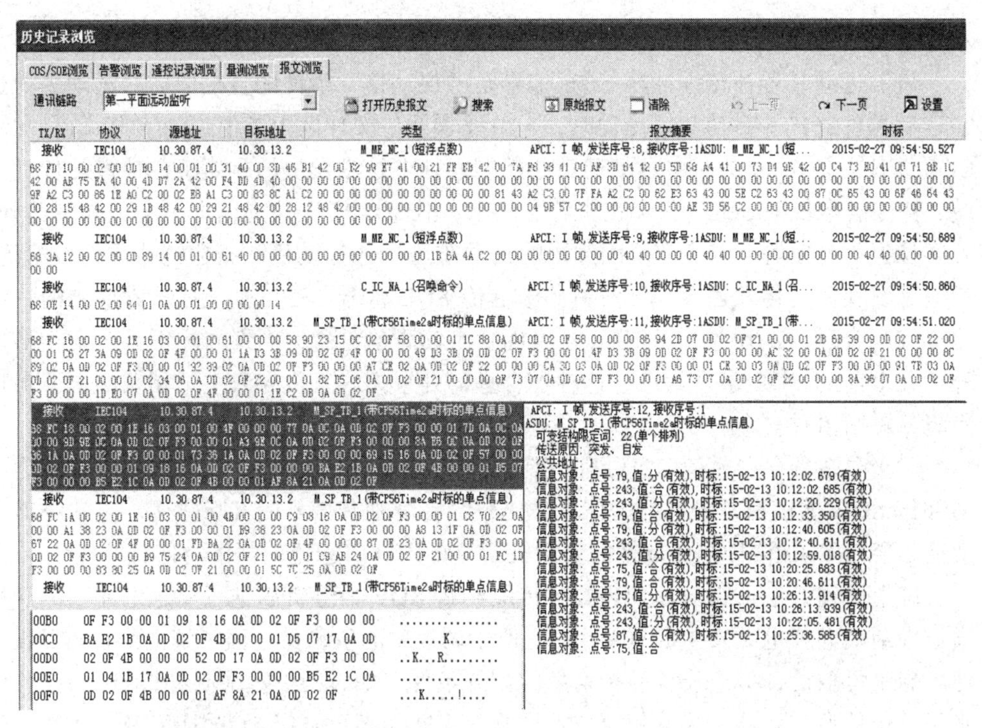


图 11-6　XX 变#1 远动装置补传缓冲区 SOE 遥信事件信息

SOE 信号包括主变高压侧断路器位置、全站事故总信号等，依据调控信息表整理 SOE 具体信号名称，如表 11-2 所示。

表 11-2　XX 变#1 远动装置补传缓冲区 SOE 遥信名称对应表

| 遥信点号 | 信息名称 | 状态 | 动作时间 | 备注 |
|---|---|---|---|---|
| 97 | #4 主变#3 电容器开关 | 分 | 15-02-12 21:35:36.952 | 无功设备正常投切 |
| 88 | #2 主变#2 低抗开关 | 合 | 15-02-13 00:10:34.844 | 无功设备正常投切 |
| 88 | #2 主变#2 低抗开关 | 分 | 15-02-13 07:45:38.022 | 无功设备正常投切 |
| 33 | #1 主变 5011 边开关 | 合 | 15-02-13 09:57:27.435 | 主变停役试验信号 |
| 34 | #1 主变 5012 中开关 | 合 | 15-02-13 09:58:10.182 | 主变停役试验信号 |
| 79 | #1 主变 35 kV 侧开关 | 合 | 15-02-13 09:59:54.042 | 主变停役试验信号 |
| 79 | #1 主变 35 kV 侧开关 | 分 | 15-02-13 09:59:54.089 | 主变停役试验信号 |
| 243 | 全站事故总信号 | 合 | 15-02-13 09:59:54.095 | 主变停役试验信号 |
| 243 | 全站事故总信号 | 分 | 15-02-13 10:00:12.972 | 主变停役试验信号 |
| 33 | #1 主变 5011 边开关 | 分 | 15-02-13 10:02:35.212 | 主变停役试验信号 |
| 243 | 全站事故总信号 | 合 | 15-02-13 10:02:35.218 | 主变停役试验信号 |
| 243 | 全站事故总信号 | 分 | 15-02-13 10:02:52.903 | 主变停役试验信号 |
| …… | …… | …… | …… | …… |

报文记录与异常现象是一致的。发生“误遥信”的主要原因有以下几点：

（1）远动装置补传缓冲区 SOE 信号是“误遥信”事件的直接原因。远动装置通信断链后，再链接并启动数据传输时，一般要求补传缓冲区中未上传的 SOE 信号（不传 COS 变位遥信），目的是将远动通道中断期间变电站内发生的重要事件信号补传到调度端，补传信号仅限 SOE，只会在告警窗显示；不传 COS 变位遥信即不会关联画面开关、刀闸位置与光字牌，以免变位闪烁影响正常监控。#1 远动机在新建链路重启数据传输，响应总召唤后补传发送缓冲区滞留的未上传 SOE 信号，是依据上述技术要求的，但补传方式不合理。从现象看，SOE 补传机制比较简单粗糙，判别方式不够严密，出现了补传几天前的 SOE 事件信息，这种不合理的处置方式直接导致主站端智能告警出现误判事故跳闸事件。

（2）主站端存在遥信信息处理机制缺陷，未能正确鉴别事件时标，触发误告警。远动补传 SOE 遥信都是带时标的信息，比较容易辨别其信号的实际意义。主站端需完善智能告警对 SOE 信号不良数据的辨别机制，可以有效避免误判事故信息的发生。

综上所述，应重视对远动装置补传缓冲区 SOE 信号机制进行充分论证。尽管补传通道中断期间变电站发生的重要事件，便于调控中心值班员全面了解电网运行状况，设计思想是可取的，但应设置补传信息的制约条件，如时间参数限制补传当日最近信息，确保补传信息有效性。采取相应技术措施，以时间参数限定 SOE 补传触发条件，仅补传一定时间内发生的 SOE 事件信号；或以时间参数触发清除 SOE 缓冲区信息；考虑在补传 SOE 信息增加品质位以区别实时信息与“老旧”信息，主站端同步完善相应的品质位处理机制。

**案例 2：远动传输通道频繁中断原因分析**

1. 现象描述

XX 变电站远动装置与主站通道频繁中断、复归。重启远动装置后有所改善，但缺陷依然存在，不能消除。XX 变远动传输数据网结构示意图如图 11-7 所示。

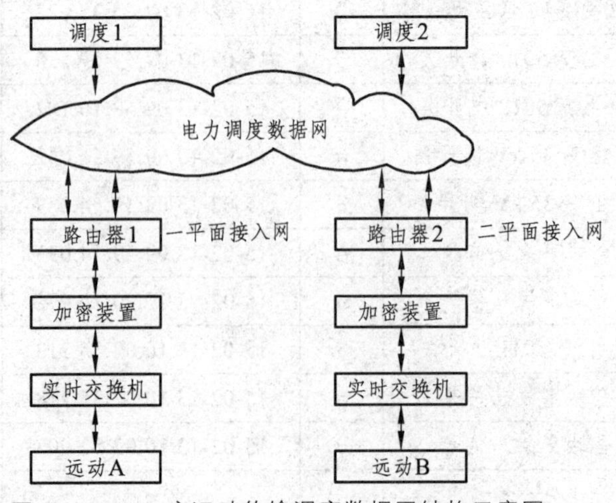

图 11-7　XX 变远动传输调度数据网结构示意图

2. 现场检查

现场检查远动装置、加密装置、路由器等设备运行正常，无告警。通过 EPA（远动通信监测记录分析设备）调阅远动装置与调度端链路传输报文，解析结果如表 11-3 所示。从通信过程与报文信息分析，远动通道中断前是因为未及时收到主站发送的确认帧 S 帧，且每次链路中断都由远动装置发起，再重联 TCP 链路，启动数据传输。

表 11-3　远动通道异常中断前后 104 报文解析结果

| 序号 | 数据交互内容 | 时间 |
|---|---|---|
| 1 | 远动发送 RST 命令复位 TCP 链路 | 00:14:56:020 |
| 2 | 主站发送 FIN 命令关闭 TCP 链路 | 00:14:56:020 |
| 3 | 远动发送 RST 命令复位 TCP 链路，三次握手完整 | 00:14:56:328 |
| 4 | 主动启动数据传输 | 00:14:56:328 |
| 5 | 厂站响应确认数据传输 | / |
| 6 | 主站发送总召 | / |
| 7 | 厂站响应总召 | / |
| 8 | 厂站发送响应总召报文，发送序号 0～10 | / |
| 9 | 主站发送确认帧 S 帧，确认接收序号为 8 | / |
| 10 | 厂站继续发送响应总召报文，发送序号 11 至 38 | / |
| 11 | 主站发送确认帧 S 帧，确认接收序号为 9 | / |
| 12 | 厂站重发（发送序号 9 至 15）响应总召报文 | 00:15:09:688 |
| 13 | 远动发送 RST 命令复位 TCP 链路 | / |
| 14 | 主站发送 FIN 命令关闭 TCP 链路 | 00:15:33:991 |

3. 原因分析

远动发送数据正常，但未及时收到主站侧确认帧，远动侧在 15 s 后启动 $t_0$ 机制，断开 TCP 链路并重新连接，恢复远动传输。在远动通信状态上表现为经常出现“中断”“恢复”。经过对主站侧 104 报文和厂站侧 EPA 监视报文综合分析，缺陷原因可能有以下几点：

（1）传输链路环节。经调度数据网维护人员远程登录查看接入网加密装置、路由器运行情况，发现两个问题：① 远程登录查看设备运行情况链路很卡，不正常；② 路由器 2 M 通信存在丢包现象。

（2）主站端收到远动报文，未能及时确认。从通信传输过程中有明显迹象，在其他同类场景中也曾出现过类似缺陷。

**案例 3：220 kV 线路开关遥控失败原因分析**

1. 现象描述

××年××月××日凌晨 01:16:23，调控中心遥控操作 500 kV 某 220 kV 线开关，第一次预置成功，但执行失败。之后再发起遥控操作，均在预置环节失败，提示“未识的信息对象地址”告警信息，这期间远动遥测遥信正常，通信正常。调控中心下放操作权限，01:36:24 变电站监控系统操作员在后台机上遥控该 220 kV 线开关，合闸成功。同日早上 08:48:07，调控中心遥控操作该变电站另一个 220 kV 线开关，合闸成功。在调控中心遥控失败至成功期间，该变电站现场未对远动装置、监控系统做任何处置措施。

2. 现场检查

500 kV 部署的 EPA（远动通信监测记录分析设备）全程记录了遥控前后远动信息的传输过程。遥控操作过程记录如图 11-8 所示，遥控过程解析如表 11-4 所示。

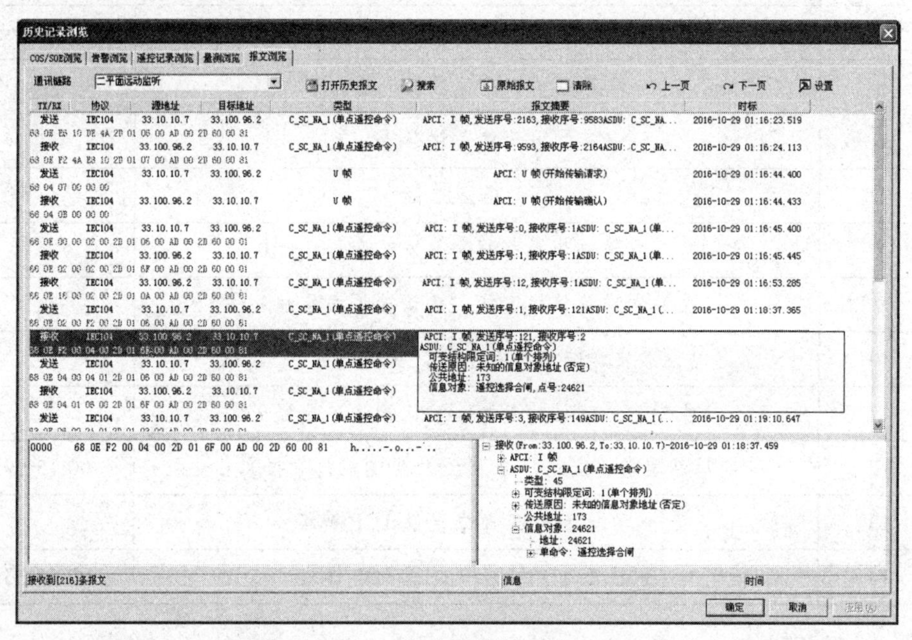


图 11-8　××年××月××日凌晨遥控过程记录（前部分）

（主站 IP：33.10.10.7；XX 变远动 IP：33.100.96.2）

表 11-4　××年××月××日凌晨遥控过程信息解析

| 时间 | 104 规约信息 | 报文解析 | 备注 |
| --- | --- | --- | --- |
| 01:16:23.519 | 遥控预置 | 遥控对象 24621（YK45）激活 | 某 220 kV 线开关合闸 |
| 01:16:24.113 | 预置返回信息 | 原因码 07，即“肯定＋激活确认” | 同意 |
| 01:16:44.400 | U 帧 | 启动数据传输 | 链路重连后初始化 |
| 01:16:44.433 | U 帧 | 确认数据传输 | 链路重连后初始化 |
| 01:16:45.400 | 遥控执行 | 遥控对象 24621（YK45）激活 | 某 220 kV 线开关合闸 |

续表

| 时间 | 104 规约信息 | 报文解析 | 备注 |
| --- | --- | --- | --- |
| 01:16:45.445 | 执行返回信息 | 原因码 6F，即“否定＋未识的信息对象地址” | 条件不具备、不执行遥控 |
| 01:16:53.285 | 遥控结束 | 原因码 0A，站端返回遥控结束信息 | |
| 01:18:37.365 | 遥控预置 | 遥控对象 24621（YK45）激活 | 某 220 kV 线开关合闸 |
| 01:18:37.459 | 预置返回信息 | 原因码 6F，即“否定＋未识的信息对象地址” | 条件不具备，不同意遥控 |
| 01:18:45.193 | 遥控预置 | 遥控对象 24621（YK45）激活 | 某 220 kV 线开关合闸 |
| 01:18:45.326 | 预置返回信息 | 原因码 6F，即“否定＋未识的信息对象地址” | 条件不具备，不同意遥控 |
| ……连续多次遥控预置失败 | | | |

调阅 EPA 记录的遥控异常过程中远动通信报文，检查发现在第一次遥控预置命令下发后，出现了一次“U 帧-启动数据传输过程”，该过程一般是在 TCP 重连后远动 104 规约初始化时出现的。遥控过程中出现“U 帧启动数据传输”属于偶发性事件，只有解读 TCP/IP 以太网报文才能还原真实的传输过程。从 EPA 调阅的遥控命令前后以太网通信报文如图 11-9 所示，报文解析如表 11-5 所示。

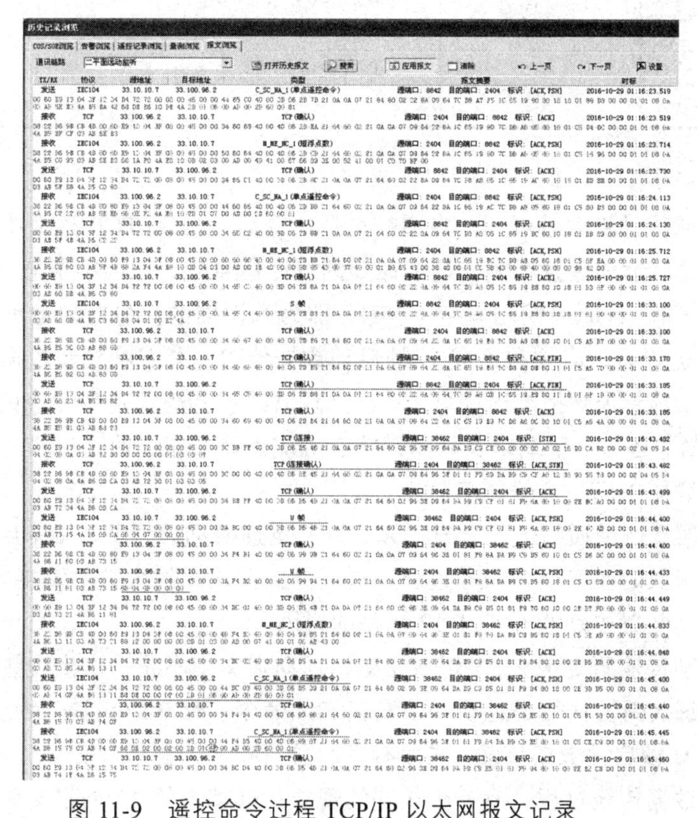

图 11-9　遥控命令过程 TCP/IP 以太网报文记录

表 11-5　遥控命令前后以太网通信报文解析

| 记录装置收到报文时间 | TCP 及 104 协议信息 | 报文解析 | 备注 |
| --- | --- | --- | --- |
| 01:16:23.519 | 遥控预置 | 遥控对象 24621（YK45）激活 | 某 220 kV 线开关合闸 |
| 01:16:24.113 | 预置返回信息 | 原因码 07，即“肯定＋激活确认” | 同意 |
| 01:16:33.170 | TCP 通信终止 | 标识 FIN 置 1，远动停止以太网通信 | 远动侧发起 |
| 01:16:33.185 | TCP 通信终止 | 标识 FIN 置 1，主站停止以太网通信 | 主站侧发起 |
| 01:16:33.185 | TCP 确认 | 远动侧确认停止以太网通信 | |
| 01:16:43.482 | TCP 连接 | 标识 SYN 置 1，主站发起 TCP 连接 | 第一次握手 |
| 01:16:43.482 | TCP 连接确认 | 标识 ACK、SYN 置 1，远动确认 TCP 连接 | 第二次握手 |
| 01:16:43.499 | TCP 连接再确认 | 主站端对远动确认信息再确认 | 第三次握手 |
| 01:16:44.400 | U 帧 | 启动数据传输 | 链路重连后初始化 |
| 01:16:44.433 | U 帧 | 确认数据传输 | 链路重连后初始化 |
| 01:16:45.400 | 遥控执行 | 遥控对象 24621（YK45）激活 | 某 220 kV 线开关合闸 |
| 01:16:45.445 | 执行返回信息 | 原因码 6F，即“否定＋未识的信息对象地址” | 条件不具备，不执行遥控 |
| 01:16:53.285 | 遥控结束 | 原因码 0A，站端返回遥控结束信息 | |

3. 原因分析

（1）从通信过程观察可知，在遥控选择命令后，出现 TCP 连接中断并重连三次后握手成功，之后远动装置在响应遥控命令的返回信息中，原因字节值为 6F。解析 6F 可知：否定位 = 1、且原因代码 = 47（2FH）即为未识别的信息对象地址。远动装置在启动 104 规程进程后，必须在完成 U 帧启动数据传输、总召唤同步数据等初始化步骤后才激活遥控功能，否则拒绝遥控命令。该处理方式主要考虑遥控命令的许可条件，即开关、刀闸位置，远方、就地以及联闭锁状态等应满足要求，而这一些的前提条件必须是通过总召唤完成主厂站遥信状态同步。

（2）从报文记录通信过程分析可知，TCP 重连启动后，主站端未启动总召唤，导致厂站远动端未及时激活遥控服务进程。这是导致本次遥控失败的直接原因。

（3）远动装置主动断开 TCP/IP 链路的原因。

回溯远动传输历史报文，发现该变电站远动报文中不止一次出现链路断开再重启连接的情况，每次断链往往是远动主动发起 FIN 命令。TCP/IP 链路三次握手重连后，104 应用进程发 U 帧启动数据传输，之后有发起总召唤的，也有未发起总召唤的。检查 FIN 之前的远动数据传输过程，有一个相同的现象：远动上传 12 帧报文后，主站未及时发

S 帧确认，远动装置按照 T1（15 s）超时处理规则断开链路，这符合 104 规约。

从图 11-7 中信息可知，有效确认帧序号（主站遥控选择命令，接收序号 9583），远动装置自 9583 序号连续发送至 9594 号，共 12 帧，未见主站确认，按规则只能停止发送等待。从 9583 序号报文发送时刻计时（01:16:14.061），累加 15 秒，若未见确认，则按照 T1 超规则，在 01:16:30 后主动断开 TCP/IP 连接，符合 104 规约超时处理机制。图 11-10 报文解析如表 11-6 所示。

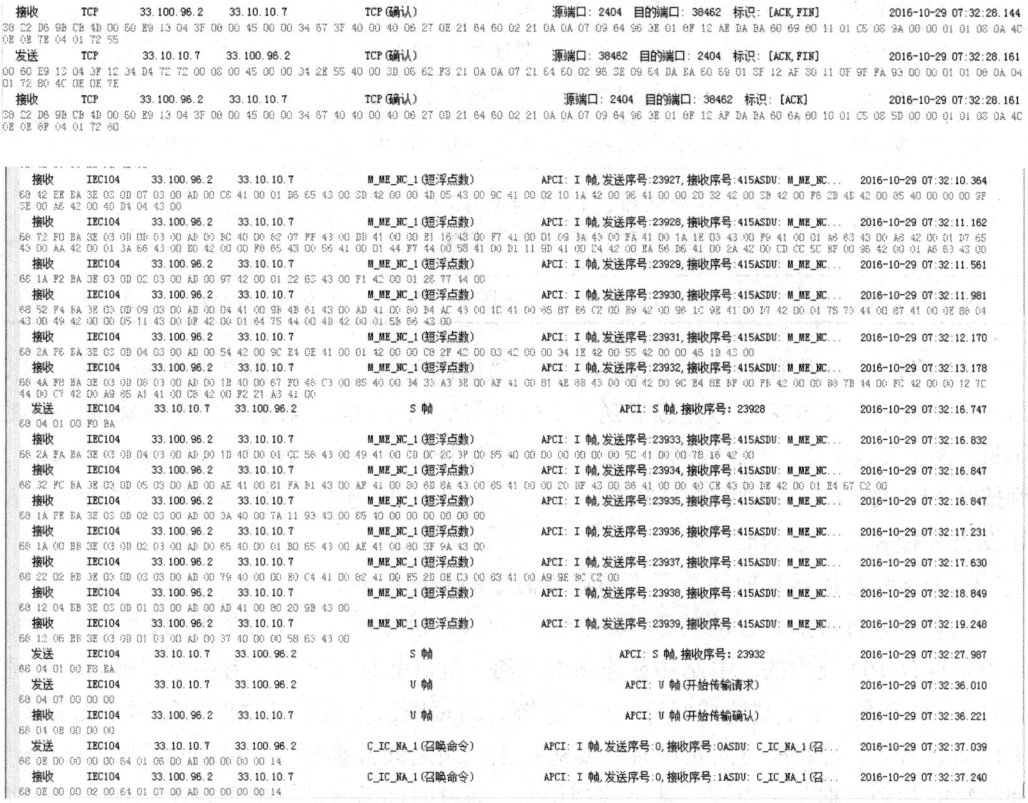

```
接收  TCP     33.100.96.2  33.10.10.7   TCP(确认)        源端口: 2404  目的端口: 38462  标识: [ACK,FIN]   2016-10-29 07:32:28.144
发送  TCP     33.10.10.7   33.100.96.2  TCP(确认)        源端口: 38462  目的端口: 2404  标识: [ACK,FIN]   2016-10-29 07:32:28.161
接收  TCP     33.100.96.2  33.10.10.7   TCP(确认)        源端口: 2404  目的端口: 38462  标识: [ACK]       2016-10-29 07:32:28.161

接收  IEC104  33.100.96.2  33.10.10.7   M_ME_NC_1(短浮点数)  APCI: I 帧,发送序号:23927,接收序号:415ASDU: M_ME_NC...  2016-10-29 07:32:10.364
接收  IEC104  33.100.96.2  33.10.10.7   M_ME_NC_1(短浮点数)  APCI: I 帧,发送序号:23928,接收序号:415ASDU: M_ME_NC...  2016-10-29 07:32:11.162
接收  IEC104  33.100.96.2  33.10.10.7   M_ME_NC_1(短浮点数)  APCI: I 帧,发送序号:23929,接收序号:415ASDU: M_ME_NC...  2016-10-29 07:32:11.561
接收  IEC104  33.100.96.2  33.10.10.7   M_ME_NC_1(短浮点数)  APCI: I 帧,发送序号:23930,接收序号:415ASDU: M_ME_NC...  2016-10-29 07:32:11.981
接收  IEC104  33.100.96.2  33.10.10.7   M_ME_NC_1(短浮点数)  APCI: I 帧,发送序号:23931,接收序号:415ASDU: M_ME_NC...  2016-10-29 07:32:12.170
接收  IEC104  33.100.96.2  33.10.10.7   M_ME_NC_1(短浮点数)  APCI: I 帧,发送序号:23932,接收序号:415ASDU: M_ME_NC...  2016-10-29 07:32:13.178
发送  IEC104  33.10.10.7   33.100.96.2  S 帧             APCI: S 帧,接收序号: 23928                      2016-10-29 07:32:16.747
68 04 01 00 F0 BA
接收  IEC104  33.100.96.2  33.10.10.7   M_ME_NC_1(短浮点数)  APCI: I 帧,发送序号:23933,接收序号:415ASDU: M_ME_NC...  2016-10-29 07:32:16.832
接收  IEC104  33.100.96.2  33.10.10.7   M_ME_NC_1(短浮点数)  APCI: I 帧,发送序号:23934,接收序号:415ASDU: M_ME_NC...  2016-10-29 07:32:16.847
接收  IEC104  33.100.96.2  33.10.10.7   M_ME_NC_1(短浮点数)  APCI: I 帧,发送序号:23935,接收序号:415ASDU: M_ME_NC...  2016-10-29 07:32:16.847
接收  IEC104  33.100.96.2  33.10.10.7   M_ME_NC_1(短浮点数)  APCI: I 帧,发送序号:23936,接收序号:415ASDU: M_ME_NC...  2016-10-29 07:32:17.231
接收  IEC104  33.100.96.2  33.10.10.7   M_ME_NC_1(短浮点数)  APCI: I 帧,发送序号:23937,接收序号:415ASDU: M_ME_NC...  2016-10-29 07:32:17.630
接收  IEC104  33.100.96.2  33.10.10.7   M_ME_NC_1(短浮点数)  APCI: I 帧,发送序号:23938,接收序号:415ASDU: M_ME_NC...  2016-10-29 07:32:18.849
接收  IEC104  33.100.96.2  33.10.10.7   M_ME_NC_1(短浮点数)  APCI: I 帧,发送序号:23939,接收序号:415ASDU: M_ME_NC...  2016-10-29 07:32:19.248
发送  IEC104  33.10.10.7   33.100.96.2  S 帧             APCI: S 帧,接收序号: 23932                      2016-10-29 07:32:27.987
68 04 01 00 F8 BA
发送  IEC104  33.10.10.7   33.100.96.2  U 帧             APCI: U 帧(开始传输请求)                        2016-10-29 07:32:36.010
68 04 07 00 00 00
接收  IEC104  33.100.96.2  33.10.10.7   U 帧             APCI: U 帧(开始传输确认)                        2016-10-29 07:32:36.221
68 04 0B 00 00 00
发送  IEC104  33.10.10.7   33.100.96.2  C_IC_NA_1(召唤命令)  APCI: I 帧,发送序号:0,接收序号:0ASDU: C_IC_NA_1(召...  2016-10-29 07:32:37.039
68 0E 00 00 00 00 64 01 06 00 AD 00 00 00 00 14
接收  IEC104  33.100.96.2  33.10.10.7   C_IC_NA_1(召唤命令)  APCI: I 帧,发送序号:0,接收序号:1ASDU: C_IC_NA_1(召...  2016-10-29 07:32:37.240
68 0E 00 00 02 00 64 01 07 00 AD 00 00 00 00 14
```

图 11-10 远动传输发送 12 帧浮点数后未及时得到 S 帧确认的报文记录

表 11-6 远动通信断链前发送 12 帧未得到 S 帧及时确认相关报文解析

| 时间 | 远动交互报文 | 备注 |
| --- | --- | --- |
| 07:32:10.364 | 远动变化遥测报文，发送序号 23927 | |
| 07:32:11.162 | 远动变化遥测报文，发送序号 23928 | |
| 07:32:11.561 | 远动变化遥测报文，发送序号 23929 | |
| 07:32:11.981 | 远动变化遥测报文，发送序号 23930 | |
| 07:32:12.170 | 远动变化遥测报文，发送序号 23931 | |
| 07:32:13.178 | 远动变化遥测报文，发送序号 23932 | |

续表

| 时间 | 远动交互报文 | 备注 |
| --- | --- | --- |
| 07:32:16.747 | 主站发确认 S 帧，确认序号 23928 | 确认 23927 之前报文已收到 |
| 07:32:16.832 | 远动变化遥测报文，发送序号 23933 | |
| 07:32:16.847 | 远动变化遥测报文，发送序号 23934 | |
| 07:32:16.847 | 远动变化遥测报文，发送序号 23935 | |
| 07:32:17.231 | 远动变化遥测报文，发送序号 23936 | |
| 07:32:17.630 | 远动变化遥测报文，发送序号 23937 | |
| 07:32:18.849 | 远动变化遥测报文，发送序号 23938 | |
| 07:32:19.248 | 远动变化遥测报文，发送序号 23939 | 未确认报文 23939-23928＝12 |
| 07:32:28.144 | 远动等待确认帧，T1 计时超 15 秒则主动发起断开 TCP/IP 链路的 PIN 命令 | 序号 23928 发送时间 32 分 11 秒加 15 秒，约在 32 分 27 秒后发出 T1 超时断链命令。 |
| 07:32:27.987 | 主站发确认 S 帧，确认序号 23932 | 确认 23931 之前报文已收到 |

通过图 11-10 及表 11-6 信息显示，有效确认帧序号（主站 S 帧接收序号 23928）以后，远动装置自 23928 序号连续发送至 23939 号，共 12 帧，未见主站 S 帧确认，按规则只能停止发送等待。从 23928 序号报文发送时刻计时（07:32:11.162），累加 15 s 未见确认，则按照 T1（15 s）超时规则在 07:32:27 后主动断开 TCP/IP 连接。尽管在 07:32:27.987 主站端发出 S 帧确认，但为时已晚。

（4）远动通信异常期间总召唤与遥控命令的处理机制。

从上述分析可知，远动装置 104 进程启动 T1 超时机制，主动断开 TCP/IP 链路的行为是符合 104 规则的。主站端重连新的链路，重启数据传输后，有关总召唤启动“时有时无”的现象，主站端这样解释：如果断链时间短则认为主厂站之间数据同步无必要，不启动总召唤；若断链时间长则有必要进行主厂站之间数据同步，启动总召唤。断链时间长短的判别依据是多少呢？从上述两例看，断链时间差异小，但总召唤一有一无，似乎证据不足。

对照上述规定，主站端明显未严格执行远动 104 规约传输控制机制。包括链路断开重新建立后，未执行完成的遥控进程也为“丢弃”，遥控选择与执行进程分别运行在两条不同的链路上，这也是不合理现象之一。综上分析，500 kV XX 变 220 kV 线某开关遥控失败的原因主要有以下几点：

（1）主站端存在偶发性 S 帧确认慢的异常现象，发生了 T1 超时，导致 TCP 链路中断重联。

（2）主站端在新链路建立后，未按照 104 初始化规则在 U 帧启动数据传输后执行总召唤。

（3）主站遥控进程未完成期间发生链路中断，重新连接成功后，继续在新的链路上发送遥控执行命令，未按照“一切从头开始”要求丢弃未完成的进程。

## 练习题

1. DL/T634.5104 通信规约有几种帧格式？作用分别是什么？

2. 请详细解析 DL/T634.5104 规约通信报文“68 0E 32 00 10 08 2E 01 06 00 07 00 0B 60 00 81”中每个字段的含义是什么？

3. 请回答 $K$、$W$、$t_0$、$t_1$、$t_2$、$t_3$ 参数的含义及默认（推荐）值。

4. 模拟主站与某厂站远动通信工作站进行 DL/T 634.5104 规约通信测试。部分参数设置如下：模拟主站，$t_0 = 30$ s，$t_2 = 10$ s，$t_1 = 15$ s，$t_3 = 20$ s，$W = 10$，$K = 12$; 厂站远动通信工作站 $t_0 = 30$ s，$t_2 = 10$ s，$t_1 = 8$ s，$t_3 = 20$ s，$W = 12$，$K = 8$。测试过程中，远动其他规约参数都设置正常，并能不断收到测控发来的变化遥测。请问：

（1）上述规约测试过程中会出现什么样的现象？

（2）请分析原因并提出解决措施。

# IEC61850 标准通信协议

本章介绍 IEC61850 标准以及在电网公司实际工程应用中的技术要求。重点介绍智能变电站监控系统三层两网架构以及 MMS、GOOSE、SV 协议通信过程，通过实际应用中的典型故障案例分析，解读数据通信过程的关键环节、主要参数含义及作用等，帮助读者深度了解 IEC61850 标准的技术特点，提高智能变电站监控系统故障分析能力。

## 12.1 IEC61850 标准及国内应用概述

IEC61850 是国际电工委员会 IEC TC57 技术委员会制定的《变电站通信网络和系统》系列标准，1996 年开始着手制定，ABB、西门子( SIEMENS )、阿海法( AREVA )、通用电气（ GE ）等公司为协作厂商，2003 年发布国际标准第一版。国内等同采用 IEC61850 标准，2004 年后陆续发布，电力行业标准号为 DL/T860。该标准为基于通用网络通信平台的变电站自动化系统唯一国际标准，追求“一个世界，一种技术，一个标准”的目标，代表了变电站自动化技术的发展趋势，是实现数字化变电站的关键技术，具有一系列特点和优点：① 分层的智能电子设备和变电站自动化系统；② 根据电力系统生产过程的特点，制定了满足实时信息和其他信息传输要求的服务模型；③ 采用抽象通信服务接口、特定通信服务映射以适应网络技术迅猛发展的要求；④ 采用对象建模技术，面向设备建模和自我描述以适应应用功能的需要和发展，满足应用开放互操性要求；⑤ 设置多种变化值快速传输机制，如 SV 采样测量值、GOOSE 告警事件等；⑥ 采用配置语言，配备配置工具，在信息源定义数据和数据属性。该标准制定了变电站通信网络和系统总体要求、系统和工程管理、一致性测试等标准。IEC61850 标准不仅仅是一个通信协议，包含了一个十分庞大的标准体系，首要目标是实现 IED 设备之间的互操作性（非互换性）。

目前，IEC61850 第二版标准已陆续发布，名称改为《电力自动化通信网络与系统》，覆盖范围延伸至变电站以外的所有公共电力应用领域，涉及水电厂自动化、分布式风力发电自动化，电动汽车等各个方面（见表 12-1）。

表 12-1　IEC61850 标准体系（第一版）

| 序号 | 分类 | 内容 |
|---|---|---|
| 1 | 总体介绍 | IEC61850-1 介绍和概述 |
| 2 | | IEC61850-2 术语 |
| 3 | | IEC61850-3 总体要求 |
| 4 | | IEC61850-4 系统和项目管理 |
| 5 | | IEC61850-5 功能的通信要求和设备模型 |
| 6 | 抽象通信服务 | IEC61850-7-1 原理和模型 |
| 7 | | IEC61850-7-2 抽象通信服务接口（ACSI） |
| 8 | 数据模型 | IEC61850-7-3 公用数据类 |
| 9 | | IEC61850-7-4 兼容逻辑节点类和数据类 |
| 10 | 映射到实际的通信网络 | IEC61850-8-1 映射到 MMS 和 ISO/IEC8802-3 |
| 11 | | IEC61850-9-1 通过单向多路点对点串行通信链路采样值 |
| 12 | | IEC61850-9-2 通过 ISO/IEC8802-3 传输采样值 |
| 13 | 配置 | IEC61850-6 变电站 IED 的配置语言 |
| 14 | 测试 | IEC61850-10 一致性测试 |

国家电网公司 2009 年大力推进智能变电站建设。在 IEC 61850 标准基础上，建立了符合国内应用要求的工程模型定义，典型的有 Q/GDW 1396-2012《IEC 61850 工程继电保护应用模型》。统一扩充了公用数据类，统一定义的数据类型和数据属性采用统一的前缀“CN_”；规定物理设备（IED）、服务器（Server）、逻辑设备（LD）、逻辑节点（LN）建模原则；明确了逻辑节点类型（LNodeType）、数据对象类型（DOType）、数据属性类型（DAType）定义；根据国内工程应用与二次设备实际需要，规定了实例化建模原则，明确线路保护、断路器保护、变压器保护、母线保护、电抗器保护、测控装置、智能终端、合并单元以及故障录波与故障报告模型；确定服务实现原则，详细规定关联服务、数据读写服务、报告服务、控制服务、取代服务、定值服务、文件服务、日志服务以及数据集、报告名称的统一性；规定了 GOOSE、SV 模型与传输机制；规定了检修状态以及检修处理机制。

## 12.2　智能变电站监控系统架构

智能变电站监控系统结构分为站控层、间隔层、过程层，如图 12-1 所示。站控层设备包括监控主机、远动装置等。间隔层设备包括测控装置、保护装置、故障录波器、网络报文记录仪、时间同步装置等。过程层设备有合并单元、智能终端，连接一次设备获得遥信位置、告警信号与电流、电压，对一次设备进行控制的命令通过智能终端输出。监控系统站控层与间隔层设备之间通过 MMS 通信协议进行数据交互，联闭锁相关位置信号采用 GOOSE 协议发送。过程层合并单元采用 SV 协议发送电流电压数据，智能终端采用 GOOSE 协议发送遥信信号或接收遥控命令。

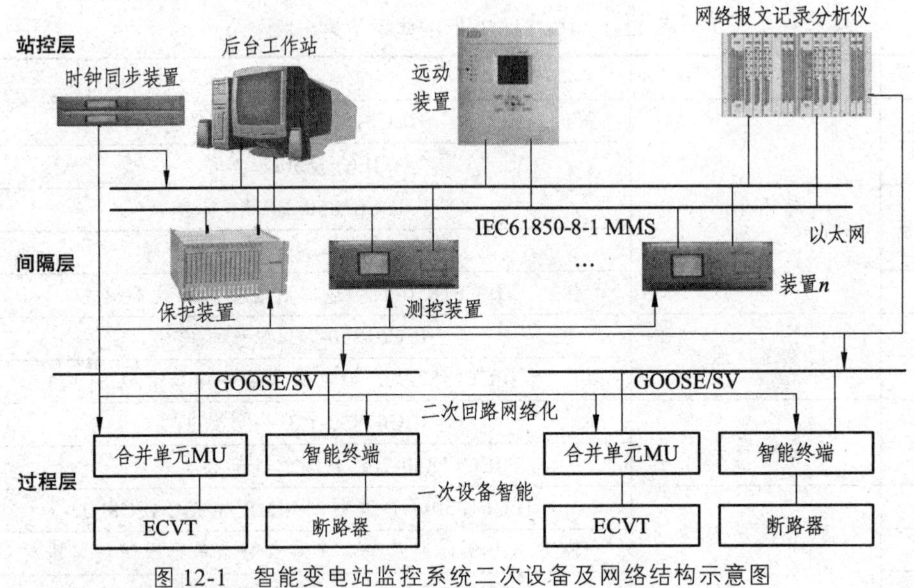


图 12-1　智能变电站监控系统二次设备及网络结构示意图

## 12.3　二次设备模型分层信息组织

IEC61850 通过对实体设备抽象化的方法进行建模，用多层次的信息来描述设备。电力二次设备的信息集合按照分层结构进行组织，可以看作一个数据信息容器，对外接口通过服务访问点建立通信连接。二次设备称作 IED，每个 IED 包含一个或多个逻辑设备（LD），每个 LD 包含 3 个及以上逻辑节点（LN），每个逻辑节点（LN）包含 1 套预定义好的数据类（Data Class），每个数据对象由多个数据属性组成。分层组织的信息模型如图 12-2 所示。

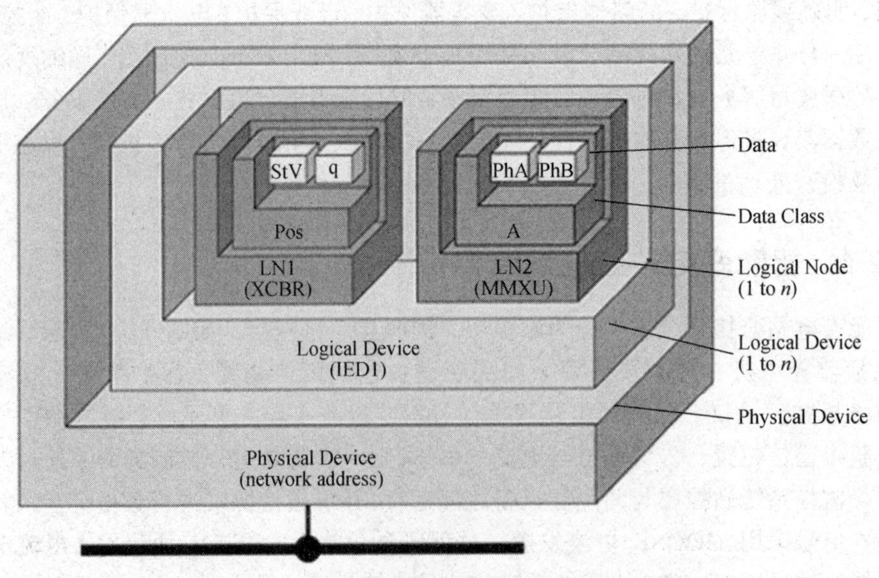


图 12-2　二次设备信息分层信息模型示意图

### 12.3.1 服务访问点

二次设备作为数据传输单元，也是一个数据服务器，每个服务器应至少有一个访问点，通过它与其他设备之间建立通信连接，交互信息。服务访问点也是 IED 模型的最外层接口，描述了一个设备外部可见（可访问）行为的相关信息，如通信地址、协议、服务列表等。可以通过参照一台测控装置的插件组成与功能，来描述二次设备信息模型。图 12-3(a)所示是一个间隔层测控装置与站控层主机、远动装置、合并单元、智能终端之间的通信连接关系。测控装置通过以太网接口与监控主机连接，采用 MMS 协议进行数据交互，与合并单元采用 SV 协议进行数据交互，与智能终端连接采用 GOOSE 协议进行数据交互。把这种连接关系进行抽象，如图 12-3（b）所示。其中，与监控主机连接的称为 S 服务访问点，采用 MMS 协议，配置 IP 地址；与合并单元连接的称为 M 服务访问点，采用 SV 协议，配置 MAC 地址；与智能终端连接的称为 G 服务访问点，采用 GOOSE 协议，配置 MAC 地址。

S1 服务访问点下的服务器采用客户/服务器通信模式；G1 服务访问点下的服务器采用发布/订阅通信模式中的 GOOSE 服务；M1 服务访问点下的服务器采用发布/订阅通信模式中的 SV 采样值传输服务。

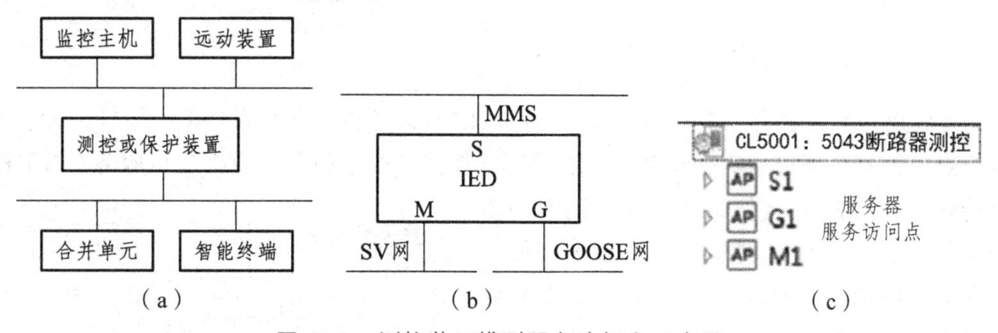


图 12-3 测控装置模型服务访问点示意图

图 12-3（c）所示是二次设备信息模型的 SCD 文件视图，显示的是 5043 断路器测控装置信息模型第一层服务访问点的位置，展开服务访问点则是下一级的逻辑设备。

### 12.3.2 逻辑设备

逻辑设备是 IED 的主要组成部分，类比于物理设备，相当于装置内的一块块插件。如图 12-4 所示，测控装置 IED 功能实现主要由三部分组成：（1）与站控层连接的 S 服务访问；（2）与合并单元连接的 M 服务访问；（3）与智能终端连接的 G 服务访问。图 12-4（a）所示是 SCD 文件视图中服务访问点与其下逻辑设备的树形关系。S 接口服务器由 LD0、CTRL、MEAS 等逻辑设备组成，LD0 为公共管理类逻辑设备，类比于物理装置的 CPU 插件，与站控层主机、远动通信接口由 LD0 负责，因此相关数据集及控制块都汇聚在此。CTRL 是控制类逻辑设备，类比于物理装置的控制板，考虑到遥控与遥信的紧密关系，遥控遥信相关信息均汇集其中。METR 是测量类逻辑设备，类比于物理装置的遥测交流采样插件，测量相关信息汇集其中。M 接口服务器主要接收合并单元提供的电流电压瞬时值，类比于物理装置的交流小变压器插件。G 接口服务器主要连接智能终端以接收遥信状态与告警信号、发送遥控或跳闸命令，类比于物理装置的操作箱开入开出电路板。如图 12-4（b）所示，逻辑设备与物理设备类比并不完全精确，只是一种对应参考关系，帮助其理解逻辑设备概念及其作用。

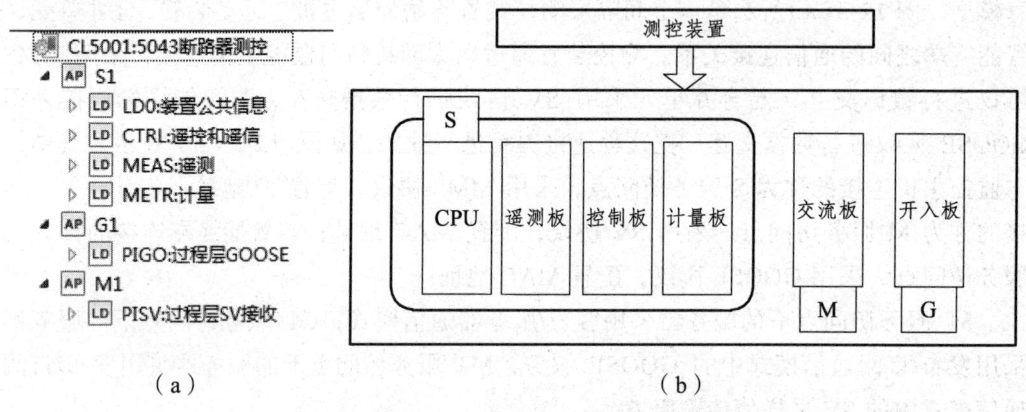


图 12-4 测控装置模型逻辑设备示意图

### 12.3.3 逻辑节点

逻辑设备至少包含三个逻辑节点：（1）LLN0 是逻辑设备联系外部的接口，属于逻辑节点的公共管理单元，完成与多个逻辑节点相关的通信服务。有些通信服务（如采样值传输、GOOSE、定值服务）需要同时与多个逻辑节点发生信息交互，这些服务不能定义在某个逻辑节点内部。（2）LPHD 装置铭牌节点，描述设备本身状态的相关信息，除铭牌以外还有物理设备运行状况的上电次数、失电告警、通信缓存区溢出等信息。（3）至少应有一个功能类节点。逻辑节点是信息模型中的基本功能单元，变电站自动化系统各种功能和信息模型的表达都归结到逻辑节点上实现。下面举例 CTRL 设备下的逻辑节点，说明基本功能单元的含义。图 12-5 所示是 SCD 文件视图中 CTRL 逻辑设备下的逻辑节点。遥控开关合闸细分有同期、无压、强合等几种方式，每种方式都是控制功能的一种，用逻辑节点来表示。部分逻辑节点描述如表 12-2 所示。

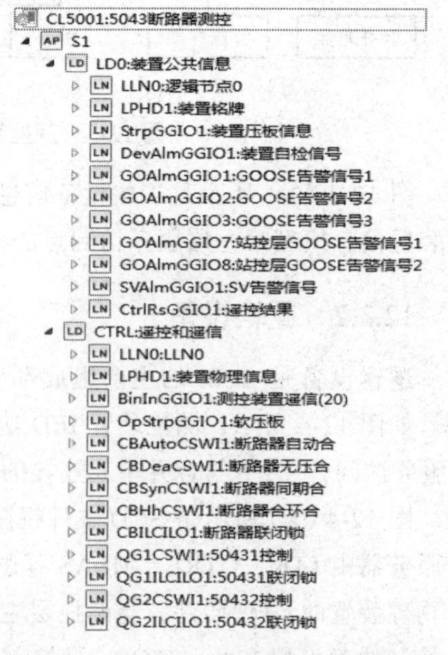


图 12-5 测控装置模型逻辑节点意图

表 12-2　逻辑节点描述

| 逻辑设备 CTRL 下的逻辑节点 | | |
|---|---|---|
| | LLN0 | 综合窗口，数据集 |
| | LPHD | 物理铭牌，健康状况 |
| | OpStrpGGIO1 | 软压板 |
| | CBAutoCSWI1 | 断路器自动合 |
| | CBDeaCSWI1 | 断路器无压合 |
| | CBSynCSWI1 | 断路器同期合 |
| | CBHhCSWI1 | 断路器合环合 |

### 12.3.4　数据对象

数据对象是组成逻辑节点的元素，图 12-6 所示是 SCD 文件视图中断路器合闸 CBAutoCSWI 逻辑节点下的数据对象。要进行开关遥控操作，首先需要知道开关位置信息、遥控选择以及执行步骤，这些都由数据对象表示。如 ST 类型下的开关位置信息，CO 类型下对某个开关合闸相关的 SBOW（选择）、Oper（执行）、Cancel（撤销）三种行为。这些都用“数据对象”来表示。信息模型的数据对象结构描述如表 12-3 所示。

表 12-3　数据对象结构描述

| 逻辑设备 CTRL 下的逻辑节点 | | |
|---|---|---|
| CBAutoCSWI1 断路器自动合逻辑节点下的数据对象 | | |
| ST 状态类 | Mod | 模式 |
| | Pos | 5043 断路器总位置 |
| | PosA | 5043 断路器 A 相位置 |
| | …… | …… |
| CO 控制类 | Pos | 5043 断路器总位置 |
| | PosA | 5043 断路器 A 相位置 |
| | PosB | 5043 断路器 B 相位置 |
| | PosC | 5043 断路器 C 相位置 |
| | …… | …… |

### 12.3.5　数据属性

数据属性就是进一步描述数据对象的元素，因此数据是由多个属性组成的，属性越多描述得越细致。如图 12-6 所示，SCD 文件视图中遥信位置 Pos 由 stVal（状态值）、

q（品质）、t（时标）等属性来描述。遥控选择 SBOw 由 ctlVal（控制值）、origin（命令发出者）、ctlNum（控制序号）、T（时间）、Test（试验状态、检修压板）、Check（检验条件）等属性组成。属性还可以再有更细致的参数描述，如：命令发出者再由 orCat（命令源头是调度端、后台机、测控面板）、orIdent（发出者标识 ID）来进一步描述；检验条件也由联锁、同期等进一步明确。数据对象属性结构描述如表 12-4 所示。

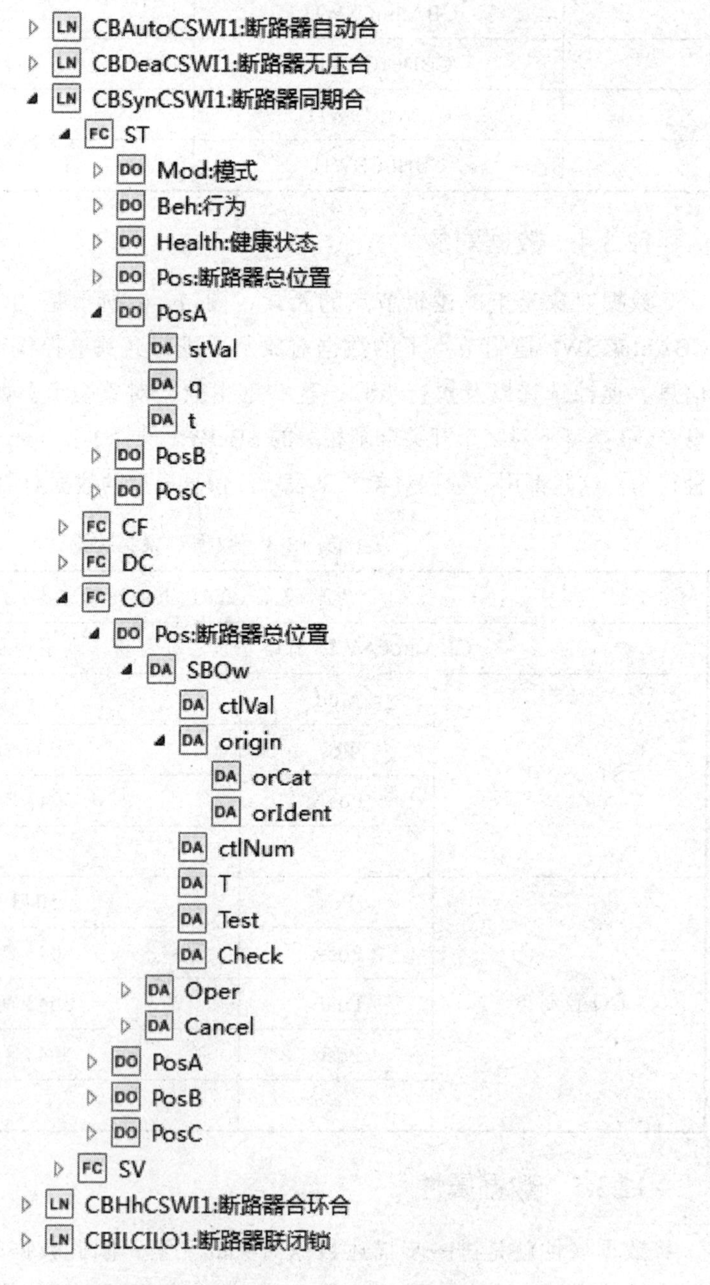


图 12-6 测控装置模型数据对象与属性示意图

表 12-4　数据对象属性描述

<table>
<tr><td colspan="6">逻辑设备 CTRL 下的逻辑节点</td><td></td></tr>
<tr><td colspan="6">CBAutoCSWI1 断路器自动合逻辑节点下的数据对象</td><td></td></tr>
<tr><td rowspan="7">ST<br>状态类</td><td>Mod</td><td colspan="4">模式</td><td></td></tr>
<tr><td>Pos</td><td colspan="4">5043 断路器总位置</td><td></td></tr>
<tr><td rowspan="4">PosC</td><td colspan="4">5043 断路器 C 相位置数据对象属性</td><td></td></tr>
<tr><td colspan="2">stAal</td><td colspan="2">值</td><td></td></tr>
<tr><td colspan="2">q</td><td colspan="2">品质</td><td></td></tr>
<tr><td colspan="2">t</td><td colspan="2">时标</td><td></td></tr>
<tr><td>……</td><td colspan="4"></td><td></td></tr>
<tr><td rowspan="20">CO<br>控制类</td><td rowspan="19">Pos</td><td colspan="4">5043 断路器总位置数据对象属性</td><td></td></tr>
<tr><td>SBOw</td><td colspan="3">控制选择</td><td></td></tr>
<tr><td rowspan="8"></td><td colspan="2">ctlVal</td><td>控制值</td><td></td></tr>
<tr><td colspan="2" rowspan="3">origin</td><td>控制命令发出者</td><td></td></tr>
<tr><td></td><td>orCat</td></tr>
<tr><td></td><td>orIdent</td></tr>
<tr><td colspan="2">ctlNum</td><td>控制序号</td><td></td></tr>
<tr><td colspan="2">T</td><td>时标</td><td></td></tr>
<tr><td colspan="2">Test</td><td>试验（检修压板）</td><td></td></tr>
<tr><td colspan="2">Check</td><td>检测（同期，联锁）</td><td></td></tr>
<tr><td>Oper</td><td colspan="3">控制执行</td><td></td></tr>
<tr><td rowspan="8"></td><td colspan="2">ctlVal</td><td>控制值</td><td></td></tr>
<tr><td colspan="2" rowspan="3">origin</td><td>控制命令发出者</td><td></td></tr>
<tr><td></td><td>orCat</td></tr>
<tr><td></td><td>orIdent</td></tr>
<tr><td colspan="2">ctlNum</td><td>控制序号</td><td></td></tr>
<tr><td colspan="2">T</td><td>时标</td><td></td></tr>
<tr><td colspan="2">Test</td><td>试验（检修压板）</td><td></td></tr>
<tr><td colspan="2">Check</td><td>检测（同期，联锁）</td><td></td></tr>
<tr><td>……</td><td></td><td colspan="2"></td><td></td><td></td></tr>
</table>

### 12.3.6　数据引用名

IEC61850 标准用“引用名”描述数据定义，具有唯一性，是数据描述的 ID。引用名按照信息模型层次路径描述：逻辑设备/逻辑节点.功能约束.数据对象.数据属性.子属性。如频率测量值的IEC61850标准引用名：LD0/MMXU1.Hz.mag.f,表示逻辑设备LD0中的逻辑节点 MMXU1（测量）下的数据对象 Hz（频率），模拟量值为浮点数。

数据引用名映射到 MMS 表达方式是：LD0/MMXU1$MX$Hz$mag$f。逻辑设备与逻辑节点之间加了功能约束，目的是数据归类，它们之间间隔符由原来的“.”改为“$”。功能约束举例：MX（测量类）、ST（状态类）、CO（控制类）、RP（报告类）、SE（数据集类）、SG（定值类）、DC（描述类）。

## 12.4 MMS 通信协议

IEC61850 通信接口定义在 OSI7 层通信栈协议的第 7 层——应用层之上，应用接口与底层 1 ~ 6 层的实现无关，与物理接口、网络型式无关，应用层保证数据到达目标。不需考虑数据包传输的路径、路由、分包、错误处理，可以适配多种应用层协议，在 IEC61850-8 中定义。为与各种协议栈配合，IEC61850 统一定义了抽象通信服务接口（ASCI），体现 IEC61850 统一通信服务要求。特定的一种通信协议栈与 IEC61850 的抽象通信服务接口直接功能的映射关系，称为 SCSM。目前，IEC61850 定义的 ACSI 映射仅有 IEC61850-8-1 的 MMS 映射。以下几个概念需要掌握：

（1）信息模型：服务器、逻辑设备、逻辑节点、数据、数据属性。

（2）数据集：数据集是有序的 DATA 或 DataAttributes 的组（数据集成员-ObjectReference）。为了客户的方便，将上述内容组织成单个集合。如：dsWarning 告警数据集、dsRelayEna 软压板数据集、dsAin 测量值数据集、dsDin 状态量数据集等。

（3)控制块：为数据传输模型提供了一种机能，满足事件驱动信息交换的要求。即在已定义的条件下从逻辑节点到客户传输数据值的机能。

### 12.4.1 MMS 通信过程

MMS 通信过程如图 12-7 所示。主要有（1）61850 客户端和服务建立连接；（2）获得报告控制块（BRCB，URCB）以及数据集 DataSet 的自描述；（3）初始化报告控制块参数；（4）使能报告；（5）数据变化启动定时器，超时后发送等。

报告控制块主要参数：① RptEna 报告使能；② GI 总召唤；③ EntryID 条目号，入口标识；④ Intgpd 完整性周期；⑤ OptFlds 报告选项域；⑥ TrgOps 触发选项等。

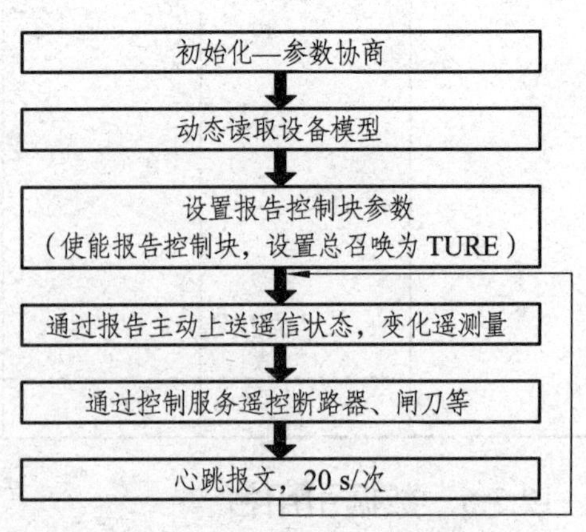

图 12-7 MMS 通信过程示意图

MMS 服务有两大类：① 带确认的服务（Confirmed），如 Request，Response +

（Response-），读、写控制命令等；② 不带确认的服务（unConfirmed），如 Report 报告、缓冲报告（BRCB）和非缓冲报告（URCB）。URCB 和 BRCB 的基本信息相同，有细微差别。

Report 报告的内容关注点有：

（1）RptID：报告标识，通常为报告控制块引用名，与客户端对应。一般用后缀号来区分不同客户端关联的报告控制服务。如：RP$brcbAlarm01；….RP$brcbDinA01；….RP$urcbAin01。

（2）DataSet：此报告所关联的数据集。如：..dsAlarm；…..dsDinA。数据集由数据或数据属性组成，数据或数据属性的标识采用引用（参引，路径）字符串表达。如：CL2208CTRL/GGIO1$ST$Ind2、CL5005 MEAS/AIGGIO1$MX$AnIn3。

（3）包含位串：指出报告的具体内容，与数据集中的条目位置对应。

（4）入口标识：已传出缓冲区的信息序号。可获取缓冲区未传的信息。

（5）触发选项，原因代码。

### 12.4.2　报告控制块参数设置

报告控制块主要参数有：RptEna 报告使能、GI 总召唤、EntryID 条目标识、Intgpd 完整性周期、OptFlds 报告选项域、TrgOps 触发选项等。MMS 通信初始化完成后，要进行报告控制块参数的设置，采用 write 命令，经过 request、response 的通信交互过程完成参数设置，通信交互界面如图 12-8 所示。

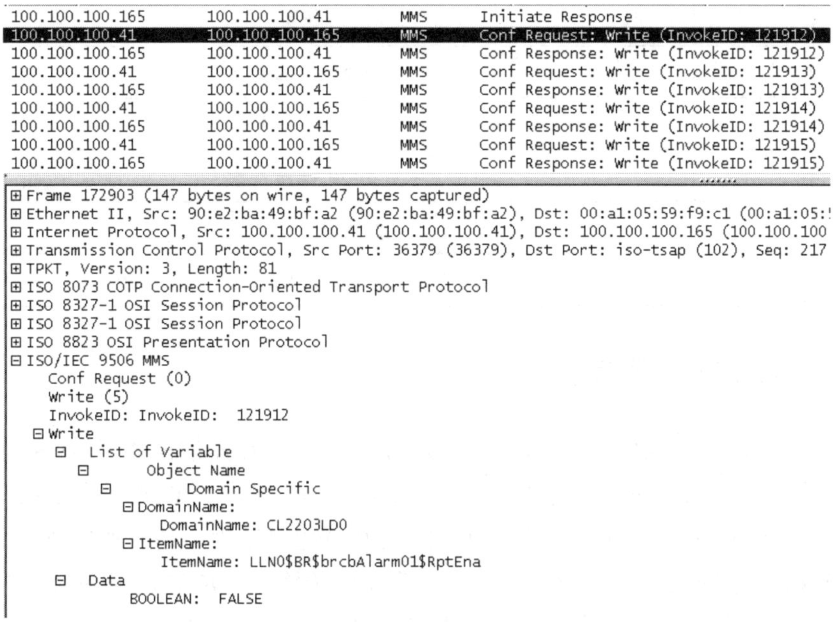

```
100.100.100.165    100.100.100.41     MMS    Initiate Response
100.100.100.41     100.100.100.165    MMS    Conf Request: Write (InvokeID: 121912)
100.100.100.165    100.100.100.41     MMS    Conf Response: Write (InvokeID: 121912)
100.100.100.41     100.100.100.165    MMS    Conf Request: Write (InvokeID: 121913)
100.100.100.165    100.100.100.41     MMS    Conf Response: Write (InvokeID: 121913)
100.100.100.41     100.100.100.165    MMS    Conf Request: Write (InvokeID: 121914)
100.100.100.165    100.100.100.41     MMS    Conf Response: Write (InvokeID: 121914)
100.100.100.41     100.100.100.165    MMS    Conf Request: Write (InvokeID: 121915)
100.100.100.165    100.100.100.41     MMS    Conf Response: Write (InvokeID: 121915)

⊞Frame 172903 (147 bytes on wire, 147 bytes captured)
⊞Ethernet II, Src: 90:e2:ba:49:bf:a2 (90:e2:ba:49:bf:a2), Dst: 00:a1:05:59:f9:c1 (00:a1:05:
⊞Internet Protocol, Src: 100.100.100.41 (100.100.100.41), Dst: 100.100.100.165 (100.100.100
⊞Transmission Control Protocol, Src Port: 36379 (36379), Dst Port: iso-tsap (102), Seq: 217
⊞TPKT, Version: 3, Length: 81
⊞ISO 8073 COTP Connection-Oriented Transport Protocol
⊞ISO 8327-1 OSI Session Protocol
⊞ISO 8327-1 OSI Session Protocol
⊞ISO 8823 OSI Presentation Protocol
⊟ISO/IEC 9506 MMS
   Conf Request (0)
   Write (5)
   InvokeID: InvokeID:  121912
  ⊟Write
     ⊟  List of Variable
        ⊟     Object Name
           ⊟      Domain Specific
              ⊟DomainName:
                 DomainName: CL2203LD0
              ⊟ItemName:
                 ItemName: LLN0$BR$brcbAlarm01$RptEna
     ⊟  Data
            BOOLEAN:  FALSE
```

图 12-8　报告控制块参数设置过程

设置完成报告控制块参数并置位控制块使能状态（RptEna = TURE）后，该服务的报告控制块参数生效。设置总召唤使能（GI = TURE）则可以发送遥测、遥信报告。报告一般由参数（RPT）与访问结果两部分组成。图 12-9 所示是遥信报告信息界面。表 12-5 所示的是遥信报告触发选项信息。

```
MMS  InformationReport
⊟ ISO/IEC 9506 MMS
   Unconfirmed (3)
   ⊟ InformationReport
      ⊟ VariableList
         RPT
      ⊟ AccessResults
         ⊟     VSTRING:
            AppId31
         ⊟     BITSTRING:
                 BITSTRING:
                     BITS 0000 - 0015: 0 1 1 1 1 1 1 1 1 1 0
               UNSIGNED:  19
         ⊟     BTIME
                 BTIME  2013-03-26 02:22:40.583 (days=10677 msec= 8560583)
         ⊟     VSTRING:
            CB100015CTRL/LLN0$dsDin
               BOOLEAN:  FALSE
         ⊞     OSTRING:
               UNSIGNED:  1
         ⊟     BITSTRING:
                 BITSTRING:
                     BITS 0000 - 0015: 1 0 0 0 0 0 0 0 0 0 0 0 0 0 0 0
                     BITS 0016 - 0031: 0 0 0 0 0 0 0 0 0 0 0 0 0 0 0 0
                     BITS 0032 - 0047: 0 0 0 0 0 0 0 0 0 0 0 0 0 0 0 0
         ⊟     VSTRING:
            CB100015CTRL/CSWI1$ST$Pos
         ⊞     STRUCTURE
         ⊟     BITSTRING:
                 BITSTRING:
                     BITS 0000 - 0015: 0 1 0 0 0 0
```

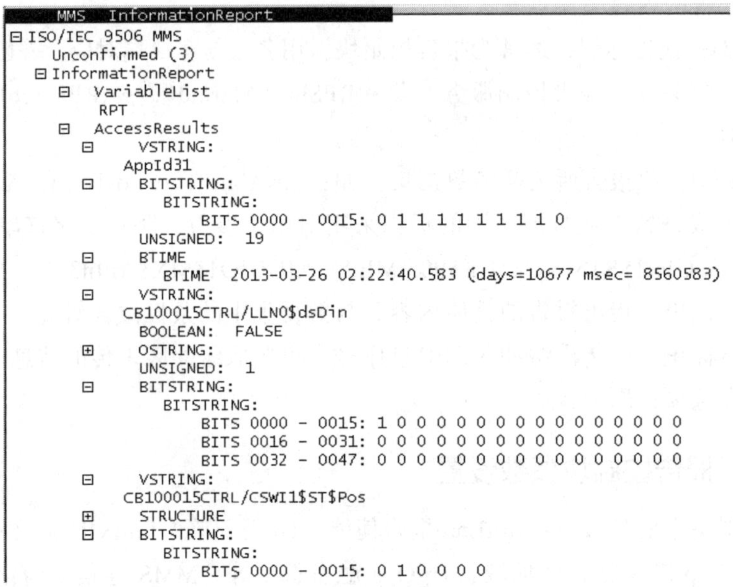

图 12-9　遥信报告信息界面示意图

表 12-5　遥信报告触发选项信息表

| 1 | 保留 |
|---|---|
| 2 | dchg 数值变化 |
| 3 | qchg 品质变化 |
| 4 | dupd 数据更新 |
| 5 | period 周期上送 |
| 6 | GI 总召唤，单独设置，置 1 即生效 |

## 12.5　GOOSE 通信协议

IEC61850 包含“客户-服务器”和“发布-订阅”两种通信模式，MMS 协议采用“客户-服务器”模式，GOOSE、SV 采用“发布-订阅”模式。GOOSE（Generic Object Orientated System-wide Events）是面向通用对象的变电站事件，是一种快速报文传输机制，用于 IED 之间状态类、告警类的重要信息实时传输。GOOSE 采用网络信号代替了常规变电站装置之间的电缆接线方式，能够通过对通信过程的不断自检，实现二次回路的智能诊断，目前广泛应用在保护、测控装置之间跳合闸命令的输出、不同保护装置之间的闭锁、启动失灵、间隔联闭锁等信息传输。

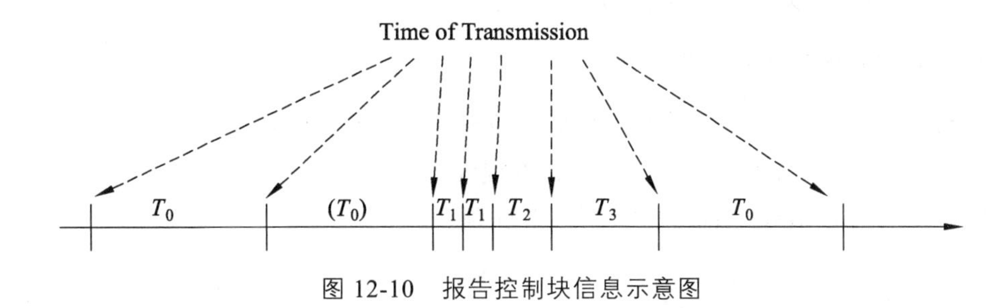


图 12-10　报告控制块信息示意图

GOOSE 事件发送时序规则如图 12-10 所示。其中 $T_0$ 是心跳时间（5 s），装置每隔 $T_0$ 时间发送一次心跳报文。当 GOOSE 数据集中任何一个成员的数据值发送变化，则发送该数据集上全体成员状态值，然后间隔 $T_1$( 2 ms )发送第 2 帧、第 3 帧，间隔 $T_2$( 4 ms ) 发送第四帧，间隔 $T_3$（8 ms）发送第 5 帧，再恢复到心跳时间间隔（5000 ms）。目前应用规范要求 GOOSE 报文生存时间为 $2T_0$，如果接收端超过 10 s 时间没接收到报文帧则判断报文丢失，如果 20 s 没有收到报文则判断为通信中断。这也是二次回路自检的主要原理。

GOOSE 报文带 StNum 与 SqNum 参数，StNum 是状态序号，记录 GOOSE 数据变位的次数，每变位一次加一。SqNum 是顺序号，记录正常情况下发出的报文次数，每发送一帧加一次，以此递增，当有变位时，SqNum 清零。注意：装置重启 GOOSE 报文第一帧报文的 StNum = 1，SqNum = 1。StNum 与 SqNum 参数值变化严格遵循规则，若发现序列出错则判断网络或发送程序存在异常。

## 12.6　SV 通信协议

IEC61850 包含“客户-服务器”和“发布-订阅”两种通信模式，MMS 协议采用“客户-服务器”模式，GOOSE、SV 采用“发布-订阅”模式。SV 服务的组播采样值控制块 MSVCB，包括 8 个属性和与之相关的 3 种 ACSI 服务。

8 种属性：① MsvCBNam：MsvCB 实例名字；② MsvCBRef：MsvCB 实例的索引；③SvEna：TRUE 或 FALSE，④ MsvID：字符串；⑤ DetSet：对象引用名；⑥ ConfRev：版本号；⑦ SmpRate：采样率；⑧ OptFlds：选项域。

3 种服务：① SendMSVMessage：向一个或多个订阅者发送采样值数据；② GetMSVCBValues：获取采样控制块值；③ SetMSVCBValues：设置采样控制块值。

PDU 各参数的含义：① svID：采样值控制块标识，由合并单元模型中逻辑设备名、逻辑节点名和控制块名级联组成；② smpCnt：采样计数器，用于检查数据内容是否被连续刷新；③ confRef：配置版本号；④ smpSync：同步标识符；⑤ PhsMeasl：各通道的含义，先后次序和所属的数据类型都是由配置文件中的采样数据集定义的。

## 12.7 典型故障案例分析

**案例 1：MMS 写参数失败**

在MMS通信初始化阶段，要对数据集控制块进行参数设置。在监控系统主机与某型号保护装置的MMS通信初始化阶段，发现设置EntryID参数时失败。监测监控主机与保护装置之间的MMS通信报文如图12-11所示。

```
⊟ISO/IEC 9506 MMS
   Conf Request (0)
   Write (5)
   InvokeID: InvokeID:  8288
  ⊟Write
    ⊟  List of Variable
      ⊟      Object Name
        ⊟        Domain Specific
          ⊟DomainName:
             DomainName: PM5002BPROT
          ⊟ItemName:
             ItemName: LLN0$BR$brcbWarning03$EntryID
    ⊟  Data
      ⊟    OSTRING:
             OSTRING: 00 00 00 00 00 00 00 00
```

图 12-11　MMS 报文截图

监控主机设置参数为保护装置告警数据集的EntryID = 00 00 00 00 00 00 00 00，参数引用名为PM5002BPROT/LLN0.brcbWarning03.EntryID。保护装置返回失败信息，如图12-12所示，原因是type-inconsistent（类型不一致）。检查保护装置，发现是该设备不支持EntryID参数写入功能。

```
⊟ISO/IEC 9506 MMS
   Conf Response (1)
   Write (5)
   InvokeID: InvokeID:  8288
  ⊟Write
       Data Write Failure; type-inconsistent (7) 7
```

图 12-12　保护装置返回失败信息

**案例 2：获取参数失败（一）**

IEC61850标准应用初期，监控主机在进行遥控命令前，一般先要调阅测控装置遥控相关的参数属性信息，用于遥控方式的校核。以下是一个获取属性失败的案例。如图12-13所示，监控主机调阅测控装置CTRL逻辑设备的遥控点SBOW属性，参数引用名为CL5001CTRL/POS$CO$SBOW。测控返回信息如图

```
⊟ISO/IEC 9506 MMS
   Conf Request (0)
   GetVariableAccessAttributes (6)
   InvokeID: InvokeID:  33719
  ⊟GetVariableAccessAttributes
    ⊟  Object Name
      ⊟    Domain Specific
        ⊟DomainName:
           DomainName: CL5001CTRL
        ⊟ItemName:
           ItemName: .Pos$CO$SBOw
```

图 12-13　监控获取信息

12-14 所示，为 Confirmed Request Reject（一般性拒绝请求）。检查分析 MMS 通信报文信息，发现主机调阅命令中逻辑节点信息有误，与测控装置信息模型不匹配。

```
⊟ISO/IEC 9506 MMS
   Reject (4)
   Original Invoke ID:  33719
   Confirmed Request Reject  Other (0) 0
```

图 12-14　返回失败信息

**案例 3：获取参数失败（二）**

新建智能变电站调试过程中，发现检修压板投退未引起相关信息品质变化上传。检查监控主机与测控装置之间的 MMS 通信，发现在初始化写控制块 TrgOps 参数时，未将 qchg 品质变化位置 1，如图 12-15 所示。

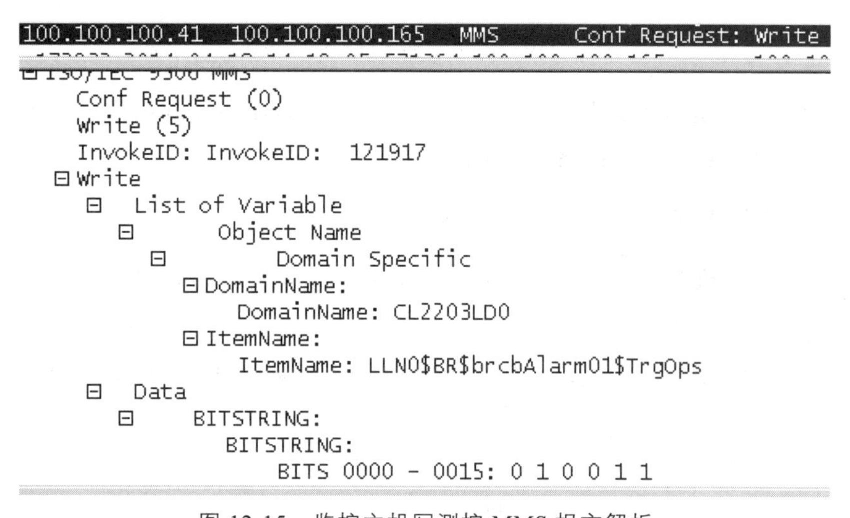


图 12-15　监控主机写测控 MMS 报文解析

表 12-6　控制块 TrgOps 参数 BITS 数据定义

| | |
|---|---|
| 0 | 保留 |
| 1 | dchg 数值变化 |
| 2 | qchg 品质变化 |
| 3 | dupd 数据更新 |
| 4 | period 周期上送 |
| 5 | GI 总召唤，单独设置，置 1 即生效 |

修改监控主机有关控制块 TrgOps 参数设置信息，再检查监控主机与测控装置之间

的 MMS 通信，发现在初始化写控制块 TrgOps 参数时，已将 qchg 品质变化位置 1，如图 12-16 所示。再做投退检修压板测试，相关品质变化信息上传正确。

```
100.100.100.41  100.100.100.165  MMS  Conf Request: Write

⊟ISO/IEC 9506 MMS
    Conf Request (0)
    Write (5)
    InvokeID: InvokeID:  991
  ⊟Write
    ⊟  List of Variable
      ⊟      Object Name
        ⊟        Domain Specific
          ⊟DomainName:
              DomainName: CL2203LD0
          ⊟ItemName:
              ItemName: LLN0$BR$brcbAlarm01$TrgOps
    ⊟  Data
      ⊟     BITSTRING:                        qchg
              BITSTRING:                      /
                  BITS 0000 - 0015: 0 1 1 0 1 1
```

图 12-16　修正后的 BITS 参数设置

该错误原因就是由于触发选项设置出错，导致检修压板关联品质信息不上传。纠正触发选项设置参数后，则检修压板关联品质信息上传正确。

**案例 4：遥控失败**

在监控系统主机兼操作员工作站上遥控操作某间隔开关失败，操作过程如图 12-17 所示。

（1）遥控选择，遥控对象引用名为 CL5001CTRL/CBSynCSWI$CO$Pos$SBOW，合闸。

```
⊟ISO/IEC 9506 MMS
    Conf Request (0)
    Write (5)
    InvokeID: InvokeID:  34462
  ⊟Write
    ⊟  List of Variable
      ⊟      Object Name
        ⊟        Domain Specific
          ⊟DomainName:
              DomainName: CL5001CTRL
          ⊟ItemName:
              ItemName: CBSynCSWI1$CO$Pos$SBOw
    ⊟  Data
      ⊟     STRUCTURE
                BOOLEAN:  TRUE
        ⊟       STRUCTURE
                    INTEGER:  2
          ⊟         OSTRING:
                      OSTRING: 4e 41 52 49
                UNSIGNED:  0
        ⊟       UTC
                  UTC 2014-04-18 11:05.38.100000  Timequality: 00
                BOOLEAN:  FALSE
        ⊟       BITSTRING:
                  BITSTRING:
                      BITS 0000 - 0015: 1 1
```

图 12-17　遥控选择信息

（2）遥控选择确认（见图 12-18），成功。

```
⊟ISO/IEC 9506 MMS
    Conf Response (1)
    Write (5)
    InvokeID: InvokeID:  34462
  ⊟Write
        Data Write Success
```

图 12-18　遥控选择确认信息

（3）遥控执行，遥控对象引用名为 CL5001CTRL/CBSynCSWI$CO$Pos$Oper，合闸，如图 12-19 所示。

```
⊟ISO/IEC 9506 MMS
    Conf Request (0)
    Write (5)
    InvokeID: InvokeID:  34472
  ⊟Write
    ⊟  List of Variable
      ⊟       Object Name
        ⊟         Domain Specific
          ⊟DomainName:
             DomainName: CL5001CTRL
          ⊟ItemName:
             ItemName: CBSynCSWI1$CO$Pos$Oper
    ⊟  Data
      ⊟     STRUCTURE
               BOOLEAN:  TRUE
        ⊟      STRUCTURE
                 INTEGER:  2
          ⊟      OSTRING:
                   OSTRING: 4e 41 52 49
               UNSIGNED:  0
        ⊟      UTC
                 UTC 2014-04-18 11:05.38.100000  Timequality: 00
               BOOLEAN:  FALSE
        ⊟      BITSTRING:
                 BITSTRING:
                   BITS 0000 - 0015: 1 1
```

图 12-19　遥控执行信息

（4）遥控执行确认，失败。报文界面如图 12-20 所示。

```
⊟ISO/IEC 9506 MMS
    Conf Response (1)
    Write (5)
    InvokeID: InvokeID:  34472
  ⊟Write
        Data Write Failure; object-non-existent (10) 10
```

图 12-20　遥控执行确认信息

图中，失败原因是 object-non-existent（遥控对象不存在）。检查测控装置，发现是因为测控处于“就地”控制状态，不接收远方遥控命令。

**案例 5：测控装置误送历史告警信息**

1. 故障现象

某智能变电站监控系统远动装置多次发生重复送“以前的开关变位或告警信号”，导致值班员误判虚惊一场。远动误发告警发生同时，当地监控后台也有刷新历史信号等异常现象。

2. 故障分析

监控系统主机或远动在重新连接（值班机切换）装置时会向装置写入收到最后一帧报文的 EntryID，装置在收到客户端下发的 EntryID 后会进行比较：若写入值比装置自身存储值小，则会将缓存历史报告上送；若写入值与装置自身存储值相同，则不会进行缓存历史报告上送。此逻辑如图 12-21 所示：在客户端恢复连接时，如果向装置写入的 EntryID 小于装置自身存储的 EntryID，装置首先会将该客户端对应的 WR_entryID_flag 标志置为 True，并启动历史报告上送任务，上送完毕后，客户端与装置自身的 EntryID 得到同步，装置将该客户端对应的 WR_entryID_flag 标志置 false。

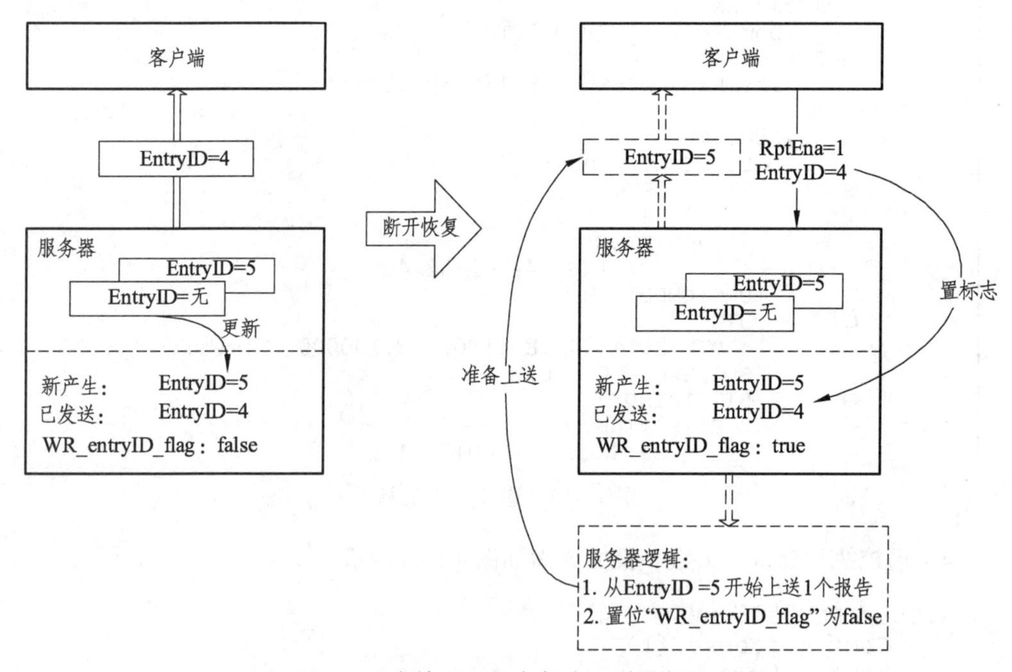


图 12-21 正常情况下缓存报告上送逻辑示意图

图 12-22 为装置具体的历史报告上送流程，装置根据写入的 EntryID 与装置自身存储的 EntryID 的差值进行具体的报告上送，在获取了报告内容后，装置会获取所有客户端对应的 WR_entryID_flag 标志。当发现 WR_entryID_flag 标志为 True，就会向该客户端进行报告上送；在报告上送结束后，客户端与装置自身的 EntryID 一致，装置将该客户端对应的 WR_entryID_flag 标志置 false。

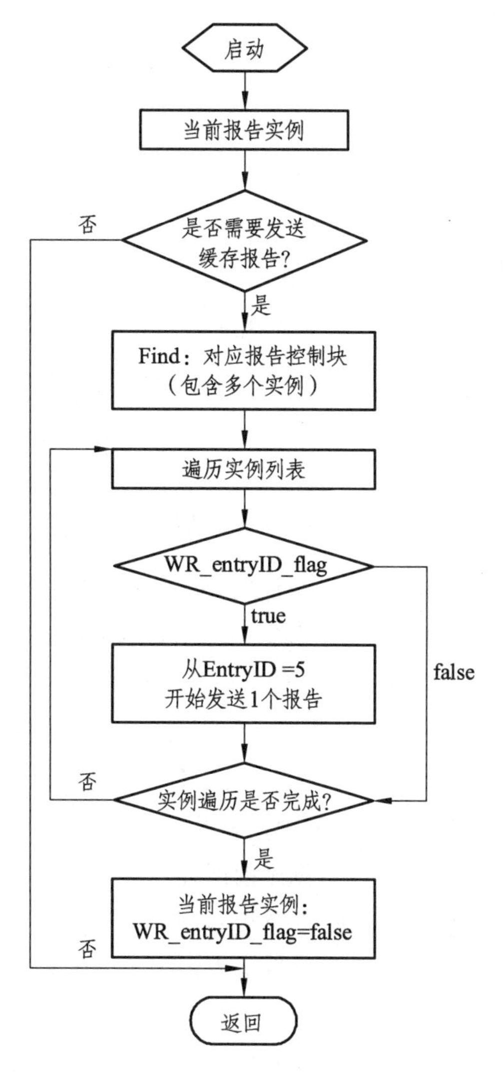


图 12-22 缓存历史报告上送流程

但在上述流程中，该变电站测控装置实际运行的 IEC61850 程序收到客户端下发的 EntryID 后，存在一个不正确的逻辑判断。即当满足“客户端下发 EntryID≤装置自身存储的 EntryID”条件时，程序就会将该客户端对应的 WR_entryID_flag 标志置为 True，而正确的逻辑则应当是只有“客户端下发 EntryID < 装置自身存储的 EntryID”才能将相应的 WR_entryID_flag 标志置为 True，如图 12-23 所示。

因此，如果远动客户端下发的 EntryID 与装置本身的 EntryID 相等，装置会错误地将远动客户端对应的 WR_entryID_flag 标志置为 True，这个操作尽管不会导致本次重复上送历史报告，但 WR_entryID_flag 标志误置为 True 却给之后的运行带来了隐患。

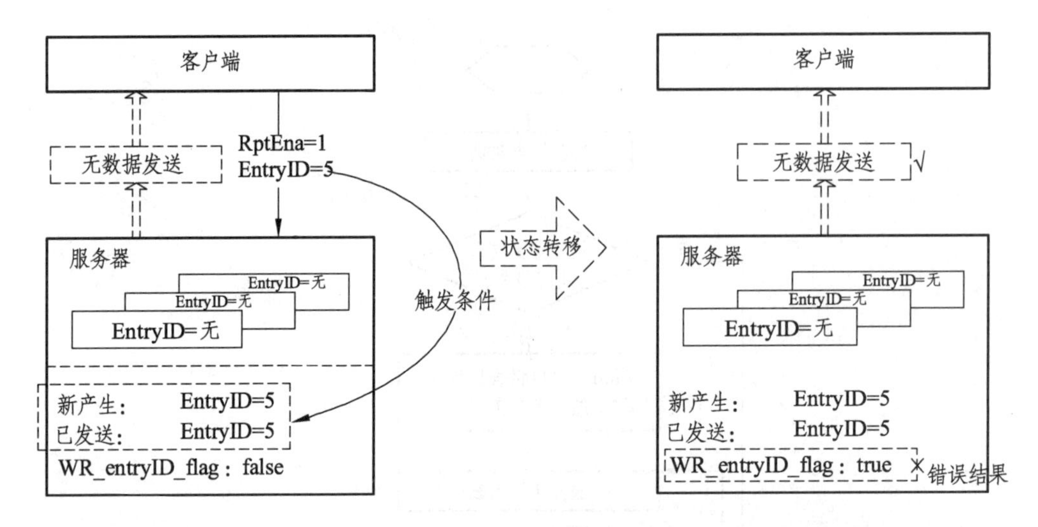


图 12-23　错误逻辑示意图

此远动客户端的 WR_entryID_flag 被误置 true 以后，当其他客户端进行历史报告上召时，将会引发向远动误送历史报告问题。比如调试期间，后台重做数据库，或在运行阶段监控后台进行切机操作，来不及处理装置上送的某几帧报文，当后台恢复运行并与装置进行重连操作后，可能向装置写入较小的 EntryID，使得装置将后台客户端对应的 WR_entryID_flag 标志置为 True，接着装置会向后台进行历史报告上送。

而在具体的历史报告上送执行过程中，装置实际上会向所有 WR_entryID_flag 标志为 True 的客户端都发送历史报告。根据之前所述，对于曾经发生过写入 EntryID 与装置 EntryID 一致的远动来说，其对应的 WR_entryID_flag 标志已经为 true，于是远动也会收到装置误送出来的历史报告。导致历史报告重复上送的流程示意图如图 12-24 所示。

此次历史报告上送完毕后，后台与装置之前的 EntryID 得到同步，WR_entryID_flag 标志值被清除。而对于远动来说，远动自身的 EntryID 随收到的历史报告继续累加，远动对应的 WR_entryID_flag 标志也无法被清除，继续维持为 True。于是在之后运行过程中，一旦出现后台重新上召历史报告，由于远动对应的 WR_entryID_flag 标志未被有效清除，将会一直伴随收到多余的历史报告。

3. 解决方案

该通信问题不影响装置其他功能，解决此问题需要升级该型号测控装置的 IEC61850 通信程序，消除客户端写相同的 EntryID、装置误置 WR_entryID_flag 的缺陷，同时缓存历史报告上送流程对当前客户端实例进行严格检查。程序升级不影响装置原有各种逻辑功能及功能接口，现场可结合停电检修机会升级装置程序。

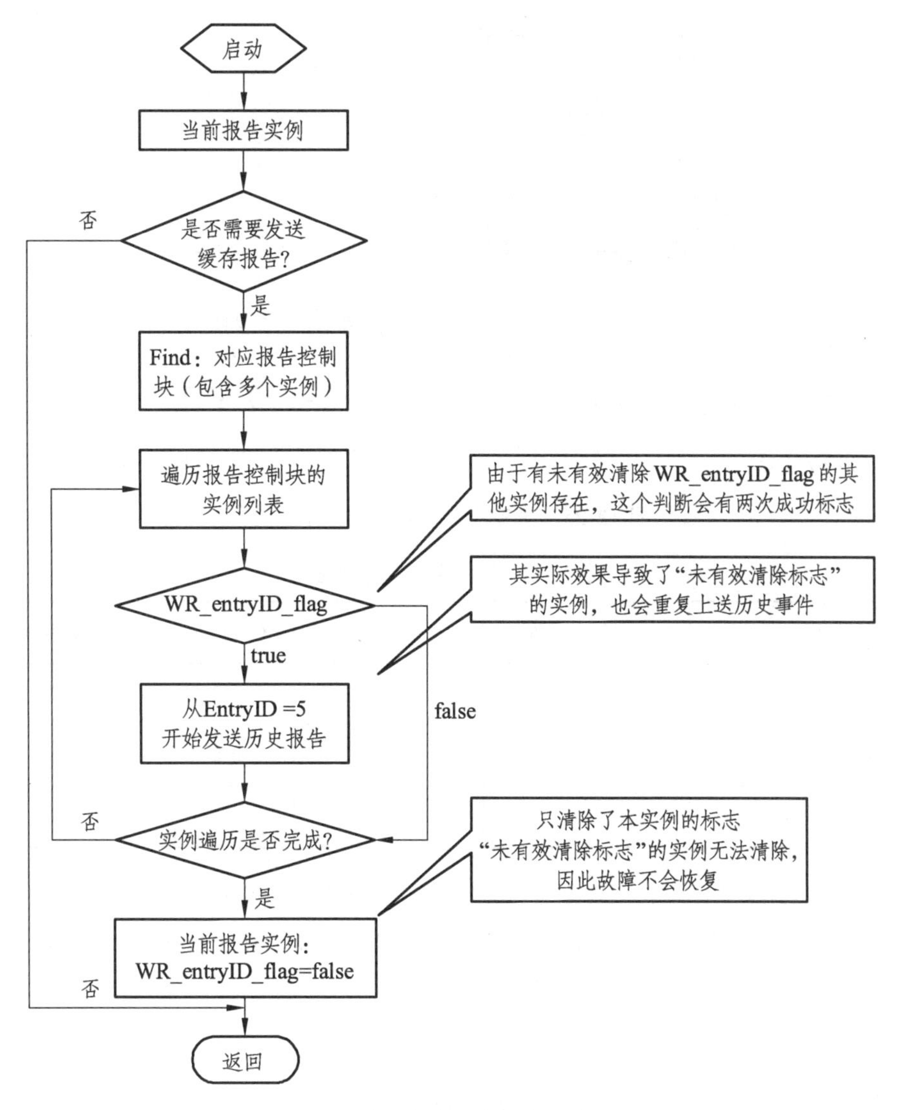


图 12-24　不正确的历史报告上送示意图

**案例 6：某变电站 5051 开关测控装置潮流异常**

1. 故障现象

某变电站有型号测控装置经过合并单元采集电流，××年××月××日投运，3 号主变 220 kV 拉停，运行方式如图 12-25 所示。

运行人员发现监控系统主机上 3 号主变 500 侧显示遥测值是“I：24 A，P：14.2 MW，Q：0”，检查 5051 开关测控装置，内部记录线路 PQ 与后台监控一致，电压正常，测控装置电流数据如表 12-7 所示。

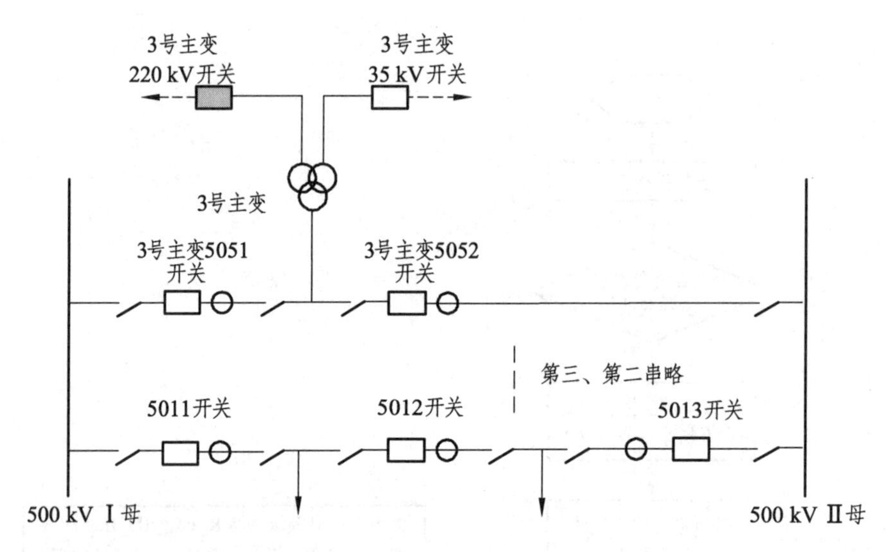


图 12-25　某变电站 500 kV 运行方式

表 12-7　测控装置电流数据

| 名称 | A 相电流/A | B 相电流/A | C 相电流/A | 零序电流/A |
| --- | --- | --- | --- | --- |
| 3 号主变 500 kV 侧 | 24 A | 17 A | 8 A | 0 A |
| 5051 开关 | 12 A | 8 A | 4 A | |
| 5052 开关 | 12 A | 8 A | 4 A | |

3 号主变 220 kV 拉停，3 号主变 500 kV 仅带 35 kV 所用电负荷，经过计算所用电负荷及主变损耗，发现该数据错误。检查 3 号主变 500 kV 侧电度表电流为 0，进一步证明测控装置上送和电流及有功错误。

2. 检查测试

检修运维人员在 5051 与 5052 开关智能控制柜对流变二次电缆带负荷测试，发现 5051 与 5052 开关进入合并单元的电流分别如表 12-8 所示。

表 12-8　合并单元电流数据

| 名称 | A 相电流/mA | A 相角度/mA | B 相电流/mA | C 相电流/mA | 备注 |
| --- | --- | --- | --- | --- | --- |
| 5051 合并单元 1 | 4 | 162 度 | 2 | 1 | 测控 |
| 5052 合并单元 1 | 4 | 160 度 | 2 | 1 | 测控 |
| 5051 合并单元 2 | 4 | 163 度 | 2 | 1 | 计量 |
| 5052 合并单元 2 | 4 | 161 度 | 2 | 1 | 计量 |

表 12-9 中数据表明，5051 开关与 5052 开关电流方向相同，为穿越性环流，进入合并单元的电流数据正常。断开 5051 开关测控与交换机尾缆，在交换机上用凯墨测试，电流大小与进入合并单元的数据相等，然而角度装置上无法显示。然后恢复 5051 开关测控装置与交换机连接，测控装置重新上电后，测控装置单开关电流数据不变，然 PQ 及和电流为 0，恢复正常。初步检查确认该变电站 3 号主变 5051 开关测控装置潮流数据采集错误。

3. 技术原因分析

检修运维人员与厂商研发人员对测控装置内部缓存及异常记录数据进行调取，经查 3 号主变 5012 开关测控 B03.svTrans.sdp_RawBuf_sie05 值为 297（内部缓存总共 300，已使用 297），B03.svTrans.seqErr 值等于 30842320，B03.svTrans.syncDbg00 值等于 1268148702，均不正常。

因 5051 开关测控装置已经重启，重启会导致 RawBuf_sie05 记录清零，只能推测 5051 开关也可能存在类似原因。内部程序对离散错误报文处理机制不完善，缓存 RawBuf_sie05 数据超 300 后，导致和电流计算错误，有功无功错误，建议要求升级程序。

3 号主变 5012 开关测控 RawBuf_sie05 值已为 297，当天立即重启了 3 号主变 5012 开关测控数据清零，防止 3 号主变潮流数据上送错误，并对白鹿变所有 500 kV 开关测控装置的缓存进行了调取，查看 B03.svTrans.sdp_RawBuf_sie05、B03.svTrans.seqEr、B03.svTrans.syncDbg00 等相关值，确保测控上送遥测正常。经深入检查分析，明确该型号测控装置的采样软件对不同步信号处理机制存在缺陷。

4. 解决方案

针对该型号测控装置由于 5051 开关与 5052 开关的合并单元的采样数据不同步，造成测控装置缓存区填满，导致 5051 开关测控装置内 3 号主变 500 kV 侧电流量测错误的问题，要求厂商提升测控装置软件的容错性，对检测到的 SV 异常提供告警信号，对异常数据进行标识。具体技术方案如下：

现场 5051 测控装置共接收 5051 边开关、5052 中开关合并单元和线路 PT 合并单元的采样数据，由于 5052 中开关合并单元发送的采样值报文离散度较大（实测偏差小于 ± 10 μs 的点数占 96%），与 PT 合并单元及边断路器合并单元不同步，引起测控装置采样值缓冲区被填满，无法对来自不同合并单元的采样数据进行同步对齐，从而造成“和电流”计算出错。

变电站现场利用停电机会，完成该型号测控装置的采样板软件升级，并对升级后的测控进行了遥测、遥控和遥信校验，校验结果均正确，并观察了一个星期，经过升级的测控装置均运行正常。

**案例 7：合并单元频发断链告警原因分析**

1. 现象描述

500 kV XX变电站多套合并单元与对应测控装置之间频发GOOSE、SV断链告警，告警信号发出后一般经过几秒或几分钟均能瞬时自动复归，但其断链告警较为频繁，导致监控界面刷屏，影响监控正常运行。

1）合并单元配置情况

该变电站发生合并单元断链告警的均为 500 kV 间隔，其合并单元配置如图 12-26 所示。电流合并单元按开关流变间隔双重化配置，采集开关流变三相电流；电压合并单元按线路压变双重化配置，采集三相电压。500 kV 母线电压合并单元双重化配置，采集三相电压。

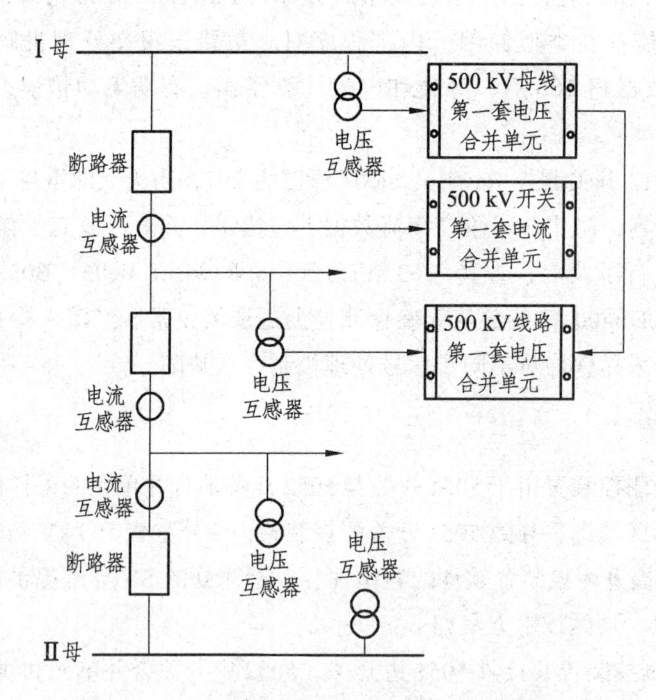


图 12-26　XX 变电站 500 kV 合并单元配置图

2）过程层 GOOSE/SV 网络结构

该变电站保护装置与合并单元之间均为点对点光纤直接采样。测控装置与合并单元之间均通过 SV 网交换机实现网络采样，通过 GOOSE 网络传输装置告警信号。GOOSE、SV 网均分别按串双重化配置串内子交换机，各子交换机级联到中心交换机形成双星形网络结构，如图 12-27、图 12-28 所示。

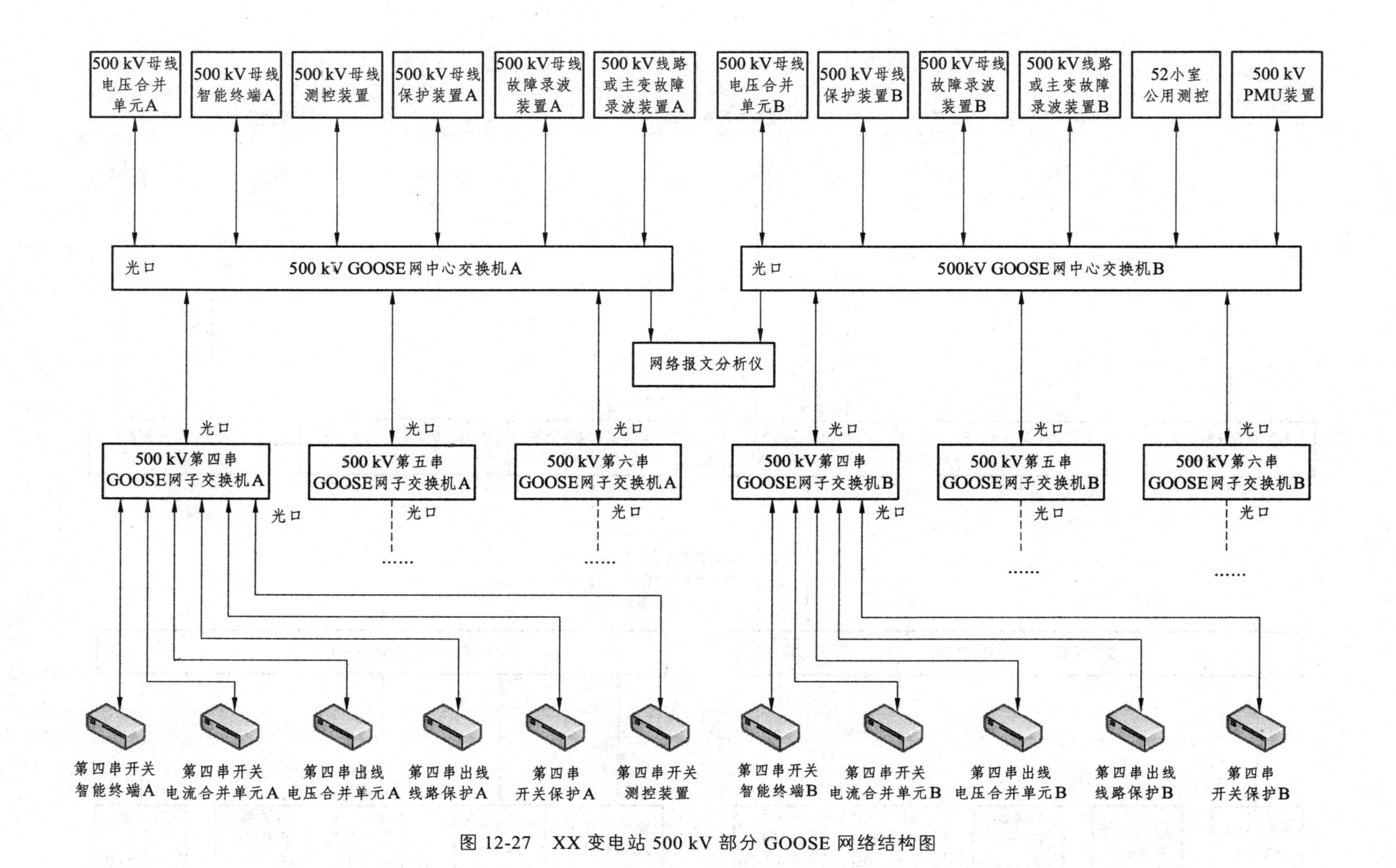

图 12-27 XX 变电站 500 kV 部分 GOOSE 网络结构图

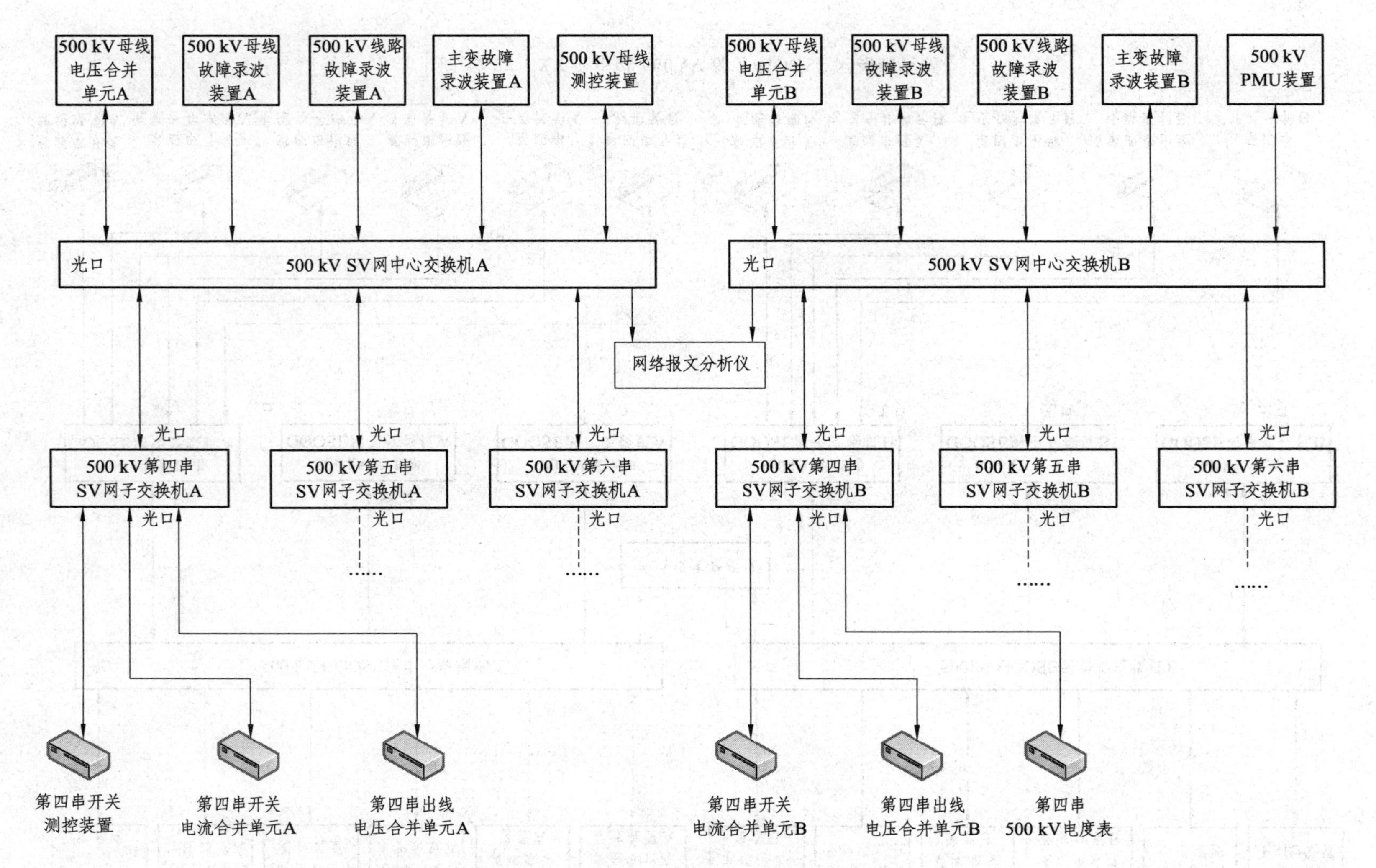


图 12-28　XX 变电站 500 kV 部分 SV 网络结构图

3）GOOSE、SV 断链告警机制

正常时 GOOSE 网络将以 $T_0 = 5$ s 的时间间隔发送心跳报文，以监测 GOOSE 网络的通信情况，实现 GOOSE 网络的通断自检。GOOSE 报文中携带有 Time Allowed To Live（报文存活时间）参数，一般设置为 $2T_0 = 10$ s。如果接收端在 Time Allowed To Live 时间内未收到任何报文，则接收端会判断报文丢失；而在 Time Allowed To Live 的 2 倍时间内没有收到下一帧 GOOSE 报文，即判为 GOOSE 通信中断。

合并单元一般采样率为 80 点，因此 SV 网络中时时刻刻均在传输采样数据，其网络通信断链机制有别于 GOOSE 网络，导致 SV 链路异常的原因主要有：数据异常、品质异常、数据超时、解码出错、数据出错、通道延时变化、通道抖动异常、采样计数器出错等。当 SV 网络链路中断时，将瞬时闭锁相关的保护装置，延时 10 个采样点报警，报警之后展宽 1 s 返回。

2. 原因分析

对此类 GOOSE、SV 断链告警进行统计分析，发现均从××年 10 月开始出现，此前未发生过类似频繁断链告警。而这个时间节点该变电站整体更换了新的经国网检测版本的合并单元，由此推测合并单元断链告警频发可能与该工作有关。另外断链告警只发生在测控装置与合并单元之间，采用直采直跳模式的保护装置与合并单元之间没有任何的断链告警。从 GOOSE、SV 网络结构图可推测，导致断链告警的原因有以下几点：

1）交换机问题

该变电站 GOOSE、SV 链路告警均发生在组网模式的链路，过程层交换机是关键环节。在更换合并单元过程中，曾发生过 500 kV 过程层交换机通信模块故障而导致的合并单元告警缺陷。

2）合并单元问题

合并单元断链告警均在设备更换后发生，新批次合并单元的直采和网采通过相同插件的不同光口输出，应质疑是否存在设计不合理，以及该批次合并单元其网采传输接口是否存在缺陷。合并单元背板示意图如图 12-29 所示。

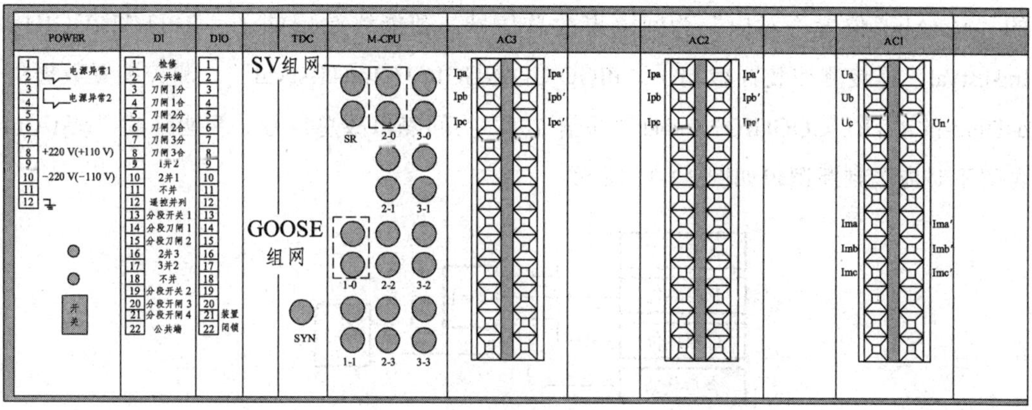

图 12-29　合并单元背板示意图

3）光纤链路问题

智能变电站中由于大量采用光纤作为传输媒介，光纤质量、施工工艺、熔接技术等将直接影响通信链路的好坏。运行经验表明智能变电站中大部分通信链路告警均与光纤链路有关，尤其是组网模式的光纤链路，由于设备与设备间通过多级链路的转发级联，光纤衰耗比点对点直连光纤的衰耗要大得多。该变电站合并单元更换过程中曾多次对光纤链路进行插拔试验，应核实是否对光纤链路存在损坏的情况。需安排对所有告警链路进行光功率测试。

**案例 8：误发间隔事故信号分析报告**

1. 现象描述

远方合闸 XX 变 XX 线开关，开关合闸时该间隔事故总信号会同时动作，发生误告警概率为 50%左右。

2. 检查分析

1）事故信号源检查

经现场检查，监控系统后台、测控装置均有间隔事故总信号记录，初步推断，该信号源来自智能终端。遥信信号传输环节如图 12-30 所示。

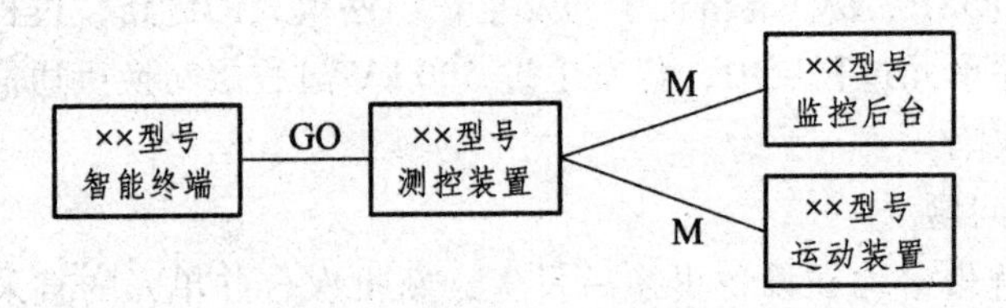


图 12-30　遥信信号传输示意图

阅读 XX 变 SCD 文件，智能终端 GOOSE 数据集 dsGOOSE1 中 RPIT/MstGGIO1.Ind4 的“MstAlm 位置不对应”为间隔事故总信号。智能终端虚端子“RPIT/MstGGIO1.Ind4.stVal”连接测控装置虚端子“PIGO/GOINGGIO16.Ind41.stVal”。测控装置数据集 dsDin2 的 CTRL/GOGGIO2.Ind41“遥信 105”为间隔事故总信号。智能终端“MstAlm 位置不对应”判断逻辑如图 12-31 所示。

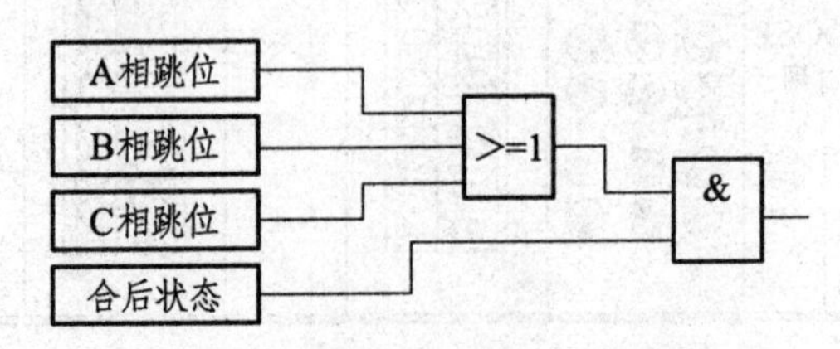


图 12-31　位置不对应判断逻辑

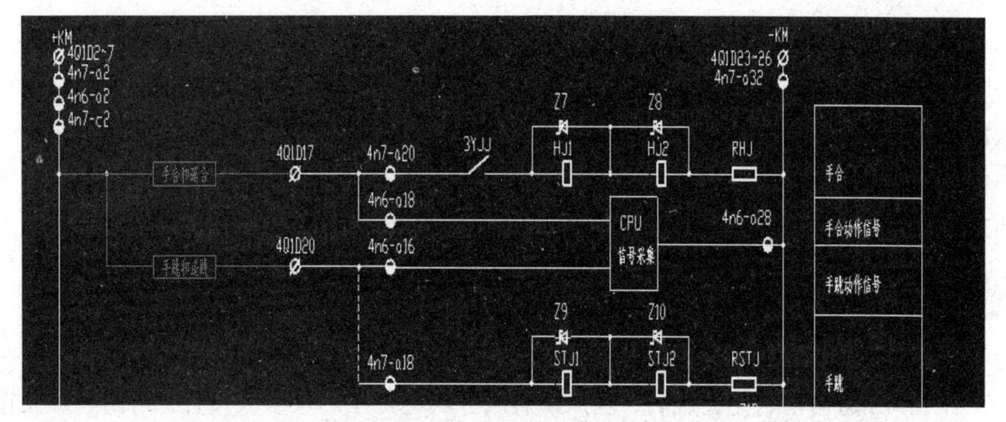


图 12-32　JFZ 智能终端手合回路

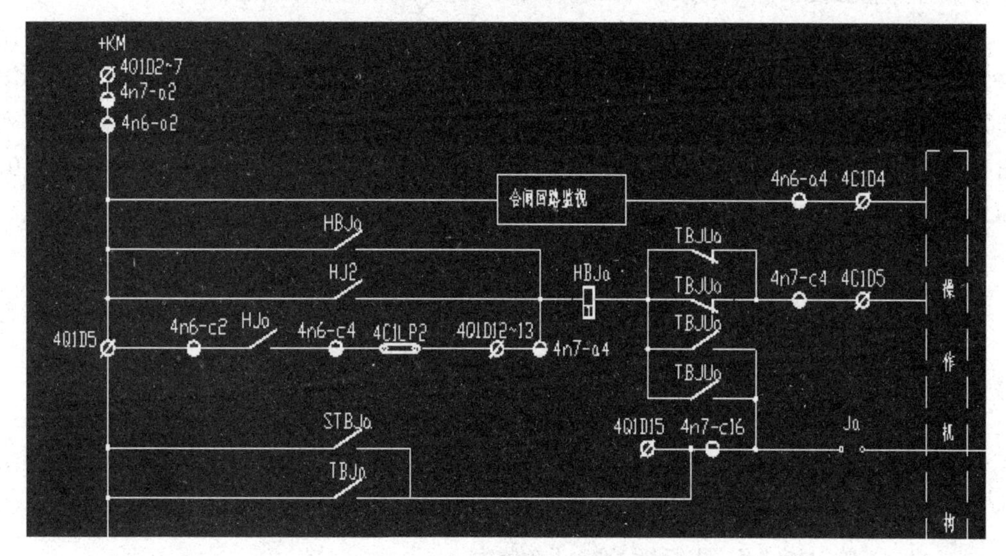


图 12-33　JFZ 智能终端遥合回路

智能终端在断路器遥合或者手合“合闸命令&开关合位置 1”后，4N6-A18 带电后智能终端置合后位，遥分或者手分时 4N6-A16 带电后复位，合后位置置位后如果开关在分位智能终端就判断位置不对应（即事故总）。

2）原因分析

根据智能终端事故总信号产生原理推断：智能终端在收到遥控合闸命令且“开关合位”置 1 后（即置合后状态），如果“开关分位”辅助接点某一相转换慢了，未变位就会造成智能终端判断“位置不对应”，误发出间隔事故总信号；若在开关遥控合闸时出现这种情况，就误发出事故总信号。

该缺陷的主要原因：① 开关合闸过程辅助接点“合位、分位”转换异常。即开关“合位”已动作而“分位”仍未复归，导致位置不对应逻辑输出“1”。开关合闸过程辅助接点动作行程应该是“分位”复归早于“合位”动作。② 智能终端未对“位置不对应逻辑输出”进行延时处理，不能有效回避机械部件瞬动间隙导致的信号误发。

3. 解决方案

（1）开关机构应确保辅助接点转换的可靠性，但涉及开关机构部件质量，消缺效果不可控。

（2）该型号智能终端增加“位置不对应逻辑输出”延时处理功能，在遥信接点输入处理环节设置防抖时间，或在遥信虚端子输出环节设置防抖时间参数。

## 练习题

1. 请简述 DL/T860 标准具有哪些特点。

2. MMS 通信初始化完成后，客户端对服务端进行控制块参数设置，请回答触发选项参数有哪些触发条件？TrgOp = 011001 表示哪些情况下报告上送？

3. 对某智能站的某间隔断路器进行遥控试验，遥控合闸操作，智能终端在 *T*0 时刻采集到开关位置由分到合状态，一分钟后进行遥控分闸操作，列出开关动作后智能终端连发出 5 帧 GOOSE 报文的 StNum 和 SqNum 及对应的时间，说明该报文的内容，并列出开关变位的 SOE 时间。其中，遥控前前一帧 GOOSE 报文 StNum 为 1，SqNum 为 10，GOOSE 变位机制如图 12-34 所示，$T_0 = 5$ s，$T_1 = 2$ ms，$T_2 = 4$ ms，$T_3 = 8$ ms。

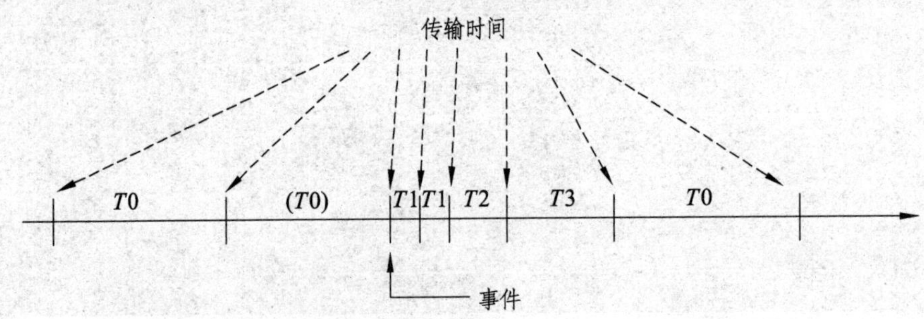


*T*0：稳定条件（长时间无事件）下重传时间

(*T*0)：稳定条件下的重传可能被事件缩短

*T*1：事件发生后，最短的传输时间

*T*2，*T*3：直到获得稳定条件的重传时间

图 12-34

4. 智能变电站后台与某间隔测控装置发生通信中断，中断期间开关发生“合-分-合”，后台与该测控装置在通信恢复后没有收到变位事件，如何分析后台监控与该测控在通信中断到恢复正常通信过程中漏报的设备故障？

# 13

# 电能量采集终端服务器

变电站电能量采集终端服务器是直接通过网络来访问设备(也就是变电站内的电能表)，实现与主站或站内设备进行数据交换的设备。

终端服务器提供不同的配置和规格特性以符合应用的需求，包括协议转换、网络透传、通道监测等，它可以让 RS232/485/422 串口、CAN 等设备，立即转换成具备网络界面的网络设备。本章主要介绍终端服务器的基本原理、特点、运行方式等基础知识，最后在此基础上介绍几种典型故障分析及处理案例。

## 13.1 终端服务器基本原理

终端服务器是 RS232/485/422 串口、CAN 总线到 TCP/IP 网络之间完成数据转换的通信接口转换器，提供数据、协议的双向透明转换传输，通过将串口数据流转换成网络数据流，让串口设备立即接入网络，也可使得多个串口设备连接并将串口数据流进行选择和处理。电能量主站系统通过以太网数据帧接收处理来自串口设备的数据流，反之，电能量主站系统将以太网数据帧下发给终端服务器，由终端服务器转换成串行数据送达相应的串口设备。

服务器在硬件上主要分为主处理器模块、以太网接口及串口控制模块、电源控制模块。主处理器模块是终端服务器的核心部分，主要由主处理器、可编程逻辑器件、数据及程序存储器等器件构成，能够使得串口数据和以太网数据之间建立数据链路，通过对以太网控制芯片的控制读写来实现对数据包的接收与发送，判别串行数据流的格式，完成对串口设备的选择以及对串行数据流格式的指定，控制串口数据流与网络数据包之间的速率控制，做到对数据进行缓冲处理。还可实现对 UART（通用异步收发传输器）和以太网控制芯片的寄存器进行读写操作，并存储转发器件状态，并且可完成 16 位总线数据的串并行转换、总线地址锁存、对各个串口以及各个存储器件的片选、对各个串口的中断口的状态判别等多种功能。

以太网接口及串口控制模块使以太网接口电路与串口电路能协调地配合后续电路完成在以太网中收发的功能。该模块由接收端和发送端组成，接收端将接口的状态送到收发协调控制器，同时将协调控制器的控制信号进行处理，并送到以太网接口的控制器，用以控制接口的状态，对接收到的串口串行数据流信号通过主处理模块进行串并转换和编码，以太网控制单元控制各部分协调工作，将产生的地址、数据、写信号送到 RAM 读写控制单元进行处理。而发送端的工作流程与接收端相反。控制模块同时实现以太网状态检测、收发协调控制器协同工作等功能。

电源控制模块通过整流器将一次电源通过变换器转化为二次电源，为终端服务器内的芯片、集成电路、存储器等硬件设备提供相应的输入电源。

## 13.2 终端服务器特点

（1）可提供 1 ~ 32 路硬件独立串口（RS232/RS485/422）、CAN 转以太网。

（2）可支持多种网络访问模式，可以跨网段访问。

（3）支持双（多）终端服务器透明或协议转换传输功能。

（4）串口支持流传输及自适应数据帧模式，兼容各种串口应用。

（5）虚拟串口的参数可实现全自动同步。

（5）支持 Console 管理口，支持固件更新。

（6）具备实时断线检测、断线重连、看门狗等各类故障恢复机制，并内置管理员口令、IP 认证系统，用于提高网络性能。

（7）支持采用磁偶或光电隔离、内置国标电源系统、高等级防护芯片等措施，可在恶劣环境中稳定运行。

## 13.3 终端服务器工作方式及通信模式

### 1. 工作方式

1）服务器方式（TCP/IP Server）

在此工作方式下，终端服务器作为 TCP 服务器端，在指定的 TCP 端口上监听并等待主站的连接请求，该方式为电能量计量系统所使用。

2）客户端方式（TCP/IP Client）

在此工作方式下，终端服务器作为 TCP 客户端，工作时主动向指定的远程 TCP/IP 端口发起请求连接，该方式比较适合于多个转换器同时向一个平台程序建立连接。

3）广播方式（UDP）

在此工作方式下，终端服务器通过广播进行数据通信，可以实现单虚拟串口与多个终端服务器进行通信，也可以实现单个终端服务器发送、多终端服务器接收的一对多透传方案。

### 2. 通信模式

1）点对点通信

该模式下，终端服务器成对的使用，一个作为服务器端，一个作为客户端，两者之间建立连接，实现数据的双向透明传输。该模式适用于将两个串口设备之间的总线连接改造为 TCP/IP 网络连接。

2）虚拟串口通信

该模式下，一台或者多台终端服务器与主站建立连接，实现数据的双向透明传输。该模式为电能量计量系统所使用。

## 13.4 站内终端服务器的配置原则

站内终端服务器需符合远动设备入网检测规范所规定的电磁兼容性、抗干扰等测试要求；能够提供远程配置管理功能，支持通过 Web 浏览器方式以 HTTPS 或 SSH 传输协议进行远程配置管理；能够支持双路交、直流宽输入同时供电，通用高电压输入范围为 100 ~ 240 V AC 或 88 ~ 300 V DC，常用低电压输入范围为 ± 48 V DC（20 ~ 72 V DC，－72 ~ －20 V DC），应能可靠地自动切换，双电源无缝隙切换；同时交、直流电源应具有输入过压、过流保护，直流反极性输入保护等措施；不少于 2 个 10/100/1000 M 自适应以太网口；不少于 16 个 RS232/RS485 串行通信端口，且所有串行通信端口内建光电隔离保护，且耐压不应低于 2000 V。

## 13.5 站内终端服务器运行方式

1. 单机运行方式

在站内只配置了一台终端服务器，且只接入调度数据网单平面，此方式现场接线简单，利于站端新增、维护及消缺，缺点是单设备运行冗余度差，导致主站数据采集可靠性不高。其主要结构如图 13-1 所示。

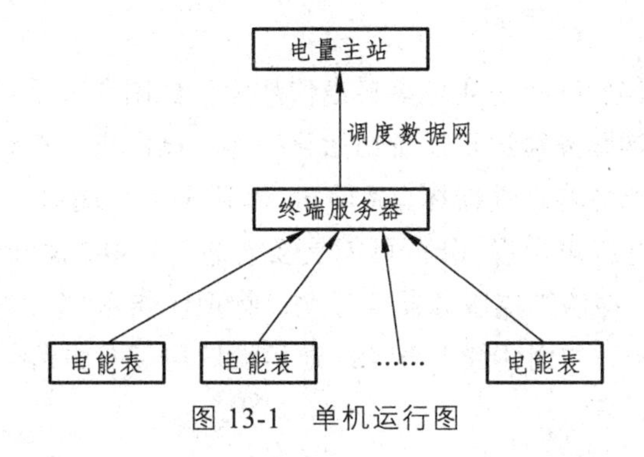


图 13-1　单机运行图

2. 双机运行方式

在站内配置双终端服务器，分别接入调度数据网一二平面，此方式通过双终端双网络加强了冗余度，极大地保证了主站数据采集的可靠性，增加可靠性同时给站端在因单一设备或单一网络故障的消缺工作中预留了相对充裕的时间。其主要结构如图 13-2 所示。

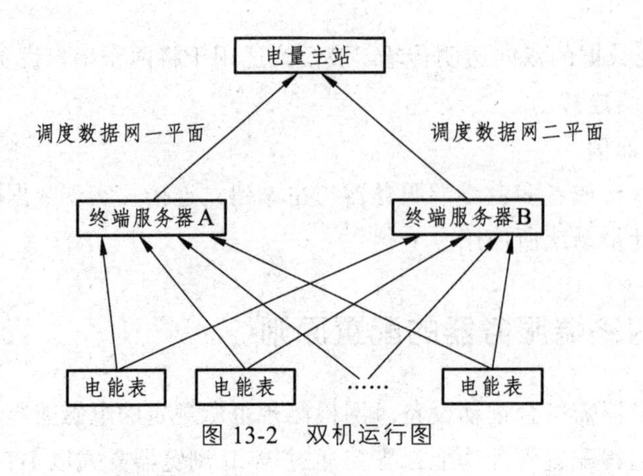

图 13-2 双机运行图

## 13.6 终端服务器故障分析及处理

**案例 1：某变电站终端服务器的 485 通信端口故障**

故障现象：

××年××月××日 9:05，系统监控发现电能量计量系统中某变电站内 2 块电能表采集故障，其他的电能表采集正常。

原因分析：

查看故障的 2 块电能表均挂接在终端服务器 4 号端口，挂在其他端口的电能表均采集正常，故怀疑挂接 2 块电能表的 485 总线与终端服务器 4 号端口的通信可能有问题。

处理过程：

维护人员至现场，检查 485 总线至电能表的通信后发现总线上 2 块电能表均通信正常，故怀疑终端服务器的 4 号端口故障，更换至 3 号端口后，主站与此 2 块电能表可以正常通信。

建议与总结：

经过更换端口操作后证实为 4 号端口通信故障，试图通过重启终端服务器来恢复，但不成功，继续对终端服务器进行设备初始化操作，试图进行逻辑修复，同样不成功，故判断 4 号端口应是原件物理性损坏，后得知，故障前 4 号端口的 485 通信总线附近一段时间前曾铺设了一些强电电缆，分析可能是强电电缆对 485 总线产生了相对比较大的感应电压及感应电流，将该终端服务器 4 号端口物理性烧坏。针对此类情况一方面建议强弱电缆避免混铺，另一方面建议在各 485 通信端口均应增加光电隔离装置，可有效避免强电对通信端口的损坏。

**案例 2：某变电站全站电量采集故障**。

故障现象：

××年××月××日 14:30，系统监控发现电能量计量系统中某变电站全站电能表采集故障。

原因分析：

因为缺陷现象是全站电能量采集故障，初步判断终端服务器本身故障或通信通道故障，主站先通过 ping 站端加密装置，返回正常后，再 ping 电能量采集终端服务器，发现不通。

处理过程：

维护人员至现场，检查发现终端服务器电源状态指示灯不亮，测量电源输入端电压为正常，初步判断该终端服务器电源模块故障，通过更换电源模块后设备恢复正常运行，全站电能表采集恢复正常。

建议与总结：

该设备运行年限较长，同时设备为单电源单网络型号，可靠性已较差，故障频率逐渐加大。建议对投运年限较长或单电源单网络的终端服务器进行逐步升级，改造为双电源双网络设备。

## 练习题

1. 终端服务器在硬件上主要由哪几部分组成？
2. 终端服务器有哪几种常用的工作方式？

# 附录　常见电压互感器二次回路

220~500 kV

电压小母线

开口三角及试验芯抽取

保护装置用电压回路

表计用电压回路

电压表及频率表

遥测记录表计故障录波器及母线保护

表计用电压回路监视继电器

切换回路

记录表计录波器及保护

连接至II'母线YH相同回路

I 母线隔离开关位置继电器

II 母线隔离开关位置继电器

切换继电器

电压切换小母线

线路隔离开关位置继电器

母联回路

信号回路

直流电压消失

电压互感器切换

I 母线表计交流电压消失

I 母线表计交流电压消失

$1S_aYM$ 回路继线

$2S_aYM$ 回路继线

# 参考文献


[1] 国网江苏省电力有限公司技能培训中心. 智能变电站自动化设备运维实训教材[M]. 北京：中国电力出版社，2018.

[2] 张道农. 电力系统时间同步技术[M]. 北京：中国电力出版社，2017.

[3] 国家能源局. 电力系统的时间同步系统 第 1 部分：技术规范：DLT 1100.1-2018[S]. 2018.

[4] 国家能源局. 电力系统的时间同步系统 第 6 部分：监测规范：DLT1100.6-2018[S]. 2018.

[5] 国家能源局.智能变电站网络报文记录及分析装置技术条件：NB/T 42015-2013[S]. 2013.

[6] 国家发展和改革委员会.变电站通信网络和系统：DLT860-2006[S]. 2006

[7] 远动设备及系统-第 5-104 部分：传输规约采用标准传输规约集的IEC60870-5-101 网络访问[S]. 北京：中国电力出版社，2010.

[8] 王首顶. IEC60870-5 系列协议应用指南[M]. 北京：中国电力出版社，2013.

[9] 何磊. IEC61850 应用入门[M]. 北京：中国电力出版社，2012.

[10] 谢希仁. 计算机网络[M]. 7 版. 北京：电子工业出版社，2017.

[11] 陈安伟，朱松林，乐全明，等. IEC61850 在变电站中的工程应用[M]. 北京：中国电力出版社，2012.

[12] 国家能源局. 电力自动化通信网络和系统第 7-2 部分：基本信息和通信结构-抽象通信服务接口：DL/T860.72-2013[S]. 2013.

[13] 国家发展和改革委员会. 变电站通信网络和系统 第 8-1 部分：特定通信服务映射（SCSM）对 MMS 及 ISO/IEC8802-3 的映射：DL/T860.81-2006[S]. 2006.

[14] 国家电网有限公司. IEC 61850 工程继电保护应用模型：Q/GDW 1396-2012[S]. 2013.

[15] 李功新，黄文英，郑宗安，等. 变电站综合自动化实用技术[M]. 北京：中国电力出版社，2015.

[16] 国家电网有限公司. 电力系统实时动态监测系统技术规范：GDW 1311-2017[S]. 2017.

[17] 国家电网有限公司. 智能变电站自动化设备检测规范 第 6 部分: 同步相量测量装置[S]. 2015.
[18] 国家电网有限公司. 电力系统实时动态监测系统技术规范：Q-GDW 131 2006[S]. 2006.
[19] 马苏龙，等. 电网调度自动化厂站端调试与检修实训指导[M]. 北京：中国电力出版社，2017
[20] 国家电网有限公司. 变电站数据通信网关及技术规范：Q/GDW11627[S]. 2016.
[21] 国家电网有限公司. 变电站计算机监控系统现场验收管理规程[S]. 2018.
[22] 国家电网有限公司. 智能变电站一体化监控系统建设技术规范：Q/GDW679-2011[S]. 2012.
[23] 国家电网有限公司. 智能变电站一体化监控系统功能规范：Q/GDW678-2011[S]. 2012.
[24] 国家电网有限公司. 电力系统时间同步技术[S]. 2017.
[25] 国家能源局. 电力系统的时间同步系统 第 1 部分：技术规范：DL/T 1100.1—2018. 北京：中国电力出版社，2019.
[26] 国家电网有限公司. 国家电网公司变电验收管理规定第 24 分册站用直流电源系统验收细则[S]. 2017.
[27] 国家电网有限公司. 变电站自动化系统交流不间断电源技术规定[S]. 2014.
[28] 国家能源局. 电力工程交流不间断电源系统设计技术规程 DL/T 5491—2014[S]. 中华人民共和国电力行业标准.
[29] 智能变电站自动化设备检测规范 第 8 部分：电能量采集终端[S].
[30] 变电站电能量采集终端技术规范 Q/GWD 11204-2014[S].